微生物提高采收率技术研究与实践

修建龙 俞 理 张 群 等编著

石油工业出版社

内容提要

本书系统阐述了微生物提高采收率技术最新研究进展，在微生物提高采收率基础理论研究基础上，建立微生物群落解析、功能菌及激活体系研发、数值模拟及方案编制等多项核心技术，形成了空气辅助微生物驱、油藏厌氧微生物激活、活化水驱及凝胶微生物组合驱四种现场应用形式，在新疆、大庆、长庆及华北等油田进行现场应用，取得了显著的增油降水效果，对我国微生物提高采收率技术发展及现场推广应用具有重要的参考价值。

本书可供从事采油工程的技术人员、管理人员及石油院校相关专业师生参考。

图书在版编目（CIP）数据

微生物提高采收率技术研究与实践 / 修建龙等编著
.—北京：石油工业出版社，2024.1
ISBN 978-7-5183-6490-9

Ⅰ.①微… Ⅱ.①修… Ⅲ.①微生物学－新技术应用－石油开采－提高采收率－研究 Ⅳ.①TE357

中国国家版本馆CIP数据核字（2024）第005593号

出版发行：石油工业出版社
　　　　（北京安定门外安华里2区1号　100011）
　　　　网　址：www.petropub.com
　　　　编辑部：（010）64210387　　图书营销中心：（010）64523633
经　　销：全国新华书店
印　　刷：北京中石油彩色印刷有限责任公司

2024年1月第1版　2024年1月第1次印刷
787×1092毫米　开本：1/16　印张：14.25
字数：350千字

定价：128.00元
（如出现印装质量问题，我社图书营销中心负责调换）
版权所有，翻印必究

序 FOREWORD

如何在满足经济效益的前提下最大限度地开采水驱剩余油、提高老油田石油采收率、充分挖掘油田潜力，是油田经营者和开发者所面临的极为重要的任务。

在当前各项提高采收率技术中，微生物提高采收率技术以其独特的优点与广阔的发展前景在国内外引起广泛重视。大量理论研究与现场试验均表明，该技术能够在水驱基础上进一步提高原油采收率，并且已获得许多成功应用的实例，证实了技术的可行性和巨大的发展潜力。

自20世纪90年代以来，我国的油田、科研院所、高校持续开展了微生物提高采收率技术的研究与现场实施。尤其在科学技术部"863计划""973计划"和中国石油天然气集团公司攻关项目的支持下，围绕深化理论认识和攻克关键技术，在不同类型油藏开展一系列矿场试验，积累了大量非常有价值的资料、研究成果和丰富的经验。适时从理论、技术、方法、工艺等方面及理论与实践的结合上系统地总结这方面的进展，对于提高采收率的科学研究、技术和工艺开发、现场应用和推广都非常必要。《微生物提高采收率技术研究与实践》一书是系统地论述并总结这方面成果与经验的专著，它的出版丰富了提高石油采收率理论和技术的知识宝库，必将对我国石油可采储量的提高、原油增产、生产效益的提高及提高石油采收率技术的研发和人才培养作出积极的贡献。

该书作者团队长期从事石油提高采收率的研发工作，在理论和实践上有着丰富的积累，取得了许多高水平的研究成果。特别是在油藏微生物资源的认识、微生物驱油机理、采油菌种改造、微生物营养剂、微生物驱数值模拟及方案编制等提高采收率核心理论技术方面作出了新贡献，其中部分内容为作者团队国际合作成果，受到国际同行的普遍关注。该书将国内外的经验与作者自己的研究成果融会贯通，内容翔实，是一本实用性很强的论著。有关科研人员、工程技术人员、油田管理和经营者，以及高等学校相关专业师生等不同群体读者都可以从中获益。

2023年8月

前 言

PREFACE

  研发绿色环保型提高原油采收率的新技术，进一步开发动用大量的地下剩余油资源，一直是人们关注的热点、难点。微生物提高采收率技术是现代生物技术在石油开发领域创新性、开拓性的应用，得到广泛关注。随着现代分子生物学及基因工程技术日臻成熟，微生物提高采收率技术经过多年持续攻关，取得了长足进步，技术体系基本形成，为使微生物提高采收率技术研究成果系统化、集成化，进一步推动技术发展，需适时进行微生物提高采收率技术研究与实践的总结。

  笔者所在单位牵头完成了多项国家"863计划"和中国石油天然气集团有限公司的微生物提高采收率重点攻关项目，开展了大量微生物提高采收率理论与关键技术研究及现场试验与应用工作。在本书编写过程中，笔者努力汲取国内外相关文献资料的精华，融入微生物提高采收率技术前沿的新理论和新成果，汇集了笔者多年来在微生物驱油科研与现场应用中积累的大量研究成果，系统阐述了在微生物提高采收率基础理论研究基础上，建立的微生物群落解析、功能菌及激活体系研发、数值模拟及方案编制等多项核心技术，总结了在油田现场逐渐形成和完善的空气辅助微生物驱、油藏内源微生物激活、活化水驱及凝胶微生物组合驱等主要的技术应用方式及其突出的增油降水效果。

  本书能够使更多从事提高采收率，特别是微生物提高采收率工作的技术人员及有关院校师生系统和详细了解认识微生物提高采收率技术原理及应用进展，尤其对该技术今后在我国油田开发中的现场规模化推广应用具有重要的借鉴和指导作用。

  全书共六章。第一章由马原栋、张群、俞理编写，第二章由伊丽娜、马原栋、许颖编写，第三章由崔庆锋、伊丽娜编写，第四章由俞理、张群、修建龙编写，第五章由修建龙、张群、黄立信编写，第六章由黄立信、李文宏、白雷、乐建君、王冠、徐飞艳、王红波、刘晓丽、刘莎莎编写。

  本书参考了大量国内外的相关文献，笔者在此对其作者的贡献表示深深的敬意，感谢他们创造性的工作为本书的编撰奠定了坚实的基础。

  本书编写过程中得到了中国石油勘探开发研究院、中国石油所属各油气田分公司和石油工业出版社的大力支持和帮助，在此对所有参与和支持本书出版的单位与专家表示由衷的感谢。

  由于笔者的水平和学识有限，书中难免存在不足与疏漏，敬请广大读者批评指正。

目 录

第一章 绪论 ... 1
- 第一节 微生物提高采收率技术概况 ... 1
- 第二节 微生物提高采收率发展历程 ... 5
- 第三节 微生物学基础 ... 7
- 参考文献 ... 18

第二章 油藏微生物多样性及分布特征 ... 20
- 第一节 油藏微生物群落研究方法 ... 20
- 第二节 油藏微生物群落多样性分析 ... 25
- 第三节 微生物驱群落动态变化分析 ... 50
- 参考文献 ... 53

第三章 采油功能菌及激活体系研究 ... 55
- 第一节 采油功能菌及激活体系研究进展 ... 55
- 第二节 采油功能菌及基因工程改造 ... 63
- 第三节 激活体系筛选及评价 ... 84
- 参考文献 ... 94

第四章 微生物提高采收率渗流及机理研究 ... 96
- 第一节 微生物渗流特征及驱油机理研究进展 ... 96
- 第二节 微生物渗流规律研究 ... 102
- 第三节 微生物提高石油采收率机理研究 ... 124
- 参考文献 ... 150

第五章 微生物驱数值模拟及方案优化 ... 152
- 第一节 微生物驱数值模拟研究进展 ... 152

第二节　微生物驱数学模型及软件研发 …………………………………… 156
　　第三节　微生物驱现场试验方案优化设计 ………………………………… 173
　　参考文献 …………………………………………………………………… 177

第六章　微生物驱矿场应用 …………………………………………………… 179
　　第一节　微生物驱矿场应用概况 …………………………………………… 179
　　第二节　新疆砾岩油藏空气辅助微生物驱矿场试验 ……………………… 182
　　第三节　大庆油田聚合物驱后油藏微生物驱矿场试验 …………………… 196
　　第四节　长庆油田微生物活化水驱矿场试验 ……………………………… 205
　　第五节　华北宝力格油田微生物—凝胶组合驱矿场试验 ………………… 212
　　第六节　矿场试验总结 ……………………………………………………… 217
　　参考文献 …………………………………………………………………… 218

第一章　绪　论

微生物提高石油采收率技术（Microbial Enhanced Oil Recovery，MEOR）是指利用微生物的代谢活动及其代谢产物作用于油藏和油层流体，实现提高原油采收率的一系列技术的统称。过去几十年的研究和现场实践证明，该技术是一种绿色环保、经济有效的提高产量和采收率的方法。微生物采油技术具有成本低、适应性强、工艺简单、对储层无伤害和采出液无须特殊处理等优势，可用于常规水驱、化学驱后和枯竭油藏的强化采油，具有广泛的应用前景[1]。

第一节　微生物提高采收率技术概况

一、基本原理

微生物提高采收率技术通过微生物及其代谢产物作用于原油或地层来提高油藏采收率。目前普遍认为微生物提高原油采收率的原理主要表现在两个方面，即微生物菌体本身的作用和微生物代谢产物的作用。前者主要包括微生物菌体的物理作用和微生物对原油的降解作用。储层中微生物生长繁殖、细胞体积增大、数量增加，使地层水中菌体数量增多，菌体随注入水进入储层，可进行储层深部堵调；微生物利用原油生长，直接降解原油组分，改变原油物性，改善原油的流动性。后者主要包括微生物各种代谢产物［如生物表面活性剂、生物聚合物、气体（CO_2、CH_4、H_2、N_2 等）、有机酸、醇、有机溶剂等物质］作用，能够起到溶解、乳化原油，降低原油黏度，改变岩石润湿性，改善岩石渗透率，增加地层压力和提高原油的流动性作用。微生物在油、水、气和岩石共存的复杂油藏环境中，通过以上两个方面的共同作用，最终改善了水驱的洗油效率或波及效率，以提高原油采收率。

微生物在油藏条件下存活、生长与繁殖是微生物提高采收率的关键，微生物代谢及其代谢产物的类型和产量始终是微生物提高采收率最为重要的基础，虽然微生物的代谢产物十分复杂，但能有效提高采收率的代谢产物主要包括气体、酸、有机溶剂、生物表面活性剂、生物聚合物等。微生物的代谢活动及代谢产物的作用见表1-1。

二、技术分类

微生物提高采收率技术根据实施过程与方法的不同，分为地上法与地下法[5]。地上法是指在地上经过微生物发酵工程研制、生产微生物的某种代谢产物，如生物聚合物（Biopolymer）或生物表面活性剂（Biosurfactant），将地上发酵产品注入油藏而提高原油采收率。该技术的实质是利用选育的优良菌种在地上发酵生产采油制剂。地下法是指将在地上模拟油藏条件筛选的微生物菌种与营养物注入油藏，微生物在油藏中运移，生长繁殖，产生多种代谢产物，作用于原油而提高原油采收率；或用生长繁殖的菌体细胞及代谢产物封堵储油岩层大孔道，调整水驱油剖面；或将营养物注入油藏，激活油藏的内源微生物，依靠其代谢活动提高采收率。

表 1-1 微生物代谢产物及其作用[2-4]

代谢产物	作用
微生物菌体	选择性堵塞高渗透层
	附着烃类起乳化作用
	改善岩石表面润湿性
	原油降解作用
	原油脱硫作用
小分子有机酸	增大孔隙度和渗透率
	与碳酸盐反应生成 CO_2
气体（CO_2、CH_4、H_2、N_2）	增加地层压力
	原油膨胀
	降低原油黏度
	溶蚀碳酸盐岩，提高渗透率
有机溶剂	溶解于原油中，降低原油黏度
	溶解孔喉中重质组分
生物表面活性物质	降低界面张力
	乳化作用
	改变润湿性
生物聚合物	提高驱动相黏度，改善流度比
	选择性堵塞高渗透层

地上法主要是在地上发酵生产采油中广泛应用的生物多糖和生物表面活性剂。P.A. Sandford 曾报道了百种以上微生物合成的结构、功能各异的胞外多糖。应用于现场实践的产胞外多糖的主要微生物类群是明串珠菌（Leuconostoc）、黄单胞菌（Xanthomonas）、固氮菌（Azotobacter）、小核菌（Sclerotium）等。微生物采油中应用最广泛的微生物多糖见表 1-2。以烃类为碳源的微生物是生物表面活性剂的重要来源。因为微生物必须分泌表面活性剂，才能促使烃与水乳化。烃类物质只有均匀地分散在水中，才能被微生物吸收利用，从而使烃氧化型微生物产生多种多样的生物表面活性剂。常用的生物表面活性物质及产生菌见表 1-3。

表 1-2 微生物多糖及其产生菌

生产菌株	生物聚合物
野油菜黄单胞菌（*Xanthomonas campetris*）	杂多糖
鞘氨醇单胞菌（*Sphingomonas paucimobilis*）	定优胶
齐整小核菌（*Sclerotium rolfsii*）	硬葡聚糖
产碱杆菌（*Alcaligenes* sp.）	韦兰胶
少动鞘脂假单胞菌（*Sphingomonas paucimobilis*）	结冷胶
假单胞菌属（*Pseudomonas*）	多糖
肠膜明串珠菌（*Leuconostoc mesenterioides*）	右旋糖苷葡聚糖
出芽短梗霉（*Aureobasidium pullulans*）	普鲁兰
乙酸钙不动杆菌（*Acinetobacter calcoaceticus*）	脂多糖

表 1-3 生物表面活性物质及其产生菌

生产菌株	生物表面活性物质
球拟酵母（*Torulopsis bombicola*）	糖脂
铜绿假单胞菌（*Pseudomonas aeruginosa*）	糖脂
地衣芽孢杆菌（*Bacillus licheniformis*）	脂肽
枯草芽孢杆菌（*Bacillus subtilis*）	脂肽
假单胞菌（*Pseudomonas* sp. DSM2874）	糖脂
石蜡节杆菌（*Arthrobacter paraffineus*）	蔗糖脂及果糖脂
节杆菌（*Arthrobacter*）	糖脂
荧光假单胞菌（*Pseudomonas fluorescens*）	糖脂
假单胞菌（*Pseudomonas* sp. MUB）	糖脂
热带假丝酵母（*Candida tropicalis*）	糖脂
野兔棒状杆菌（*Corynebacterium lepus*）	棒杆霉菌酸
不动杆菌（*Acinetobacter* sp. Ho1）	甘油单酯、甘油二酯
乙酸钙不动杆菌（*Acinetobacter calcoaceticus* RAG-1）	脂多糖
解脂假丝酵母（*Candida lipolytica*）	脂多糖
红球菌（*Rhodococcus erythropolis*）	中性脂

地下法是目前微生物采油研究和开发应用中的主要方向。地上法实施的是微生物纯种发酵，产品单一且成本较高。而地下法是将筛选的微生物混合菌种注入储油岩层，以储油层为天然的发酵罐生长繁殖，产生多种代谢产物，微生物菌体细胞和多种代谢产物共同作用于原油，改变原油的某些物化性质，提高原油采收率。因此，地下法是较地上法更先进的技术，有着更广阔的开发应用前景，也是本书的主要内容。

鉴于地下法微生物提高采收率技术解决的实际技术问题、采用的方法及工程措施的不同，将其应用主要分成三大类：

（1）微生物驱油：将采油微生物和营养体系从注水井注入油层，使其运移到储油层深部。微生物在油藏深部生长繁殖，并产生多种代谢产物，之后，微生物及其代谢产物随注水向油井移动，在菌体和代谢产物的综合作用下，改变地层及流体性质，从而提高原油采收率。

（2）激活本源微生物群落：油藏中存在着天然的微生物群落，由于营养物质贫乏使之数量较少。通过注水井将营养物注入油层，激活天然微生物群落，促使其大量生长繁殖，产生多种有益于驱油的代谢产物。

（3）微生物选择性封堵：将形体较大且产生表面黏稠物质的微生物菌种从注水井注入，运移到大孔道或有溶洞的储油岩层部位，用生长繁殖的大菌体细胞和表面黏稠物质形成的生物膜封堵大孔道或孔穴，缓解注入水因储层非均质性和高流度比而产生的"指进"，使注入水较为均匀地推进，扩大水驱波及体积，从而提高原油采收率。

上述微生物提高采收率技术方法都能够通过提高洗油效率和波及效率等因素来提高最终采收率，因而成为微生物提高采收率技术研究的重点。

三、技术特点

（1）成本低。进入开发后期的油田提高采收率都面临着共同的问题，即生产成本。提高采收率技术有物理方法和化学方法。物理方法主要是注气驱和热采：注气驱需要气源和高压注入设备；热采需要注入热水或蒸汽，不仅需要高压设备，更需要大量热能。化学方法则需要注入大量化学剂，成本也比较高。相对而言，微生物提高采收率技术不仅不需要大型高压注入设备，而且如果能科学地选择菌种和对菌种生产方式加以改良，扩大生产规模，就能够使微生物菌液生产成本大幅度降低。

（2）工艺简便。微生物驱油注入系统仅需对已有水驱注水系统略加改造即可实现，无须大量的设备投入。

（3）储层伤害小。微生物驱油注入的主要是微生物菌液或微生物所需要的营养物质，这些物质不容易造成注水井附近的地层伤害。如果不需要进行微生物驱时，只需要停止注入微生物或停注营养物质即可恢复地层的原来状态，不会造成地层的长期伤害，即使存在有微生物造成的地层堵塞，也可通过酸化法或者酶法进行有效的处理。

（4）原料来源广。微生物菌液生长需要的营养物质或注入地层的营养物质都是一些可溶解的糖类、蛋白质及一些无机盐，这些物质来源广泛，如工农业副产物和化肥，且均属于可再生资源。

（5）绿色环保。微生物提高采收率技术所使用的原料多数是可生物降解的，对人体无毒性，在环境中可自然降解，不会造成环境污染。因此，微生物提高采收率技术是一种环境友好的"绿色"技术。

第二节 微生物提高采收率发展历程

微生物提高采收率技术历经多年的发展，积累了丰富的室内研究和现场应用成果，其技术发展历程可划分为如下三个阶段。

一、技术理念形成与初步试验阶段（20世纪60年代以前）

这一时期主要是提出利用微生物来提高采收率的技术设想及相应的基础研究阶段，开展了一系列的理论和实践研究工作，但试验工作带有很大的经验性。1926年，美国科学家Beckmann[6]首先提出了"在储油层利用微生物提高原油采收率"的设想。1943年，美国得克萨斯州立大学的Merkt发表了Berea砂岩岩心细菌封堵的影响，涉及由于细菌引起钻井封堵损害所产生的注入问题。关于微生物在石油开采中应用的第一个重大研究工作是由Zobell在20世纪40年代初做的，这个工作与美国研究所的关于细菌在石油成因中作用的研究有关。1946年，Zobell提出一项专利[7]，是有关含油层中利用烃的硫酸盐还原菌处理烃类物质，引起油层中化学和物理变化，从而提高原油产量。1947年，Zobell[8-9]研究证明通过细菌作用可以从砂岩中释放原油。1953年，Zobell提出第二个专利[10-11]，扩大了适用MEOR的细菌范围，包括利用烃类物质的硫酸盐还原菌。美国的Updegraff和Wren[12]重复了Zobell的研究工作并对其他微生物做一些调查，他们提议注入脱硫弧菌和糖蜜提高石油采收率。1954年，Updegraff帮助Yarbrough和Coty[13]在美国阿肯色州进行油田现场试验，应用丙酮丁醇梭状芽孢杆菌和糖蜜体系提高水驱油藏原油采收率。20世纪50—60年代，其他国家的科技人员也对微生物提高采收率技术的发展做了相当多的基础研究工作，苏联的Kuznetsov、Andreyevsky、Shturm、Senyukov等积极完成了"油田水微生物群态"的大范围试验，从而发展了地质微生物基础。同时，捷克斯洛伐克的Dostulek和Spurng，波兰的Karaskiewiz，匈牙利的Jarnyi、Dienes、Kiss等进行了相关的实验室和初步的油田现场研究。

二、系统研究与试验阶段（20世纪60—90年代）

该阶段是MEOR蓬勃发展的时期，美国、加拿大、英国、罗马尼亚、民主德国、苏联、澳大利亚等国在这一时期开展了大量的理论研究和现场工作。由于20世纪70年代的石油危机重创世界经济发展，各国纷纷转向开发低成本、高效益的提高石油采收率技术，这时期的MEOR技术迎来全面发展的黄金时期：深入探索微生物提高采收率机理、提出系统的室内评价方法、改进矿场注入设备、制定油藏筛选标准及研制微生物提高采收率数值模拟，微生物吞吐和清防蜡等技术在油田得以成功应用。1963年，Kuznetsov等[14]发现在苏联的一些油气藏中存在某些微生物，以每吨岩石每天2g的速度释放甲烷，猜想甲烷可能是在岩石表面由细菌代谢的二氧化碳和氢气所形成。1967年，美国的Hitzman[15]

建议采用烃氧化型微生物,在油藏条件下微生物利用石油作为底物生长,由于油层一般为厌氧环境,因而有必要注入氧或空气供好氧菌生长。1970年,Senyukov等[16]提出"本源微生物提高采收率方法",即通过向油层注入特定的营养物质激活特定的能代谢产生有利于原油流动物质的细菌而提高石油采收率的方法。1983年,Moses等[17]报道了能够在兼性厌氧条件下利用石油作为唯一碳源生长的微生物,但生长速度很慢,通常需要几个月才能检测到。1983年,Belyaev等[18]报道苏联罗马什金油田成功的矿场试验,在对油藏中内源微生物分析的基础上,有针对性地选择营养物质和空气随注水作业一起将其注入油层,产出液分析表明,菌体浓度(简称菌浓)较注入前升高,原油产量也随之提高。我国微生物提高采收率技术的研究始于20世纪50年代,中国科学院微生物研究所的王修垣等在甘肃玉门油田进行微生物提高采收率现场试验[19]。大庆油田从20世纪60年代开始研究石油微生物,早期的研究主要集中在利用微生物来判断油层的吸水情况,确立了以铁细菌为指示菌,定性地判断油层是否吸水,并指导了当时矿场试验吸水层的判断。1966年,新疆石油管理局开始利用微生物进行原油脱蜡技术的研究;1986年开展了微生物稠油脱蜡技术、甲醇蛋白等研究工作。进入20世纪90年代之后,加快了微生物提高原油采收率技术的研究步伐,先后从美国NPC公司和Micro BAC公司、加拿大卡斯可公司引进微生物产品和微生物提高采收率技术,从多方面加快了我国微生物提高采收率技术的发展。中国石油先后在吉林、大港、辽河、大庆、华北、新疆等油田开展了微生物提高采收率技术的矿场应用,在1130口井上进行各类MEOR技术矿场试验,累计增产原油85500t。

三、创新发展与完善阶段(20世纪90年代至今)

该阶段是从20世纪90年代至今,通过几十年的基础研究工作,微生物驱提高采收率技术已经从基础研究走向大规模的矿场应用阶段,这一时期的研究重点转向地下法提高原油采收率。"九五"期间,国家科技部在国家重点科技攻关项目"复合驱成套技术研究及矿场试验"中开设专题"微生物驱油探索研究",由大庆油田、胜利油田和大港油田共同承担,在菌种筛选和矿场试验等方面进行了系统的探索研究;2000年后,在国家"973计划"项目中设立专题"微生物驱提高采收率基础研究",围绕油藏微生物群落、采油功能菌的功能基因解析、驱油机理等内容开展了深入研究;2009年起,国家科技部分两期设立"863计划"攻关项目——"内源微生物驱油技术研究"和"微生物采油关键技术研究",由中国石油牵头,联合中国石化、北京大学、南开大学、华东理工大学等高校,在油藏微生物多样性研究、菌种优选评价与菌剂制备、激活体系研发、代谢规律及代谢产物研究、微生物驱油模拟与评价、现场监测、现场动态调整及效果评价等方面取得一系列重要成果,为微生物采油技术的进一步发展和应用打下良好的基础。与基础研究相配合,在中国石油天然气集团公司及各油田分公司的支持下,大庆、新疆、华北、大港、吉林等10多个油田陆续开展了一系列规模不等的矿场试验,大多数见到了明显的增产效果,获得了第一手的资料信息,积累了宝贵经验。总体来看,微生物驱油矿场试验数量少、规模小,注入量远低于其他三次采油技术,试验效果未能真实反映该技术的应用潜能。

国内微生物采油技术目前已呈现单井到多井组和整装区块、外源微生物注入到内源微生物地下调控的发展趋势。从系统研究和技术集成、矿场试验规模和效果上都处于国际先进水平。然而，由于对微生物提高采收率机理认识不清，这也成了制约微生物提高采收率技术进一步发展的瓶颈。鉴于微生物提高采收率技术的复杂性，需加强人力物力的投入，联合相关学科的科学家们进行联合攻关，通过研究进一步深化微生物提高采收率技术的理论基础。

第三节 微生物学基础

微生物提高采收率技术是一门交叉科学，需要微生物学、物理化学、油藏工程、石油地质学等多方面专家协同配合进行研究。为了使不同学科背景的研究者能够更好地系统理解和掌握本书内容，有必要介绍与微生物提高采收率技术相关的微生物学基础知识[20]。

一、微生物特点

微生物是个体微小、结构简单的多种微小生物的统称。微生物按其细胞结构可分为原核生物（细菌、古菌等）、真核生物（真菌、原生动物等）和非细胞类生物（病毒、类病毒）三大类。在石油微生物领域，应用最多的微生物类群为细菌和古菌，在低温油藏中（低于30℃），某些酵母菌也可能被应用。微生物虽然形态微小，但其在很多工业领域均有十分重要的应用，主要是因为微生物具有以下五大共性[21-22]：

（1）体积小，比表面积大。通常，微生物个体在0.1mm以下。一个典型球菌的体积仅为$1\mu m^3$，因此其比表面积非常大（表1-4）。这样一个小体积大面积的系统，是微生物与其他大型生物相区别的关键所在，也是赋予微生物具有五大共性的本质和基础。

（2）吸收多，转化快。微生物可以在很短的时间内分解其自身干重许多倍的物质，发酵乳糖的细菌能在1h内分解自重1000~10000倍的乳糖，产朊假丝酵母菌合成蛋白质的能力比食用牛强10万倍，微生物的这个特性为其高速生长繁殖和产生大量代谢产物提供了充分的物质基础，使微生物能够发挥"生化工厂"的作用。

表1-4 不同微生物的个体尺寸与比表面积

细胞种类	细胞尺寸/ ($\mu m \times \mu m$)	细胞体积/ $10^{-18} m^3$	细胞表面积/ $10^{-12} m^2$	比表面积/ $10^6 m^{-1}$
大肠杆菌（*Escherichia coli*）	0.5×（1~3）	0.2~0.6	2~5	8~10
铜绿假单胞菌（*Pseudomonas aeruginosa*）	（0.5~0.7）×（1.5~3）	0.3~1.2	2~4	7~10
枯草芽孢杆菌（*Bacillus subtilis*）	（0.8~1.2）×（1.2~3）	0.6~4	4~15	4~7
假丝酵母（*Candida*）	（1~5）×（5~30）	4~600	15~500	0.8~4

（3）生长旺，繁殖快。微生物的增殖速度极快（表1-5），目前研究最透彻的大肠杆菌（*Escherichia coli*）细胞在适宜的生长条件下，每分裂1次的时间是12.5~20min，若按

每 20min 分裂 1 次计算,每昼夜可分裂 72 次,后代数为 4.7×10^{25} 个。事实上,由于培养条件的限制,微生物指数分裂方式一般只能维持数小时,通常在液体培养基中微生物的浓度一般只能达到 $(1\sim10) \times 10^9 \mathrm{CFU/mL}$。

表 1-5 微生物传代时间

细胞种类	倍增时间 /min
大肠杆菌(Escherichia coli)	20~30
金黄色葡萄球菌(Staphylococcus aureus)	60
枯草芽孢杆菌(Bacillus subtilis)	60

(4)适应性强,易变异。微生物有非常灵活的适应性,即使在极端环境条件下,它们亦能存活。大多数微生物能在 $-196\sim0\,^\circ\mathrm{C}$ 的低温维持生命;海洋深处的一些硫细菌可在 $250\,^\circ\mathrm{C}$ 高温下正常生长;有些嗜盐菌能在饱和盐水中正常存活;耐酸、碱菌可以生长的酸、碱范围要比一般生物宽得多;厌氧或兼性厌氧菌在无氧或缺氧条件下能够正常生长繁殖。由于微生物一般都是单细胞、简单多细胞或非细胞的生物个体,遗传物质通常都是单倍体,加之其生长增殖速率快、数量多和与外界环境直接接触,所以较易在短时间内产生大量变异的后代。微生物最常见的变异形式是基因突变,因此会带来细胞形状、代谢方式及代谢产物等的改变,适应环境的变异能够大大提高微生物对环境的适应性,因此,变异是微生物能够适应极端环境的保障。

(5)分布广,种类多。自然界中各种环境皆广泛地存在和生存着种类繁多的微生物。就分布而言,微生物几乎到了无孔不入的地步。地球上除火山的中心区域外,从土壤圈、水圈、大气圈直至岩石圈,到处都有微生物的踪迹;土壤、河流、深海、盐湖、沙漠、油井、地层中等有大量与其相适应的微生物活动。就种类而言,微生物种类繁多首先反映在它们的种数多,到目前为止,人们已经认识的微生物大约只有 10 万种,至多不超过生活在自然界中微生物总数的 1%;其次,微生物的生理代谢类型多,地球上最为丰富的天然气、石油、纤维素等初级有机物,都是许多微生物极好的碳源和能源物质;再次,微生物的代谢产物种类多,微生物究竟能产生多少种类的代谢产物,至今仍难以统计,目前人们研究最透彻的大肠杆菌(Escherichia coli)一种微生物就能产生 2000~3000 种不同的蛋白质。

人们对微生物的认识和研究经历了漫长的岁月。直到 20 世纪 50 年代初,"DNA 结构的双螺旋模型"理论和认识才使生命科学进入了分子生物学研究的新阶段;70 年代以后,发酵工程与遗传工程、细胞工程及酶工程紧密结合,微生物学的理论和应用研究更加深入,促进了国际上生物工程技术的兴起,并使微生物工程处于生物工程技术的主角地位。在近代科学中,微生物学[21-23]对人类的贡献举足轻重,微生物在人类多种生产活动中扮演着极其重要的角色,如在生物制药、工业发酵、农业科技、资源勘探、微生物采油等领域,皆得到了广泛应用[24-25]。

二、微生物营养

微生物的生长和繁殖活动必须从环境中吸收营养物质,通过新陈代谢将其转化成为自身新的细胞物质和代谢物,并从中获取生命活动所需的能量,同时将代谢活动产生的废物排出体外。那些能够满足微生物机体生长、繁殖和完成各种生理活动所需的物质称为营养物质。构成微生物细胞的物质基础是各种化学元素,根据微生物对各类化学元素需求量的大小,可将它们分为主要元素(Macro element)和微量元素(Trace element)。主要元素包括碳、氢、氧、氮、磷、硫、钾、镁、钙、铁等,碳、氢、氧、氮、磷、硫这六种主要元素可占细菌干重的97%(表1-6)。微量元素包括锌、锰、氯、钼、硒、钴、铜、钨、镍、硼等。

表1-6 微生物细胞中几种主要元素含量　　单位:%(占细菌干重比例)

元素	细菌	酵母菌	真菌
碳	50	50	48
氮	15	12	5
氢	8	7	7
氧	20	31	40
磷	3	—	—
硫	1	—	—

碳源(Carbon source)是在微生物生长过程中为微生物提供碳素来源的物质。碳源物质在细胞内经过一系列复杂的化学变化后成为微生物自身的细胞物质(如糖类、脂类、蛋白质等)和代谢产物,碳可占一般细菌细胞干重的一半。同时,绝大部分碳源物质在细胞内的生化反应过程中还能为机体提供维持生命活动所需的能源,因此碳源物质通常也是能源物质。但有些以CO_2作为唯一碳源的微生物生长所需的能源则并非来自碳源物质。微生物利用碳源物质具有选择性,糖类是一般微生物较容易利用的良好碳源和能源物质,但微生物对不同糖类物质的利用也有差别,例如在葡萄糖和半乳糖为碳源的培养基中,大肠杆菌(*Escherichia coli*)首先利用葡萄糖,然后利用半乳糖,前者称为大肠杆菌的速效碳源,后者称为迟效碳源。用作微生物培养的碳源主要是一些工农业的副产物,如单糖、糖饴、糖蜜、淀粉(玉米粉、山芋粉、野生植物淀粉)、麸皮、米糠等。不同种类微生物利用碳源物质的能力差别很大。有的微生物能广泛利用各种类型的碳源物质,而有些微生物可利用的碳源物质则比较少,例如某些假单胞菌(*Pseudomonas* spp.)可以利用多达90种以上的碳源物质,而一些甲基营养型微生物只能利用甲醇或甲烷等一碳化合物作为碳源物质。微生物利用的碳源物质主要有糖类、有机酸、脂类、醇类、烃类、CO_2和碳酸盐等,其中利用烃类物质作为碳源物质的微生物细胞表面多含有一种糖脂和脂蛋白等多种物质组成的特殊的吸收系统,可将难溶的烃充分乳化后吸收利用。

氮源(Nitrogen source)物质为微生物提供氮素来源,这类物质主要用来合成细胞中的含氮物质,一般不作为能源,只有少数自养微生物能利用铵盐、硝酸盐同时作为氮源和能源。在碳源物质缺乏的情况下，某些厌氧微生物在厌氧条件下可以利用某些氨基酸作为能源物质。能够被微生物利用的氮源物质包括蛋白质及其不同程度的降解产物（胨、肽、氨基酸等）、铵盐、硝酸盐、分子氮、嘌呤、嘧啶、脲、胺、酰胺、氰化物等。工业上常用的蛋白质类氮源主要有蛋白胨、鱼粉、蚕蛹粉、黄豆饼粉、花生饼粉、玉米浆、牛肉浸膏、酵母浸膏等。微生物对氮源的利用亦存在选择性。玉米浆中的氮源物质主要以较易吸收的蛋白质降解物形式存在，而蛋白质的降解物特别是氨基酸可以通过转氨作用直接被机体利用，而黄豆饼粉和花生饼粉中的氮主要以大分子蛋白质形式存在，需进一步降解成小分子的肽和氨基酸后才能被微生物吸收利用，因而对其利用的速度较慢。因此，玉米浆为速效氮源，有利于菌体生长；黄豆饼粉和花生饼粉为迟效氮源。在无机氮源中，微生物吸收利用铵盐和硝酸盐的能力较强，NH_4^+被细胞吸收后可直接利用，因而硫酸铵等铵盐一般被称为速效氮源，而硝酸根被吸收后需进一步还原成NH_4^+后再被微生物利用。许多腐生型细菌都可利用铵盐或硝酸盐作为氮源，例如大肠杆菌（*Escherichia coli*）、产气杆菌（*Enterobacter aerogenes*）、枯草芽孢杆菌（*Bacillus subtilis*）、铜绿假单胞菌（*Pseudomonas aeruginosa*）均可利用硫酸铵和硝酸铵作为氮源，放线菌可以利用硝酸钾作为氮源。当以硫酸铵等铵盐作为氮源培养微生物时，由于NH_4^+被吸收，会导致培养基pH值下降，因而将其称为生理酸性盐；以硝酸盐（如KNO_3）为氮源培养微生物时，由于NO_3^-被吸收，会导致培养基pH值升高，因而将其称为生理碱性盐。

无机盐（Inorganic salt）是微生物生长必不可少的一类营养物质，它们在机体中的生理功能主要是作为酶活性中心的组成部分、维持生物大分子和细胞结构的稳定、调节并维持细胞的渗透压平衡、控制细胞的氧化还原电位和作为某些微生物生长的能源物质等。微生物生长所需的无机盐一般有磷酸盐、硫酸盐、氯化物，以及含钠、钾、钙、镁、铁等元素的化合物。在微生物生长过程中还需要一些微量元素，微量元素是指那些在微生物生长过程中起重要作用，而微生物对这些元素的需求量比较微小，通常需要量为10^{-8}～10^{-6}mol/L。如果微生物在生长过程中缺乏微量元素，会导致细胞生理活性降低甚至停止生长。

生长因子（Growth factor）通常指那些微生物生长所必需且需要量很小，但微生物自身不能合成或合成量不足以满足机体生长需要的有机化合物。自养微生物和某些异养微生物（如大肠杆菌）不需要外源生长因子也能生长，通常在微生物培养基中通过添加酵母膏、酵母粉或人工配制的微量元素液以满足微生物生长所需的生长因子。

水是微生物生长和维持生命活动不可缺少的物质，一般可占细胞质量的70%～90%，水在细胞中的生理功能主要有：(1) 起到溶剂和运输介质的作用，营养物质的吸收与代谢产物的分泌必须以水为介质才能完成；(2) 参与细胞内一系列化学反应；(3) 维持蛋白质、核酸等生物大分子稳定的天然构象；(4) 水的比热容高，又是热的良好导体，能有效吸收代谢过程中产生的热并及时将热迅速散发出体外，从而有效地控制细胞内温度的变化；(5) 保持充足的水分是细胞维持自身正常形态的重要因素；(6) 微生物通过水合作用与脱水作用控制由多亚基组成的结构，如酶、微管、鞭毛的组装与解离。

在地下法微生物提高采收率技术中，油藏环境可被视作一个特殊的"微生物发酵罐"：首先，向油藏中供应营养物质组成应符合微生物对营养物质摄取、利用的要求；其次，油藏中的地层水中含有某些离子，如 SO_4^{2-}、K^+、Na^+ 等，可被微生物吸收利用，因而在营养物组成中应予以考虑；最后，地层水中的 HCO_3^- 和地层岩石中的碳酸盐有很强的中和作用，能够稳定发酵过程的 pH 值。

三、微生物新陈代谢

根据微生物营养物质（电子供体）的不同，可将微生物分为无机营养型（Lithotrophs）和有机营养型（Organotrophs）。对于大多数微生物，有机物质既是碳源物质，也是能源物质，因而被称为化能有机异养型微生物；还有一些微生物能利用还原态的物质（还原态的硫、氮化合物，Fe^{2+}、H_2 等）作为电子供体，被称作化能无机自养型微生物。无论是有机营养型微生物，还是无机营养型微生物，其生命活动都需要从环境中吸收营养物质，通过各种生化反应将这些物质合成自身需要的各种类型的代谢产物，同时产生生命活动所需要的能量。

微生物的新陈代谢（Metabolism）是指微生物细胞内发生的各种化学反应的总称，主要分为分解代谢和合成代谢。分解代谢是指细胞将大分子物质降解成小分子物质，并在这个过程中产生能量；合成代谢是指细胞利用简单小分子物质合成复杂大分子的过程，在这个过程中要消耗分解过程产生的能量；此外，微生物的其他生命活动，如运动（在鞭毛作用下的主动运动）、运输（吸收外界营养物质及排出自身代谢废物）等，均需消耗能量，另外还会有部分能量以热能等形式释放到环境中。

分解代谢实际上是物质在细胞中经过一系列连续的氧化还原反应，逐步分解并释放能量的过程，这个过程也称为生物氧化，是一个产能代谢过程。根据微生物氧化有机物的方式，根据氧化还原反应中电子受体的不同，可分成呼吸和发酵两种类型，而呼吸又可分为有氧呼吸和无氧呼吸两种方式。合成代谢是指微生物利用分解代谢所产生的能量、中间产物及从外界吸收的小分子，合成复杂的细胞物质的过程。糖类、氨基酸、脂肪酸、嘌呤、嘧啶等主要细胞成分合成反应的生化途径中，合成代谢和分解代谢虽有共同的中间代谢产物参与，但一个分子的生物合成化学途径与它的分解代谢途径通常是不同的，其中可能有相同的步骤，但导向一个分子合成的途径与产能分解代谢途径间至少有一个酶促反应步骤是不同的。另外，需能的生物合成途径和产能的分解反应相偶联，因而生物合成的方向是不可逆的。其次，调节生物合成的反应，与相应的分解代谢途径的调节机制无关，因为控制分解代谢途径的调节酶，并不参与生物合成途径。生物合成途径主要是被末端产物的浓度所调节的。

呼吸（Respiration）是指微生物在降解有机物的过程中，电子由电子供体经呼吸传递链传给外源的电子受体，从而生成水或其他还原型产物并释放出能量的过程。其中，以分子氧作为最终电子受体的称为有氧呼吸（Aerobic respiration），以氧化型化合物作为最终电子受体（如 SO_4^{2-}、$S_2O_3^{2-}$、NO_3^-、NO_2^- 等）的称为无氧呼吸（Anaerobic respiration）。好氧和兼性厌氧微生物在有氧条件下进行有氧呼吸，某些厌氧和兼性厌氧微生物在无氧条件下进行无氧呼吸。

发酵（Fermentation）是指微生物细胞将有机物氧化释放的电子直接交给底物本身未完全氧化的某种中间产物，同时释放能量并产生各种不同的代谢产物。在发酵条件下有机化合物只是部分被氧化，因此，只释放出一小部分能量。发酵过程的氧化与有机物还原偶联在一起。被还原的有机物来自初始发酵的分解代谢，即不需要外界提供电子受体。发酵的种类有很多，可发酵的底物有糖类、有机酸、氨基酸等，其中以微生物发酵葡萄糖最为重要。

在发酵过程中，底物所具有的能量仅有一部分被释放出来：一方面底物的碳原子只被部分氧化，另一方面初始电子供体和最终电子受体的还原电势相差不大。然而，在呼吸过程中，存在氧气或者其他电子受体，底物分子可被完全氧化为 CO_2，且此过程中产生的能量大大多于发酵过程；在无氧呼吸中，由于部分能量随电子转移给最终电子受体，所以生成的能量不如有氧呼吸的多。许多不能或很难被发酵的有机化合物通常能够通过呼吸作用而分解，这些化合物包括烃类、脂肪酸和醇类等（表1-7）。

表1-7 呼吸作用和发酵作用

代谢方式	电子受体	产物	产生能量/（J/mol）	微生物类型
有氧呼吸	O_2	CO_2	2890	好氧菌、兼性厌氧菌
无氧呼吸	NO_3^-、SO_4^{2-}、Fe^{3+}等	CO_2	1802	厌氧菌、兼性厌氧菌
发酵	有机物	各种发酵产物	227	厌氧菌、兼性厌氧菌

微生物从环境中吸收各种营养物质，通过分解代谢和合成代谢生成维持生命活动的物质和能量的过程，称为初级代谢。初级代谢中形成的各类产物被称作初级代谢产物，如呼吸过程中产生的 CO_2 和乙酸，发酵作用产生的 CO_2、H_2 和各种小分子有机物等。次级代谢是相对于初级代谢而提出的一个概念，一般认为，次级代谢是指微生物在一定的生长时期，以初级代谢产物为前体，合成一些对微生物的生命活动有特殊功能的物质的过程。这一过程的产物，即为次级代谢产物。次级代谢产物大多是分子结构比较复杂的化合物，根据其作用可将次级代谢产物分为抗生素、激素、毒素及维生素等类型，在微生物采油方法中，一些主要的代谢产物如生物表面活性物质、大分子生物聚合物等都是典型的次级代谢产物。

四、微生物生长与增殖

在适宜的生存环境下，少量的微生物细胞会不断通过吸收营养物质和自我复制，在这种情况下，细胞的同化作用大于异化作用，微生物种群实现快速生长，从而使群体质量和数量均迅速增大。在一定空间内的生物体的总质量通常称为生物量（Biomass）。对于单细胞原核生物，生物量的增加往往表现为生物群体数量的增加。当细胞个体增长到一定程度时，就以二分裂方式形成两个基本相似的子细胞，子细胞又重复以上过程。这个通过细胞分裂而引起的个体数目的增加，称为繁殖（Reproduction）。一般情况下，当环境条件适合时，单细胞的生长与繁殖始终是交替进行的。从生长到繁殖是一个由量变到质变的过程。在自然的无灭菌的环境条件下，往往存在着很多不同种群的微生物，其各自的代谢方式和生存方式不尽相同，各种不同种群的微生物在同一个生态环境中彼此影响，相互制约生存，派生出纷繁复杂的微生物群落关系。同时，各种微生物也通过衍生出各种各样的生存策略来积极适应其所处的生存环境。

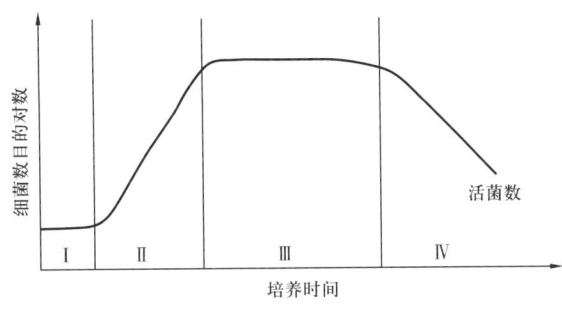

图 1-1　细菌的生长曲线

将少量细菌纯培养物接种到一定体积的新鲜液体培养基中，在适宜的条件下培养，定时取样测定其细菌含量，可以看到以下现象：开始有一短暂时间，细菌数量并不增加，随之细菌数目增加很快，既而细菌数又趋稳定，最后逐渐下降。如果以培养时间为横坐标，以细菌数目的对数或生长速度为纵坐标作图，可以得到一条曲线，称为繁殖曲线，通常又称为生长曲线（Growth curve）（图 1-1）。生长曲线代表了细菌在新的适宜环境中生长繁殖直至衰老死亡全过程的动态变化。根据细菌生长繁殖速率的不同，可将生长曲线大致分为延迟期、对数生长期、稳定期和衰亡期四个阶段。

（1）延迟期：少量细菌接种到新鲜培养基后，一般不立即进行繁殖，生长速度接近于零。因此在开始一段时间，细菌数几乎保持不变，甚至稍有减少。这段时间被称为延迟期，又称为迟缓期、调整期或滞留适应期。处于延迟期细菌细胞的特点是分裂迟缓、代谢活跃。延迟期的长短与菌种、种龄、接种量和培养基成分有关。

（2）对数生长期：对数生长期又称指数生长期。这一阶段的突出特点是细菌数以几何级数增加，代时稳定，细菌数目和生物量的增加与菌液混浊度的增加均呈正相关性。

（3）稳定期：又称恒定期或最高生长期。处于稳定期的微生物，新增殖的细胞数与老细胞的死亡数几乎相等，整个培养物中二者处于动态平衡，此时生长速度又逐渐趋向于零。许多处于稳定期的细胞开始大量积累大分子生物聚合物，如多糖、异染颗粒、脂溶性颗粒等；大多数芽孢细菌也在此阶段形成芽孢。

（4）衰亡期：稳定期后如再继续培养，细菌死亡率逐渐增加，以致死亡数大大超过新生数，群体中活菌数目急剧下降，出现了"负生长"。

纯培养物（单一微生物）的生长会表现出如图 1-1 所示的典型的生长曲线，而在复杂环境下，往往存在相当多不同种类的微生物，它们会表现出非常复杂的微生物群落关系。环境中的微生物也存在个体、种群和生态系统从低到高的组织层次，与动物、植物相比，微生物具有更强的群体性。微生物群落是指一定区域内或一定生存环境中各种微生物种群相互松散结合的一种结构和功能单位。这种结构单位虽然结合松散，但并非是杂乱的堆积，而是有规律的结合，并由于其组成的微生物种群种类及特点而显现出一定的特性。任何微生物群落都是由一定的微生物种群所组成，而每个种群都有一定的个体数量和分布范围，它们对周围的生态环境各有其一定的要求和反应，它们在群落中处于不同的地位和起着不同的作用。一定条件下的微生物群落具有相应的生态功能，结构和功能紧密联系，一种种群有多种生理功能，多个种群组合成一个群落完成一种生态功能。在一个微生物群落中，不同种群之间的相互作用关系主要表现为以下几点。

（1）中立生活：两种种群之间在一起彼此没有影响或仅存无关紧要的影响。

（2）偏利作用：一种种群因另一种种群的存在或生命活动而得利，而后者没有从前者受益或受害。

（3）协同作用：相互作用的两种种群相互有利，二者之间是一种非转型的松散联合。

（4）互惠共生：相互作用的两种种群相互有利，两者之间是一种专性的和紧密的结合，是协同作用的进一步延伸。联合的种群发展成一个共生体，有利于它们占据限制单种种群存在的环境。

（5）寄生：一种种群对另一种群的直接侵入，寄生者从寄主细胞获得营养，而对寄主产生不利影响。

（6）捕食：一种种群被另一种种群完全吞食，捕食者种群从被食者种群获得营养。

（7）偏害作用：一种种群阻碍另一种种群的生长，而后者对前一种种群无影响。

（8）竞争：两个种群因需要相同的生长基质或其他环境因子，只是增长率和种群密度受到限制时发生的相互作用，其结果对两种种群都是不利的。

微生物同动物、植物一样有其生存策略，使其种群能在群落内存活和保留。可以通过 r-K 梯度来人为地对微生物的生存策略进行区分：r 策略主要依赖高增殖效率以确保种群在群落内存活，而 K 策略主要依靠对环境资源的生理性适应或环境的载荷量[26]。

r 策略微生物通过高繁殖率，在资源短暂丰富时，通过高增殖效率和种间偏害作用获得竞争优势，迅速取得种群数量上的优势地位，如假单胞菌（*Pseudomonas*）、芽孢杆菌（*Bacillus*）、曲霉（*Aspergillus*）、青霉（*Penicillium*）等，这种策略的微生物能够在高浓度可利用的有机物基质存在的条件下，迅速代谢分解有机物。同时，r 策略微生物在进化中往往衍生出许多次级代谢产物，以保证其通过偏害作用或竞争性排他迅速大量地获取营养物质，如多种真菌合成的抗生素类物质（青霉素、红霉素等），铜绿假单胞菌分泌的绿脓素，芽孢杆菌分泌的具有抗生作用的脂肽类物质等。r 策略微生物种群数量往往呈现剧烈变动，在尚未达到饱和菌浓的微生物群落中，r 策略微生物往往利用营养物质大量增殖；当营养物质浓度下降或者环境出现抑制剂时，其种群数量会迅速下降，或其细胞在长时间内无活性或低活性。地芽孢杆菌、梭状芽孢杆菌能够迅速形成大量抗生素芽孢在不利生存条件下休眠，芽孢杆菌、假单胞菌等往往通过在营养物质充足时大量积累高分子聚合物，在营养不良阶段通过消耗自身储存的碳源和能源物质存活，这些代谢特点都对 r 策略微生物具有极其重要的意义。

K 策略微生物增殖速度较为缓慢，往往在有限的营养物质下能够成功地生存，K 策略的微生物种群数量在其生存群落中往往较稳定，且仅利用少量营养物质繁殖，生长速度较慢，如放线菌（*Streptomycetes*）、海洋螺旋藻（*Spirilla*）、弧菌（*Vibrios*）、棒状杆菌（*Corynebacterium*）等。

五、微生物反应动力学

生态模型（Ecosystem Modeling）的建立对于生态学研究是非常重要的。由于微生物生态系统相当复杂，因此，在建立微生物生态系统时必须加以简化，所建立的微生物生态模型应能够说明真实微生物生态系统中的各种问题，同时突出反映特定生态系统中的主要矛盾。建立微生物生态模型的方法有实验方法（Experimental approaches）和数学方法（Mathematical approaches）。实验方法就是在实验室中通过人工来限定所要测定的变量数目，通过人工控制环境因素的干扰，尽量简化和模拟实际生态系统或复杂生态系统中的亚系统，然后，利用这种简化模型所获得的结果来说明天然生态系统中所存在的问题。数学方法就是分析实验模型和实地观察研究所获得的结果，以便按照原有的数学公式设法解释所获得的上述结果和生态系统的相互关系。

为了模拟油藏条件下微生物生长和代谢过程，首先应确定油藏微生物生态研究的实验模型，也就是通过简化的实验模型更真实地模拟油藏微生物生态系统。油藏微生物往往是由多种已知和未知微生物（本源微生物、外源微生物）组成，其中地层温度、孔隙度、渗透率、原油物性、地层水盐度、pH值等条件是由目标区块决定的，而营养物浓度、氧化还原电位（E_h）等可以通过人工干预的手段进行一定范围的调控。依据油藏微生物生长和代谢所处环境的状态可以将油藏微生物生态模型划分为分批培养系统和流过培养系统：分批培养系统（Batch system）是指油藏微生物和所需营养物质都存在于一个相对封闭的环境中，没有营养物质的补充和代谢产物的排出等作用发生，在微生物驱油过程中，采用段塞式注入并进行关井培养的过程，此情况下由于存在保护段塞，而主体段塞的运移速度较慢，因此，该油藏微生物生态符合分批培养系统；流过培养系统（Flow-through system）是指在水驱过程中，由于营养物质浓度会受到水驱过程的影响，而营养物质的浓度又对微生物生长起到限制作用，在这种情况下，分批培养系统无法模拟真实的油藏微生物生态系统，后续水驱过程和连续注入式的微生物驱油过程符合流动培养系统。

1942年，Jacques Monod[27]基于对大肠杆菌生长和葡萄糖浓度关系的研究，提出了一个最简单的描述底物浓度对生长影响的动力学模型。该模型的基本假设是：（1）细胞被看作一个均一的溶质；（2）平衡生长，即细胞组成不随时间变化，这样细胞浓度成为描述细胞量的唯一变量；（3）只有一种底物决定细胞的生长速率，这种底物称为限制性底物（Growth-limiting substrate）。Monod发现大肠杆菌的比生长速率在底物浓度低时呈一级反应动力学，在底物浓度高时呈二级反应动力学的特点，提出如下比生长速率$U_{[B]}$表达式：

$$U_{[B]} = \frac{U_{\max} C_{[S]}}{K_s + C_{[S]}} \quad (1-1)$$

式中，$U_{\max}$为最大比生长速率，h^{-1}；K_s为饱和常数，g/L；$C_{[S]}$为限制性底物浓度，g/L。

根据比生长速率的定义，细胞的生长速率$V_{[B]}$可以表示为：

$$V_{[B]} = U_{[B]} C_{[B]} = \frac{U_{\max} C_{[S]} C_{[B]}}{K_s + C_{[S]}} \quad (1-2)$$

式中，$C_{[B]}$为微生物菌体浓度，g/L。

也就是说，某时刻细胞的生长速率$V_{[B]}$除与当时的底物浓度$C_{[S]}$有关外，还与当时

的细胞浓度 $C_{[B]}$ 成正比。当底物浓度很小时，即 $C_{[S]} \ll K_s$，$U_{[B]} \approx \dfrac{U_{max} C_{[S]}}{K_s} \propto 0$；当底物浓度很大时，即 $C_{[S]} \gg K_s$，$U_{[B]} \approx U_{max}$。

Monod 模型能够比较好地反映微生物细胞的生长行为，其中 U_{max} 与微生物种类有关，而 K_s 则与微生物种类和底物类型关系密切。一些微生物的 U_{max} 和 K_s 值见表 1-8。

除 Monod 模型外，还有很多学者先后提出了许多不同的函数形式用以描述微生物的生长，见表 1-9。

微生物生长和维持细胞的正常生理活动都需要消耗能量，这部分能量是通过微生物对底物的分解反应而获得的，同时，微生物还要利用初级代谢产物合成各种细胞物质，这个过程涉及物质和能量。

表 1-8　一些微生物的 U_{max} 和 K_s 值

微生物	限制性底物	U_{max}/h^{-1}	K_s/(mg/L)
大肠杆菌（37℃）	葡萄糖	0.8～1.4	2～4
大肠杆菌（37℃）	甘油	0.87	2
大肠杆菌（37℃）	乳糖	0.8	20
酿酒酵母（30℃）	葡萄糖	0.5～0.6	25
热带假丝酵母（30℃）	葡萄糖	0.5	25～75
产气克雷伯氏菌	甘油	0.85	9
产气杆菌	葡萄糖	1.22	1～10

在微生物细胞生长旺盛时，微生物所代谢的物质和能量主要用于菌体的增加过程，而当细胞密度增大到一定范围时，细胞比生长速率降低，物质和能量更多地用于维持菌体的生命活动。

表 1-9　微生物生长模型

提出者	模型形式	参数个数	参数		
			a	b	k
Monod	$U_{[B]} = \dfrac{U_{max} C_{[S]}}{K_s + C_{[S]}}$	2	0	2	$1/K_s$
Tessier	$U_{[B]} = U_{max}\left(1 - e^{-C_{[S]}/K}\right)$	2	0	1	$1/K$
Moser	$U_{[B]} = \dfrac{U_{max} C_{[S]}^{\lambda}}{K_s + C_{[S]}^{\lambda}}$	3	$1-1/\lambda$	$1+1/\lambda$	$\lambda/K_s^{1/\lambda}$
Contois	$U_{[B]} = \dfrac{U_{max} C_{[S]}}{B_{[X]} + C_{[S]}}$	2	0	2	$1/(B_{[X]})$

通常底物消耗速率可以用以下方程描述：

$$\frac{\mathrm{d}C_{[\mathrm{S}]}}{\mathrm{d}t} = -\frac{1}{Y_{\mathrm{B/S}}} \times U_{[\mathrm{B}]}C_{[\mathrm{B}]} - mC_{[\mathrm{B}]} \tag{1-3}$$

式中，$Y_{\mathrm{B/S}}$ 为底物对菌体的得率；m 为菌体的维持系数。

如果用单位菌体的底物比吸收速率 q_s 来表示就是：

$$q_\mathrm{s} = \frac{1}{Y_{\mathrm{B/S}}} \times U_{[\mathrm{B}]} + m \tag{1-4}$$

以 Monod 方程表示的细胞比生长速率方程可以表示为：

$$U_{[\mathrm{B}]} = \frac{Y_{\mathrm{B/S}} q_{\max} C_{[\mathrm{S}]}}{K_\mathrm{s} + C_{[\mathrm{S}]}} - mY_{\mathrm{B/S}} = \frac{U_{\max} C_{[\mathrm{S}]}}{K_\mathrm{s} + C_{[\mathrm{S}]}} - mY_{\mathrm{B/S}} \tag{1-5}$$

也就是说，在较低的底物浓度下，底物浓度虽然不为 0，但是细菌的比生长速率却可以等于 0，如果底物浓度进一步降低至不足以满足细胞维持所需，则细胞会消耗一部分能量储存物质维持其生理活性，这样的活动称为内源代谢（Endogenous metabolism）或者内源呼吸（Endogenous respiration），引入内源呼吸的代谢速率常数 k，这时微生物菌体的比生长速率可以描述为：

$$U_{[\mathrm{B}]} = \frac{U_{\max} C_{[\mathrm{S}]}}{K_\mathrm{s} + C_{[\mathrm{S}]}} - k \tag{1-6}$$

微生物菌体在生长和增殖过程中会产生大量的细胞代谢产物（Metabolite），根据这些产物的生成速率与菌体生长的关系，可以将其分为生长偶联型产物（Growth associated products）、非生长偶联型产物（Non-growth associated products）和部分生长偶联型产物（Partially growth associated products）。Leudeking 和 Piret 在 1959 年对德氏乳酸杆菌（*Lactobacillus delbrueckii*）乳酸发酵的研究提出了描述产物生成速率的经典模型。

$$R_{[\mathrm{M}]} = \alpha U_{[\mathrm{B}]}C_{[\mathrm{B}]} + \beta C_{[\mathrm{B}]} \tag{1-7}$$

式中，$R_{[\mathrm{M}]}$ 为产物生成速率；α，β 均为常数。

在式（1-7）中，产物生成速率包含两部分，前一项与微生物菌体的生长速率成正比，后一项则与微生物的细胞浓度成正比，这样对于不同类型产物的生成速率可以有不同的表示。

生长偶联型：$\alpha \neq 0$，$\beta = 0$，$R_{[\mathrm{M}]} = \alpha U_{[\mathrm{B}]} C_{[\mathrm{B}]}$。生长偶联型产物主要是一些初级代谢产物，它们被用于合成微生物细胞的各种结构组分。

非生长偶联型：$\alpha = 0$，$\beta \neq 0$，$R_{[\mathrm{M}]} = \beta C_{[\mathrm{B}]}$。非生长偶联型产物主要是一些次级代谢产物，如芽孢杆菌在底物竞争过程中分泌的脂肽类抗生物质，假单胞菌在烃类为碳源情况下生成的鼠李糖脂等物质。

部分生长偶联型：$\alpha \neq 0$，$\beta \neq 0$，$R_{[\mathrm{M}]} = \alpha U_{[\mathrm{B}]} C_{[\mathrm{B}]} \beta C_{[\mathrm{B}]}$。部分生长偶联型产物主要

是一些分解代谢产能过程的一些代谢物，因为能量既要供给微生物生长的需要，又要满足微生物菌体自身的需要，因而，生成能量的代谢反应产物属于该类产物，如微生物的呼吸作用产生的 CO_2 和 H_2O，发酵作用产生的 CO_2、H_2、小分子有机酸、溶剂等。

参 考 文 献

[1] 李希明.微生物采油技术研究[J].油气采收率技术,1997,4(1):1-10.

[2] Lazar I. Development of MEOR technologies and the history of MEOR field tests [J]. Pakistan Journal of Hydrocarbon Research, 1998, 10 (11): 85-94.

[3] Grula M, Grula E A. Biodegradation of materials used in enhanced oil recovery [R]. National Petroleum Council, Washington, D. C., Final Report, 1981.

[4] Hitzman D O. Use of bacteria in the recovery of petroleum from underground deposits: US 3185216 [P]. 1965-05-25.

[5] 方云,夏咏梅.生物表面活性剂[M].北京:中国轻工业出版社,1992.

[6] Beckmann J W. Action of bacteria on mineral oil [J]. Industrial and Engineering Chemistry News, 1926, 10 (3): 3-10.

[7] Zobell C E. Bacteriological process for treatment of fluid-bearing earth formation: US 2413278 [P]. 1946-12-24.

[8] Zobell C E. Bacterial release of oil from oil-bearing materials [J]. World Oil, 1947, 126 (13): 36-47.

[9] Zobell C E. Bacterial release of oil from oil-bearing materials [J]. Oil & Gas Journal, 1947 (446): 62-65.

[10] Zobell C E. Recovery of hydrocarbons: US 2641566 [P]. 1953-06-09.

[11] Zobell C E, Morita R Y. Barophilic bacteria in some deep-sea sediments of organic matter [J]. Journal of Bacteriology, 1957, 73 (4): 563-568.

[12] Updegraff D M, Wren G B. Secondary recovery of petroleum oil by Desulfovibrio: US 2660550 [P]. 1953-11-24.

[13] Yarbrough H F, Coty V F. Microbially enhanced oil recovery from the Upper Cretaceous Nacatoch Formation, Union County, Arkansas [C]. In: Donaldson E C, Clark J B. Proceedings, 1982 International Conference on Microbial Enhancement of Oil Recovery, 1982: 149-153.

[14] Kuznetzov S T, Ivanov M V, Lyalikova N N. Introduction to Geological Microbiology [M]. New York: McGraw-Hill, 1963: 252.

[15] Hitzman D O. Oil recovery process using aqueous microbiological drive fluids: US 3340930 [P]. 1967-09-12.

[16] Ivanov M V. 俄罗斯利用微生物采油提高原油产量 // 国外微生物提高采收率技术论文选[M]. 赵国珍, 译. 北京: 石油工业出版社, 1996.

[17] Moses V, Robinson J P, Springham D G, et al. Microbial enhancement of oil recovery in North Sea reservoirs: a requirement for anaerobic growth on crude oil [C]. In: Donaldson E C, Clark J B. Proceedings, 1982 International Conference on Microbial Enhancement of Oil Recovery, 1982: 154-157.

[18] Belyaev S S, Wolkin R, Kenealy W R, et al. Methanogenic bacteria from the Bondyuzhskoe oil field: General characterization and analysis of stable-carbon isotopic fractionating [J]. Applied and Environmental Microbiology, 1983 (45): 691-697.

[19] 张继芬.提高石油采收率基础[M].北京:石油工业出版社,1997.

[20] 沈萍.微生物学[M].北京:高等教育出版社,2000.

［21］周德庆. 微生物学教程［M］. 北京：高等教育出版社，1993.

［22］阿特拉斯 R M. 石油微生物学［M］. 黄弟藩，等译. 北京：石油工业出版社，1991.

［23］俞俊棠，唐孝宣. 生物工艺学［M］. 上海：华东理工大学出版社，1999.

［24］张树证，王修垣. 工业微生物学成就［M］. 北京：科学出版社，1988.

［25］Donaldson E C, Chilingarian G V, Yen T F. Microbial enhanced oil recovery［J］. Amsterdam：Elsevier，1989.

［26］Lotka A J. Elements of physical biology［M］. New York：Williams and Wilkins，Baltimore. Dover Publications，Inc.，1925.

［27］岑培林，关怡新，林建平，等. 生物反应工程［M］. 北京：高等教育出版社，2005.

第二章　油藏微生物多样性及分布特征

油藏微生物群落是开展微生物驱油技术，尤其是内源微生物驱油技术的基础和依据，油藏中微生物种类繁多，不同油藏微生物种类相差很大，地层中微生物群落会严重影响 MEOR 的应用效果，微生物驱油技术的一个关键就是要正确评价油藏微生物群落和丰度。在各种类型的油藏环境中，微生物通过信号传递、对空间和营养的相互竞争和依赖等而形成微生物群落。任何微生物的生长繁殖和功能发挥都是在微生物群落中发生和进行的，因此在油藏中微生物对石油烃类物质的降解、产生表面活性物质、产酸、产气、调剖等表观作用都是油藏微生物群落的一种作用和功能发挥。只有搞清楚油藏中的微生物，研究它们的营养需求特征和代谢特征，才能够有效地利用这些微生物为石油生产活动服务，同时，微生物含量也是评价油藏对微生物采油技术适应性的重要参数。研究微生物菌落结构组成对微生物激活体系的研究及功能菌筛选都有重要意义。

第一节　油藏微生物群落研究方法

随着微生物学及分子生物学方法的发展，很多群落结构检测方法随着技术更替逐渐被舍弃，但其中某些操作简便、方法成熟的经典方法依然在石油微生物群落结构研究中占有一席之地[1]。如传统最大近似值法，虽然操作过程以营养培养为基础，必然带来其结果量化的不准确性，但其操作方法简单，结果分析一目了然，对样品要求不高，适宜在现场工作人员中普及，且其测试结果可定量地说明油藏石油微生物群落组成，因此该方法在油藏微生物多样性研究中虽有些落伍但依然占有一隅。

分子生态学研究方法现在较常使用的是由专业测序公司进行的高通量宏基因组及宏转录组学分析技术。传统分子生态学方法变性梯度凝胶电泳（DGGE）技术测得的信息量比较小，对操作者要求高，且获取信息少、误差率高；末端限制性片段长度多态性（T-RFLP）技术适合检测已知菌属丰度，测试结果灵敏快速，但受其使用的检测仪器限制，已无大规模使用；16S rDNA 克隆文库技术准确性较高，但工作量大、测试结果信息量小，与高通量测序相比已无成本优势。

一、最大近似值法

在探究石油微生物群落研究工作的最初，受当时分子生物学技术发展及检测操作条件限制，结合本源微生物的特点，常常采用传统的绝迹稀释法（或称最大近似值，Most Probable Number，MPN）法进行研究。目前，石油微生物 MPN 检测法标准执行由中国石油勘探开发研究院等单位起草的中国石油天然气集团有限公司企业标准 Q/SY 17757—2021《油藏微生物检测方法　培养计数法》。

MPN 研究法适用于测定在一个混杂的微生物群落中虽不占优势，但具有特殊生理功能的类群，其特点是利用待测微生物的特殊生理功能的选择性来摆脱其他微生物类群的干扰，并通过该生理功能的表现来判断该类群微生物的存在和丰度。

按照采油功能和营养特点，内源微生物的检测目标主要是烃氧化菌（能够利用烃类作为碳源和能源物质生长，是微生物采油中非常重要的一类微生物）、好氧的腐生菌（以各种碳水化合物作为底物生长的细菌）、厌氧发酵菌（能直接发酵简单碳水化合物，亦可利用好氧呼吸阶段的某些产物，是油藏微生物生态系统中的重要过渡环节）、产甲烷菌（能代谢产生甲烷的菌）、厌氧的硫酸盐还原菌（将硫酸盐还原成 H_2S）的数量。因此，一方面要求对每一类细菌选定特定的培养基，检测出该类微生物；另一方面要求对每一类细菌的活菌数量进行计数。

运用 McCready 表最大近似值法，通过绝迹稀释法分析地层水中各种生理群细菌数量。用含有 C_{14}—C_{17} 烃链（体积分数为 2%）的 P 培养基对烃氧化菌的数量进行计数。通过检测 H_2 在蛋白胨（4g/L）和葡萄糖（10g/L）培养基的增长来计量发酵菌的数量。用加有 4g/L 乳酸钠和 200mg $NaS_x \cdot 9H_2O$ 的 Postgate 培养基 B 通过观察硫化氢的产生来计量硫酸盐还原菌。通过添加乳酸（80mmol/L）或 H_2 和 CO_2，以及微量元素和酵母粉（1g/L）的培养基中甲烷生成计量产甲烷菌。采用 Hungate 厌氧操作技术培养厌氧菌，用地层水配制培养基，产甲烷菌培养基充入 H_2 和 CO_2，其他厌氧菌培养基均充入纯氩气，好氧菌用含有空气的试管培养。

MPN 计数是将待测样品在特定功能菌测试瓶中做一系列稀释，一直稀释到将少量（如 1mL）的稀释液接种到新鲜培养基中没有或极少出现生长繁殖。根据没有生长的最低稀释度与出现生长的最高稀释度，采用"最大近似值"理论，可以计算出样品单位体积中细菌数的近似值。根据阳性管出现的频率，从 MPN 概率表中查得最终菌体浓度。

二、分子生物学方法

在 2000 年以前，分析油藏中内源微生物群落结构及多样性主要依赖传统的基于可培养菌的分离培养方法，但是由于油藏是高温、高压环境，产出液到地面常压环境下，细菌能否保存完好难以确定，所以培养出的细菌在数量上和种类上能否精准反映油藏条件难以确定[2]。自基于 16S rDNA 的分子生物学技术出现以后，传统的分离培养分析来检测油藏微生物的技术逐步被分子生物学取代。

分子生物学是从分子水平上研究生命本质的一门新兴学科，它以核酸和蛋白质等生物大分子物质的结构排列及遗传信息和细胞信息传递中的作用作为研究对象，是当今生命科学中发展最为迅猛并且与其他学科交叉渗透最为广泛的重要前沿领域。在分子生物学理论的迅猛发展下，分子生物学实验技术也得到了迅速的发展，这些技术的推广应用，为微生物学及其他相关生物学的研究提供了新的手段，使得很多学科与分子生物学相互结合形成新的交叉学科，分子生态学就是在微生物学与分子生物学融合的背景下诞生的。分子生态学在微生物采油中的应用是利用分子生态学方法对石油微生物生态系统菌种种属、丰度、功能基因等进行检测，从而得到更为灵敏准确的石油微生物群落组成及功能信息。石油微生物分子生态学虽仅于近 20 年才有发展，但也历经了多种研究方法，现将常用分子生态学研究方法汇总，见表 2-1。

核糖体（ribosome）作为一种复杂的细胞基质，存在于所有的生物细胞中，由蛋白质和 RNA 构成，在细胞内与细胞质紧密相连，是合成蛋白质的场所。核糖体中的遗传物质是核糖体 RNA（ribosome RNA，rRNA），原核生物细胞中的 70S 核糖体中的 rRNA 主要是 5S rRNA、16S rRNA 和 23S rRNA。16S rRNA 被公认为谱系分析的"分子尺"。因此，它可以作为测量各类生物进化的工具标尺。DGGE、T-RFLP 及 16S rDNA 文库构建方法都是基于对细菌或细菌群落 16S rDNA/16S rRNA 序列进行分析。

表 2-1 石油微生物常用分子生态学研究方法[3]

分析方法	分析方法分类	原理	优点	缺点
分析杂交	核酸探针杂交	DNA 的变性、复性及其在复性过程中的碱基配对原则，探针与靶分子的特异性结合	过程简单，避免 PCR 偏差	影响因素复杂，只能检测事先已知目标基因序列的微生物
	FISH	人工合成的荧光或放射性标记探针与微生物基因组杂交	操作简单，可原位检测，灵敏度高	只能对特定类群的微生物进行研究
16S rRNA 基因序列分析方法	16S rDNA 基因克隆文库	由于 rRNA 基因序列的保守性，可以用来揭示不同物种的系统进化关系	直观地反映群落中各种微生物种类构成及其亲缘关系的远近	工作量大，成本高，不能对目标种群进行原位和实时检测
	DGGE	DNA 双链在解链时需要不同的变性剂浓度，解链后电泳速度急剧下降	DNA 片段经纯化后可以直接用于测序	分辨率低，被分析的片段需小于 400bp
	TGGE	温度梯度，利用不同序列结构的 DNA 双链具有不同的熔点 T_m	DNA 片段经纯化后可以直接用于测序	分辨率低，被分析的片段需小于 400bp
其他基于 PCR 技术 DNA 指纹图谱法	RFLP	序列差异引起限制性内切酶酶切位点的差异	信息量大，重复性高	周期长，过程烦琐
	RAPD	利用随意设计的非特异引物	简单、迅速	重复性低
	ERIC	肠杆菌基因间重复性共有序列在不同微生物之间的拷贝数和定位的差异产生的多态性	结果稳定，重复性好，灵敏度高	PCR 本身的偏差可能产生假阳性，不能对群落中感兴趣的菌进一步研究
高通量测序技术	454 测序	基于焦磷酸测序方法完成环境样本中特定片段（通常是 16S rDNA）测序	读取长度较长，可进行 400bp 长度的末段双向测序	通量较低，痕量可能无法检测
	宏基因组	基于 Nanopore 测序平台完成环境样本微生物总 DNA 测序，获得环境中的基因功能信息和物种组成信息	通量高，测序周期短，可解决样品所具备代谢功能和丰度问题	单条序列错误率较高，测序成本高
	宏转录组	利用高通量测序技术，将细胞或组织中的全部或部分 mRNA，miRNA，lnc RNA 进行测序分析的技术	可了解基因表达情况和代谢水平，具有明显的原位研究优势	测序成本最高，易发生核糖体 RNA 污染

1. 变性梯度凝胶电泳（DGGE）

DGGE 方法是在 1979 年由 Fisher 和 Lerrnan 最先提出的用于检测 DNA 片段中点突变的一种电泳技术。Muyzer 等在 1993 年首次将其应用于微生物群落结构研究中，在此后十年间，该技术被广泛用于微生物分子生态学研究的各个领域，已发展成为研究微生物群落结构的主要分子生物学方法之一。

DGGE 技术通过核酸序列在各种相应的变性剂浓度下变形，产生空间构型的变化，导致电泳速度急剧下降，最后在相应变性剂梯度位置停滞，经过染色后可在凝胶上呈现为分散的条带。该技术可分辨具有相同或相近分子量的目标片段序列的差异，可用于检测单一碱基的变化和遗传多样性，以及 PCR 扩增 DNA 片段的多态性。DGGE 技术被用于活性污泥、生物膜、土壤、底泥等多种环境样品的检测、微生物变异等方面的研究。但是，经过多年的应用也发现了一些问题：Vallaeys 等发现 DGGE 法并不能对样品中所有的 DNA 片段进行分离；Muyzer 等指出，DGGE 法只能够鉴定到微生物群落中数量大于 1% 的优势菌种。

2. 末端限制性片段长度多态性（T-RFLP）分析

T-RFLP 又被称为 16S rRNA 基因末端限制性片段（Terminal Restriction Fragment，T-RF）技术，该技术根据细菌的 16S rRNA 基因保守区设计通用引物，其中一个引物的 5′ 端做荧光标记，提取样品的基因组 DNA，以其为模板进行 16S rRNA 的 PCR 扩增，所得到的 PCR 产物的一端带有荧光标记，后选择一个或多个合适的限制性内切酶对 PCR 产物进行酶切。酶切产物在自动测序仪下进行毛细管凝胶电泳，仪器自动分辨末端带有荧光性标记的片段。长度不同的末端限制性片段（T-RF）代表不同的细菌，通过检测这些末端标记的片段就可以反映微生物群落组成情况。

Wen-Tso Liu 等利用 T-RFLP 法分析了活性污泥、生物反应器内污泥、含沙水层中微生物种群的多样性，是最早利用 T-RFLP 技术进行微生物群落对比分析的研究之一。因此，曾有石油开发工作者将该技术应用于油藏微生物群落结构检测，建立环境中各优势菌群的峰值图谱，在短时间内确定油藏微生物种群的丰度及均匀度等特征值，从而快速检测石油微生态系统的变化。

3. 16S rDNA 克隆文库

一个生物体或环境基因组 DNA 片段被扩增或酶切后，将得到的目标片段插入载体 DNA 分子中，所有这些基因组 DNA 片段的载体分子集合体，包含了整个生物体或环境系统的基因组，也就是构成了这个生物体或环境系统的基因文库。提取环境样品总 DNA，扩增得到其细菌或古菌的 16S rDNA 序列片段，将这些目标片段插入载体，就完成了 16S rDNA 克隆文库建立，载体集合体在宿主细胞中复制和扩增后通过测序手段，可以得到环境样品中群落结构的组成，以及各种组成成分的丰度比例。

4. 高通量测序

从 1977 年第一代 DNA 测序技术（Sanger 法）发展至今，测序技术已取得了相当大的发展，从第一代到第三代乃至第四代，测序读长从长到短，再从短到长。当前第二代短读长测序技术在全球测序市场上仍然占有着绝对的优势位置，但第三代和第四代测序技术也已在近年间快速发展。测序技术的每一次变革，都对微生物采油行业产生了巨大的推动作用。最初测序平台以 ABI 公司的 3130xL 至 3730xL 机器为代表，采用桑格—毛细管电泳测序法，能够测得序列 600~1000bp，其优点是高读长，准确度高，能很好地处理重复序列和多聚序列，但其样品制备成本较高，因此难以做大量的平行测序。经过不断的技术开发和改进，以 Roche 公司的 454 技术，Illumina 公司的 Solexa、HiSeq 技术和 ABI 公司的 Solid 技术为标记的高通量测序技术诞生了。

454 测序是一种基于焦磷酸测序原理而建立起来的高通量基因组测序系统，它是在 2005 年由 454 Life Sciences 公司推出的。测序过程中，使用了含有 160 多万个光纤组成的孔的 PTP（Pico Titer Plate）平板，每个孔均载有化学发光反应所需的酶和底物。测序开始时，四个单独的碱基依照 T、A、C、G 的顺序依次循环进入 PTP 板，每次只能进入一个碱基。若发生碱基配对，则释放一个焦磷酸。这个焦磷酸在多种酶类的作用下，经过合成反应和化学发光反应，最终将荧光素氧化成为氧化荧光素并释放光信号。反应发出的光信号被仪器配置的高灵敏度 CCD 实时捕捉。一个碱基和模板配对，就能够捕捉到一分子的光信号；由此一一对应，可准确、快速地确定待测模板碱基排序。

第二代测序技术在大大降低了测序成本的同时，还大幅提高了测序速度，并且保持了高准确性，以前完成一个人类基因组的测序需要 3 年时间，而使用第二代测序技术则仅仅需要 1 周，但在序列读长方面比起第一代测序技术则要短很多。Illumina 公司的 HiSeq 和 MiSeq 是目前使用量最大的第二代测序机器。MiSeq 是一台在单个仪器上整合簇生成、末端配对测序及数据质量分析的新一代测序仪。这两个系列的机器测序原理基本相同，采用可逆性末端边合成边测序反应。首先在 DNA 片段两端加上序列已知的通用接头构建文库，文库加载到测序芯片上，文库两端的已知序列与测序芯片基底上的 Oligo 序列互补，每条文库片段都经过桥式 PCR 扩增形成一个簇，测序时采用边合成边测序反应，即在碱基延伸过程中，每个循环反应只能延伸一个正确互补的碱基，根据四种不同的荧光信号确认碱基种类，保证最终的核酸序列质量，经过多个循环后，完整读取核酸序列。它在测序过程中最大可产生 25M Reads、2×300bp 读长及 15Gb 的数据产量。MiSeq 可支持 500~600bp 的读长，堪与 Roche 公司的 454 平台读长媲美，但通量却远高于 454 平台，该测序平台同时拥有较长的读长和较高的数据产出量的特点。

宏基因组学（Metagenomics）测序技术，也称元基因组学，以特定环境下微生物群体基因组为研究对象，在分析微生物多样性、种群结构、进化关系的基础上，可进一步探究微生物群体功能活性、相互协作关系及与环境之间的关系，发掘潜在的生物学意义。1998 年，Handelsman 首先提出了宏基因组的概念，认为应该将环境样品中所有基因组综合进行研究。宏基因组学在油藏环境中的应用可以揭示油藏生态环境中微生物的群落组成及其代谢潜力。

宏转录组（Transcriptome）广义上指某一生理条件下，细胞内所有转录产物的集合，包含信使 RNA、核糖体 RNA、转运 RNA 及非编码 RNA；宏转录组学（Metatranscriptomics）兴起于宏基因组（Metagenomics）之后，从整体水平上研究某一特定环境、特定时期群体生命全部基因组转录情况及转录调控规律，揭示微生物在不同环境压力下的适应机制，探索环境与微生物之间的相互作用机理[4-5]。宏转录组在油藏环境中的应用可以解释油藏环境中活跃的功能基因和代谢途径。宏基因组和宏转录组不需要PCR扩增，同时测定样品中所有基因的序列信息。因此，采用宏基因组测序分析可以深入解析样品中潜在的厌氧烃降解代谢网络[6]，进一步将宏基因组和宏转录组技术结合能够得到代谢途径上各个基因的转录水平，从而推断油藏环境下各个生理过程，目前这两者分析手段在油藏环境样品中的应用刚刚起步，有着广泛的应用前景。

三、生物信息学统计方法

高通量测序在经过测序反应得到大量数据后要经过生物信息学数据分析，才可能从纷繁复杂的基因序列中找到组成与变化的规律。常用的生物信息分析方法如下：

（1）α-多样性分析：分析单个样本中的微生物群落结构，可以优先考虑用α-多样性指数来对样本中微生物物种的丰度、均度和多样性进行评估。α-多样性指数分析是指使用一系列统计学方法计算得到具体样本的α-多样性指数，α-多样性指数包括Sobs、Chao等反映样本中物种多度的指数，也包括Simpsoneven、Shannoneven等反映样本中物种占比均度的指数，以及Shannon、Simpson等反映样本中物种综合多样性的指数。

（2）Pan/Core物种分析：该方法用于观察在含有不同样本数的集合中，样本间非共有和共有物种数量随总样本数量变化的情况。Pan物种数是指所有用来分析的样本中含有的非重复物种数，Core（核心）物种数是指所有用来分析的样本中共享物种的数量，Pan物种数一般会随着分析样本数的增加而增加，Core物种数一般会随着分析样本数的增加而减少。

（3）物种差异分析：Wilcox秩和检验是一种非参数检验的物种差异分析方法，适用于检验两组独立样本。其原假设为：分别包含两个独立样本的群体之间并无明显差异，依据两样本平均秩来分析样本间的元素分布是否存在差异。该方法允许针对两组样本中的物种做差异分析。

（4）样本比较分析：β-多样性分析方法是对多组不同生境或微生物群落间的物种多样性进行组间比较分析的方法。通过统计学中的距离进行量化分析比较样本间物种的丰度分布差异程度，计算两两样本间距离，获得距离矩阵，探索不同分组样本间群落组成的相似性或差异性。

（5）环境因子关联分析：典型相关分析（CCA）与非冗余分析（RDA）是一种综合多元回归和对应分析的排序方法。它们可用来分析微生物分类水平、环境因子、样本三者之间的相关性。RDA与CCA分析的区别在于所选用的统计学模型不同。

第二节 油藏微生物群落多样性分析

伴随注水开发，大量微生物随注入水进入油藏，并逐步适应油藏环境，与早已栖息其中的微生物构成了较为稳定的油藏微生物群落[6]。微生物驱是在改变油藏原有微生物群落结构的基础上，利用微生物代谢活动及其代谢产物作用于油藏和油藏流体，以达到提高采收率的目的。因此，了解不同油藏中微生物的多样性，解析内源微生物的群落结构及分布特征是确定激活对象、激活体系和激活方式的基础，也是分析驱油机理的重要依据[7-8]。

一、新疆油田油藏微生物多样性

1. 油藏功能菌群分布

新疆油田油藏类型多，油藏温度变化范围大，对25个油藏单元进行的微生物普查共计取样57个，温度为22～88.4℃，结果如图2-1至图2-5所示。

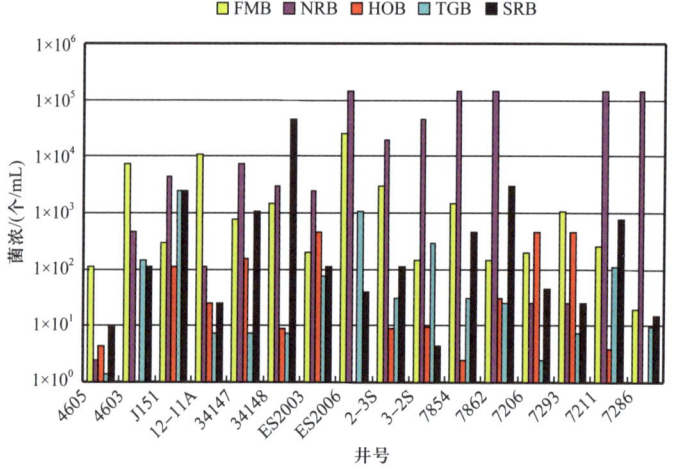

图2-1 21～33℃油藏微生物含量

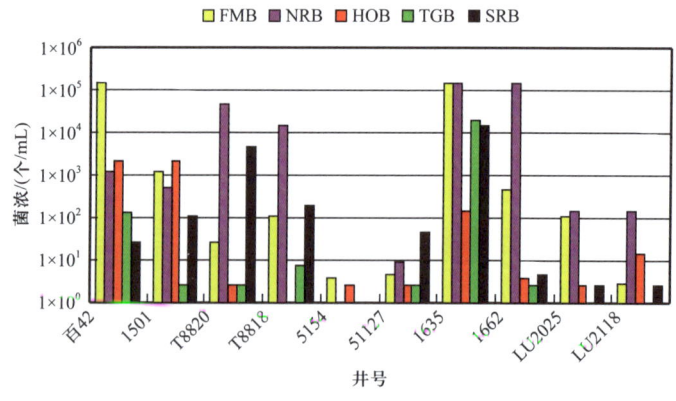

图2-2 40～46℃油藏微生物含量

从油藏微生物分析结果（表2-2）来看，中低温油藏中微生物种类很多，几乎各种菌都检测到，当温度处于22～33℃时各功能菌种最为丰富，相对而言，硝酸盐还原菌（NRB）的浓度总体更高。大部分井硝酸盐还原菌浓度为$10^3 \sim 10^5$个/mL，其次为发酵菌

（FMB），菌浓为 $10^2 \sim 10^4$ 个 /mL；烃氧化菌（HOB）浓度为 $10^2 \sim 10^3$ 个 /mL。当温度超过 50℃ 时，各功能菌浓度开始下降，60℃ 以上油藏中微生物种类明显减少，个别井能检测到烃氧化菌、发酵菌和硝酸盐还原菌（NRB），部分井只检测到硫酸盐还原菌（SRB），油藏微生物的分布受油藏温度的影响最大[9-10]。

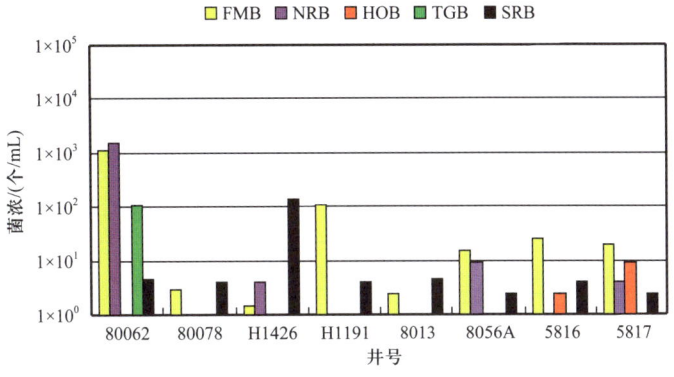

图 2-3　50～56℃ 油藏微生物

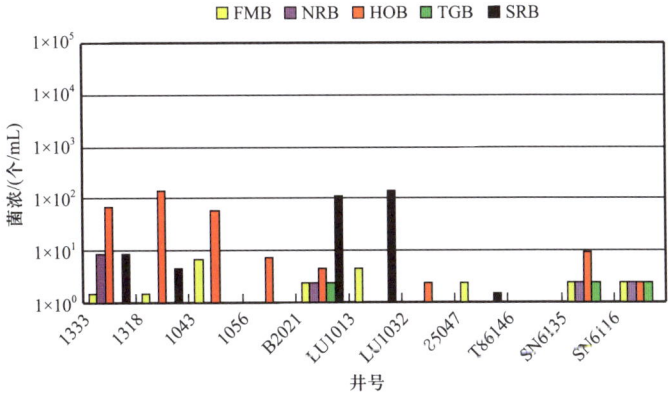

图 2-4　60～72℃ 油藏微生物

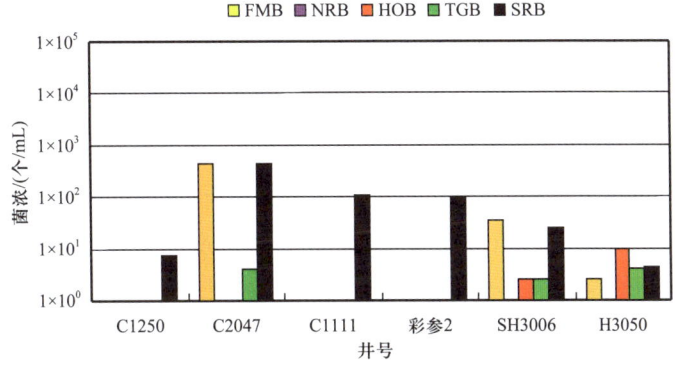

图 2-5　76.8～88.4℃ 油藏微生物含量

表 2-2　六中区注入水、返排液和油井产出液五种内源微生物菌群的数量

水样	菌浓/（个/mL）				
	TGB	HOB	NRB	SRB	FMB
注入水	4.5×10^4	1.5×10^2	4.5×10^1	1.4×10^4	2.5×10^2
T6190 井返排液	4.5×10^4	1.5×10^3	2.5×10^1	9.5×10^2	2.0×10^1
T6189 井返排液	1.5×10^4	9.5×10^2	2.5×10^1	4.5×10^2	7.0×10^1
T6190 井产出液	1.15×10^3	7.5×10^1	4.5×10^4	9.5×10^4	2.5×10^3
T6189 井产出液	2.5×10^2	1.5×10^2	4.5×10^4	4.5×10^4	7.0×10^3

在新疆油田选取油藏温度 20℃ 的六中区检测功能菌群浓度，检测结果显示，注入水、水井返排液和产出液中含有丰富的内源微生物，说明具有激活内源微生物的良好基础。其中，好氧的腐生菌（TGB）和烃氧化菌，在注入水和水井返排液中浓度较高，可以达到 10^4 个/mL，而在油井产出液中为 10^2~10^3 个/mL；兼性厌氧、加剧注水管线腐蚀的硫酸盐还原菌在注入水和油井浓度可达 10^4 个/mL，而在水井返排液中为 10^2 个/mL；兼性厌氧的硝酸盐还原菌和厌氧发酵菌，在注入水和水井返排液中浓度为 10^2~10^4 个/mL，而在油井产出液中浓度可达 10^3~10^4 个/mL。不同类型水样中微生物的浓度差异多是由于注入水、水井返排液和油井产出液中溶解氧的差异所致[11]。

2. 油藏微生物群落多样性解析

分类操作单元（Operational Taxonomic Units，OTU）是在系统发生学或群体遗传学研究中，为了便于进行分析，人为给某一个分类单元（如属、种、分组等）设置的同一标志。要了解一个样品中的菌种、菌属信息，就需要对序列进行归类操作。通过归类操作按照彼此的相似性分归为许多小组，一个小组就是一个 OTU。

对于 97% 相似性水平上各样品 OTU 丰度信息，利用稀释性曲线（Rarefaction curve）和香农多样性指数对细菌多样性进行评估，如图 2-6 所示。稀释性曲线是以样本中随机抽取的个体数与物种数来构建曲线。它可以用来比较测序数据量的丰度和说明测序数据量是否合理。香农指数曲线是反映样品微生物多样性的指数，当曲线趋于平坦时，说明测序数据量足够大，可以反映样品中绝大多数的微生物信息。稀释性曲线显示，样品测序量大于 500 条以后增加趋势趋于缓和，但 14 个样品都未趋于饱和，而这一现象在很多菌群报道的研究中也有发现。香农指数曲线则表明，测序量在 200 条以后增加趋势就趋于缓和，500 条时样品香农指数已饱和，显示 14 个样品测序量已经能够反映样品中的细菌群落多样性。从香农指数曲线也可以明显发现，陆梁区块注入水香农指数明显高于陆梁区块其他样品，说明注入水细菌多样性多于其他样品。

结合各样品水样矿化度发现，当矿化度小于 12000mg/L 时，群落结构的多样性大致与矿化度呈正相关关系，即矿化度越高，表征群落结构多样性的香农指数越高，这与油藏中细菌最适生长条件有关[12-13]。

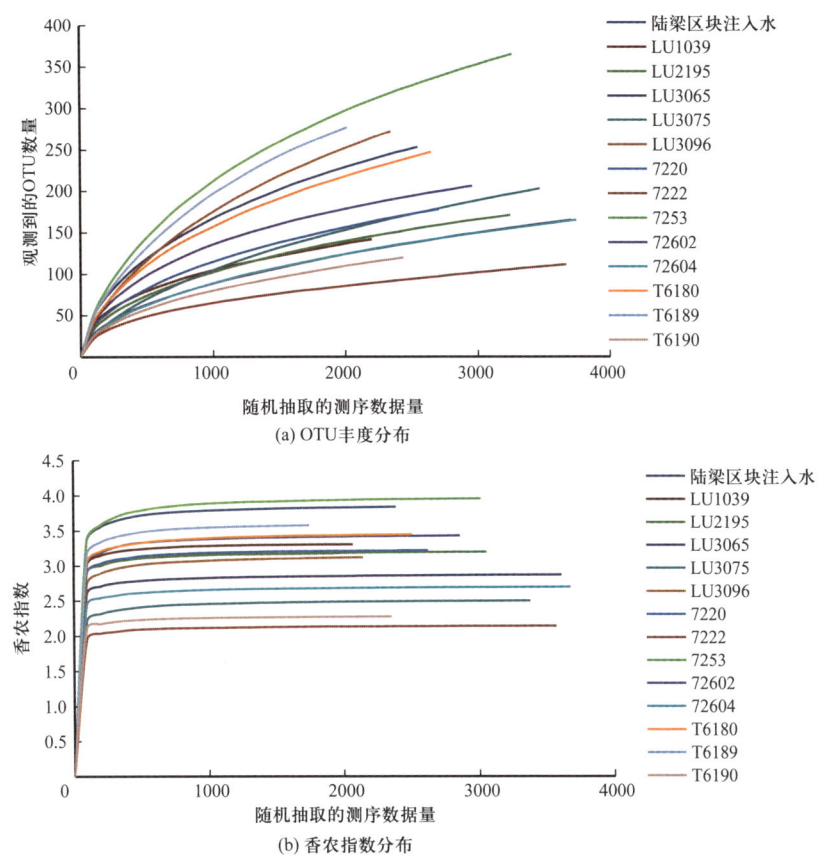

图 2-6 基于测序数据的不同区块样品细菌群落多样性分析

根据高通量焦磷酸测序结果系统发育学分析，新疆油田三个区块中共1434个细菌OTU划分为40个菌门，优势细菌位于变形菌门（Protcobacteria）、螺旋菌门（Spirochaetes）、拟杆菌门（Bacteroidctes）、脱铁杆菌门（Deferribacteres）、蓝菌门（Cyanobacteria）等。在三个区块中也首次发现了油藏中存在装甲菌门（Armatimonadetes）、嗜热丝菌门（Caldiserica）、存在于沉积物中的迷踪菌门（Elusimicrobia）和纤维杆菌门（Fibrobacteres）。这几种菌门在新疆油田三个区块中含量很少。

在三个区块细菌群落结构中，变形菌门（Proteobacteria）、拟杆菌门（Bacteroidetes）、螺旋菌门（Spirochaetes）在16个油水样及注入水中都属于优势类群。除此之外，各个区块也分别含有独特的优势类群。例如，陆梁区块的优势细菌类型还包括蓝菌门（Cyanobacteria），七中区优势细菌类型包括厚壁菌门（Firmicutes）、软壁菌门（Tenericutes），六中区优势细菌类型包括厚壁菌门（Firmicutes）等。

将三个区块所测得的序列在GenBank数据库中与已知序列进行对比，将新疆油田三个区块1434个细菌OTU划分为301个属。其中，七中区区块中丰度超过1%的菌属共有14种，丰度占整个群落可分类细菌的74%，其中占5%以上的优势菌属为弓形菌（Arcobacter），丰度占21.7%，Brachymonas丰度占5.6%，Tistrella丰度占5%。陆梁区块丰度超过1%以上的菌属共有15种，占整个陆梁区块细菌群落可分类细菌的75%，其中占5%以上的优势菌为弓形菌（Arcobacter），丰度占13.9%，Roseovarius丰度占5.3%。六中区区块丰度超过1%的菌属共有10个，丰度占六中区群落可分类细菌的43.9%，超过5%的优势菌属两株，分别是弓形菌（Arcobacter）占13.4%，鱼立克次体科（Piscirickettsiaceae）下未定名菌属占6.4%。三个区块优势菌属的比较见表2-3。优势菌属中能够以原油为唯一碳源的烃氧化菌主要有 Brachymonas、Tistrella、Roseovarius、Pseudomonas、Acinetobacter、Hyphomonas、Sphingomonas。

表2-3　新疆油田不同区块优势菌属分布　　　　　　　　　　单位：%

门	属	七中区	陆梁	六中区
Proteobacteria	Arcobacter	21.71	13.89	13.40
	Brachymonas	5.62	0	0.05
	Tistrella	5.03	0.27	1.25
	Roseovarius	0.20	5.31	0.06
	Piscirickettsiaceae norank	0.36	0.01	6.41
	Sulfurospirillum	3.26	0.93	1.95
	Sulfurovum	2.74	0.01	1.32
	Pseudomonas	1.79	0.20	0
	Acinetobacter	1.65	0.11	0.03
	Ectothiorhodospiraceae norank	1.47	0.06	0.02
	Zavarzinia	1.29	0	0.04
	Sulfurimonas	1.16	0.06	0.55
	Thioclava	0.70	1.87	0.05
	Thioalkalimicrobium	0.50	0	1.05
	Thioalkalispira	0.39	0	1.42
	Rhizobium	0.14	4.57	0.02
	Helicobacter	0.11	0	1.53
	Hyphomonas	0.02	1.80	0.05
	Pannonibacter	0	1.22	0.02
	Sphingomonas	0	4.93	0.01
	Roseospirillum	0	2.27	0.06
Bacteroidetes	WCHB1-69_norank	3.79	0.94	0.10
	Proteiniphilum	0.73	1.73	0.52

续表

门	属	七中区	陆梁	六中区
Bacteroidetes	vadinBC27_wastewater-sludge_group	0.13	1.30	1.85
	SB-1_norank	0.09	2.17	0.10
Spirochaetes	*Spirochaeta*	2.74	2.65	4.10
	PL-11B10_norank	0.23	2.21	0.27
Cyanobacteria	SHA-109_norank	0.01	5.06	0.13
Tenericutes	*Acholeplasma*	4.05	0.11	0.08
Thermotogae	*Mesotoga*	1.05	0.08	0.13

利用RDA分析对Na^+、K^+、Mg^{2+}、Ca^{2+}、Cl^-、SO_4^{2-}、HCO_3^-、pH值、矿化度、温度、平均渗透率、地层压力、孔隙度、地层原油黏度、含水率等多个环境因子与三个区块群落结构之间的关系进行分析（图2-7），选择相关系数较大的五个环境因子，对菌群结构影响的相关系数排序，从大至小依次为：Ca^{2+}（0.4192）、矿化度（0.3792）、Cl^-（0.3276）、pH值（0.2129）、SO_4^{2-}（0.0835），对样品以水型进行分组，$CaCl_2$水型的两个样品受Cl^-、Ca^{2+}影响较大。

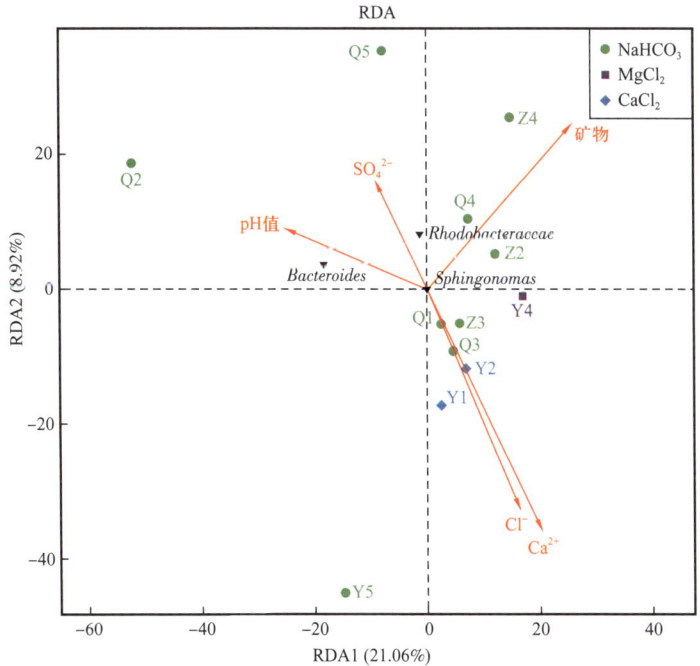

图2-7 基于RDA分析环境因子与物种及样品菌群结构的关系

与细菌相同，古菌测序结果也按照97%的相似性将所有测得的序列进行划分，11个样品古菌序列仅共存在88个OTU。古菌稀释曲线及香农指数曲线显示11个样品古菌测序量已经足够反映样品的 OTU 种类及含量，也足够反映样品中古菌的群落组成。样品古菌多样性很低，含有的 OTU 种类较少，且在同一区块中注入水的古菌所含有的 OTU 个数高于与其连通的油井，但香农指数并不像细菌一样有类似规律，说明注入水中古菌种类虽然相对高，但个别菌种平均度较低，优势菌的优势度较明显。

对所有测得的古菌序列进行分类学地位分析后发现，除 0.39% 的未分类古菌外，98.4% 的古菌位于广古菌门（Euryarchaeota），1.2% 的古菌位于奇古菌门（Thaumarchaeota）。

在纲的水平上，三个区块古菌序列除包括 1% 左右的未分类古菌和三个纲的未定名古菌纲以外，还存在 5 个菌纲，优势度从高到低依次为：甲烷微菌纲（Methanomicrobia）、热原体纲（Thermoplasmata）、甲烷球菌纲（Methanococci）、盐杆菌纲（Halobacteria）和甲烷杆菌纲（Methanobacteria）。五个菌纲在三个区块中均存在，且相对优势度排序相同，甲烷微菌纲（Methanomicrobia）在三个区块中均处于绝对优势，如图 2-8 所示。

在属水平上，新疆油田三个区块共有 5.8% 的古菌属属于未分类或者未培养菌属，22.9% 共 11 个菌属的古菌分类未定名，71.3% 的序列分属于 14 个菌属，14 个菌属全部位于广古菌门（Euryarchaeota）。七中区优势菌属有甲烷叶菌属（*Methanolobus*）、甲烷囊菌属（*Methanoculleus*）和甲烷球菌属（*Methanococcus*），分别占古菌总测序量的 30.39%、10.99% 和 10.14%；陆梁区块优势菌属有甲烷叶菌属（*Methanolobus*）、甲烷食甲基菌属（*Methanomethylovorans*）和甲烷粒菌属（*Methanocorpusculum*），分别占区块内古菌总测序量的 29.39%、29.37% 和 13.00%；六中区区块优势菌属分别为甲烷叶菌属（*Methanolobus*）、甲烷粒菌属（*Methanocorpusculum*）和甲烷砾菌属（*Methanocalculus*），分别占区块内古菌总测序量的 23.25%、15.02% 和 15.81%。三个区块优势菌均为甲烷古菌，这与文献报道的陆地和海洋等低温环境中的古菌多是甲烷古菌一致。据文献报道，甲烷粒菌属（*Methanocorpusculum*）为甲烷氢营养型，利用 CO_2 和 H_2 产生甲烷，生存在严格厌氧环境，另外区块中发现的甲烷食甲基菌属（*Methanomethylovorans*）具备利用烃类甲基参与新陈代谢能力[14-15]。

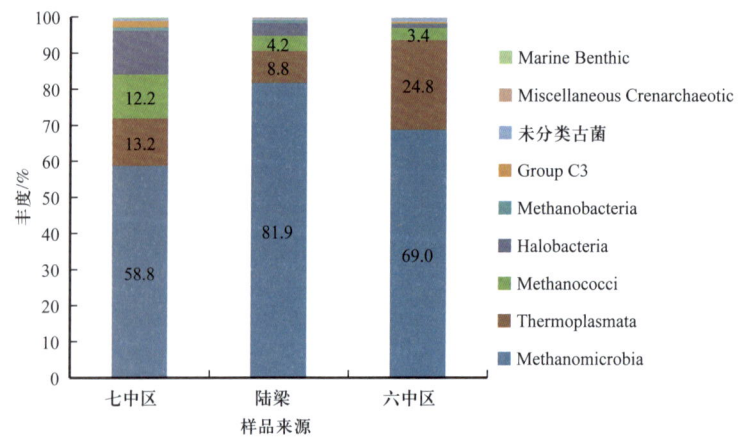

图 2-8 在纲的水平上不同区块的古菌类群的比较

二、大庆油田油藏微生物多样性

1. 油藏功能菌群分布

大庆油田采油二厂目标研究油藏通过注水保持地层压力进行开采，产出液经过油水分离处理，分离出的水继续成为注入水回注入油藏进行循环水驱。从大庆油田采油二厂水驱后的 8 个油井收集地层水样，从注水井 164-155 井口收集注入水样。

大庆油田采油一厂目标油藏通过聚合物驱开采，地层水通过油井产出液在井口采集，注入水在注水井 B1-321-P43 井和中心 201 注水站采集，中心 201 注水站的水样用于配制聚合物溶液，其水质不同于地层水。从采油一厂收集聚合物驱后的 7 口油井的地层水样、中心 201 水站的水样和注水井 B1-321-P43 井井口水样。中心 201 水站的水样用于溶解聚合物，得到的聚合物溶液会被注入地层发挥驱油作用。对大庆油田水驱和聚合物驱后油藏水样中微生物数量、主要菌群组成进行了检测，好氧细菌群落检测结果如图 2-9 所示，厌氧细菌结果如图 2-10 所示，产甲烷古菌结果如图 2-11 所示。

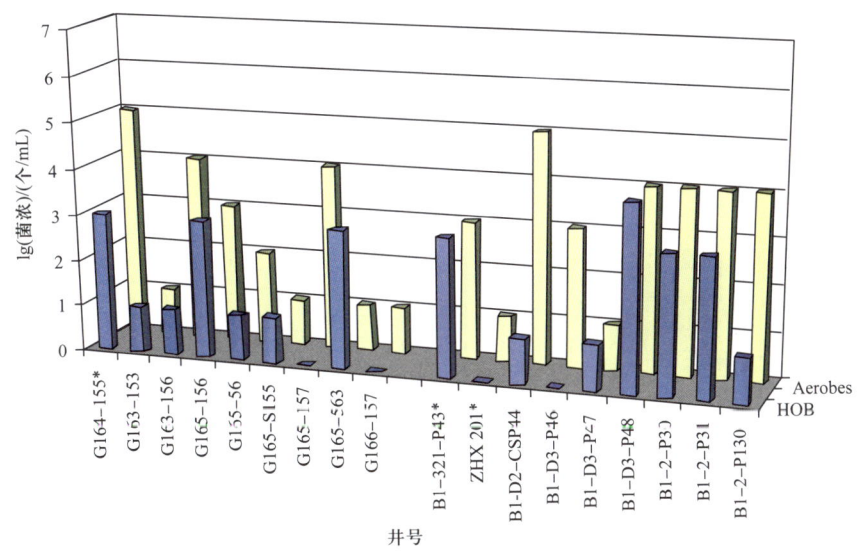

图 2-9　大庆油田注入水和地层水中好氧菌细菌数量

Aerobes—好氧有机营养菌；HOB—烃氧化菌

注入水中含有各种好氧和厌氧微生物。由于注入水中存在溶解氧，因此占主导的微生物是好氧有机营养菌（10^5 个/mL），其中烃氧化菌浓度大于 10^3 个/mL。厌氧微生物包括厌氧发酵菌（10^6 个/mL）、硫酸盐还原菌（10^2 个/mL）、化能无机自养的产甲烷菌（10^3 个/mL）及代谢乙酸的产甲烷菌（10^2 个/mL）。

由于油井采出的地层水和水井的注入水在动力学上是相通的，因此地层水中也含有好氧有机营养菌（$10^1 \sim 10^4$ 个/mL）、烃氧化菌（$10^1 \sim 10^3$ 个/mL）、厌氧发酵菌（大于 10^6 个/mL）、硫酸盐还原菌（$0 \sim 10^2$ 个/mL）、产甲烷菌（$10^1 \sim 10^4$ 个/mL）。由此可以推断，从现场聚合物驱后油藏取出的地层水中微生物主要群落的数量比水驱地层水中的要多。

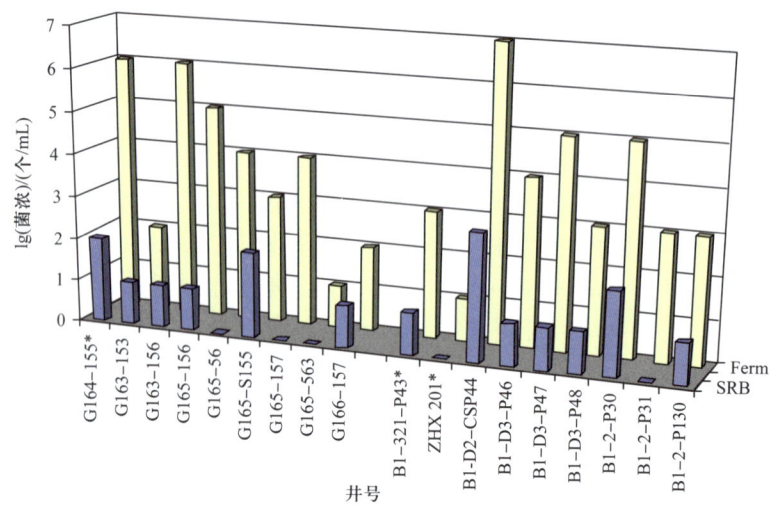

图 2-10 大庆油田注入水和地层水中厌氧细菌数量

SRB—硫酸盐还原菌；Ferm—厌氧发酵菌

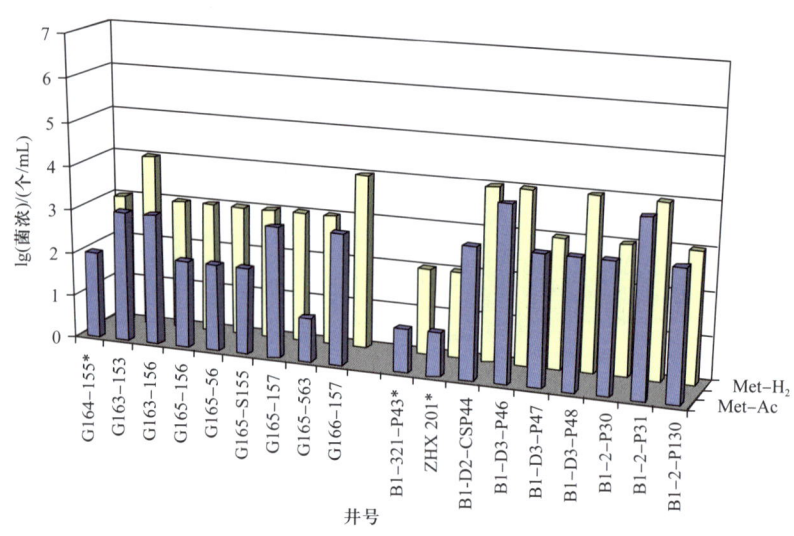

图 2-11 大庆油田注入水和地层水中产甲烷菌数量

Met-H_2 代表以含有 H_2 和 CO_2 培养基生长的产甲烷菌；Met-Ac 代表代谢乙酸的产甲烷菌

2. 水驱油藏微生物群落多样性解析

以水驱油藏油井 166-157 井的样品采用 16S rRNA 克隆文库方法，研究得到了水驱油藏古菌和细菌的多样性，表 2-4 为细菌多样性分析，表 2-5 为古菌多样性分析。

表 2-4 基于大庆油田地层水（166-157 井）的细菌多样性分析

细菌种属/组数	克隆数目	最近进化关系	相似度/%	索引号
Clostridia				
1	57	Uncultured bacterium clone KCLunmb_35_43	99	DQ367353

续表

细菌种属/组数	克隆数目	最近进化关系	相似度/%	索引号
2	5	Uncultured bacterium clone BB-B32	96~97	GQ844332
3	7	Unidentified *Thermophilic eubacterium* ST12	98	AJ131537
	1	Uncultured *Clostridia bacterium* clone DQ311-47	92	EU050691
4	1	Uncultured bacterium clone ZB_P9_N01	98	GQ328536
5	1	Uncultured bacterium clone TPD-55	91	AY862531
6	1	Uncultured bacterium clone BB-B46	87	GQ844337
7	1	Uncultured bacterium clone TP133	98	EF205582
Thermotogae				
8	3	*Thermotoga hypogea* strain SEBR 7054	99	NR_029205
9	3	Uncultured bacterium DDP-B04	98~99	AB462556
Actinobacteria				
10	2	Uncultured bacterium clone ZB_P9_N01	98	GQ328536
11	1	Uncultured bacterium	92	AB305430
Proteobacteria				
12	6	*Pseudomonas* sp. enrichment culture clone	100	FJ895360
13	2	Uncultured bacterium clone DQ311-14	100	EU050688
14	1	Uncultured *Syntrophus* sp. clonc DQ315_4	99	EU050697
Synergistetes				
15	1	Uncultured *Aminanaerobia* bacterium	98	CU924504

表2-5 水驱油藏（166-157井）古菌多样性分析

细菌组数	克隆数目	最近进化关系	相似度/%	索引号
1	99	*Methanosaeta thermophila* PT	97~99	CP000477
	1	*Methanosaeta thermophila* PT	96	CP000477
2	4	Uncultured archaeon clone KCL50a_01_01	96~98	FJ638510
	1	Uncultured archaeon clone KCL50a_03_03	93	FJ638512
3	4	*Methanobacterium thermoautotrophicum*	99	AB020530
4	2	*Methanolineatarda* NOBI-1	99	AB162774

3. 聚合物驱后油藏微生物群落多样性解析

基于 16S rDNA 克隆文库的聚合物驱开发油藏（油井 B1-D2-CSP44 井）地层水样古菌的多样性分析见表 2-6。

通过油井 B1-D2-CSP44 井地层水样的总 DNA 构建包含古菌（41 个克隆）和细菌（127 个克隆）的 16S rRNA 克隆文库。营养产甲烷微生物 *Methanosaeta thermophila* PT 和 *Methanolinea tarda* NOBI-1，是克隆文库中的优势菌群。未培养 *Thermoprotei*，*Crenarchaeota* 和其他未培养古菌克隆（4 个克隆）也存于 B1-D2-CSP44 井古菌文库中（表 2-6）。利用 H_2 的产甲烷微生物的形态接近于 *Methanobacterium thermoautotrophicum*（166-157 井），*Methanoculleus receptaculi* 在 B1-D2-CSP44 井和 166-157 井两个群落中都存在。

表 2-6　聚合物驱后油藏油井 B1-D2-CSP44 井地层水样古菌多样性分析

组数	最近进化关系	克隆数	相似度/%	索引号
1	Uncultured *Methanosaeta* sp. clone NRA5	16	99	HM041906
2	*Methanolinea tarda* NOBI-1	11	99	AB162774
3	*Methanosaeta thermophila* PT	6	97	AB071701
4	*Methanoculleus receptaculi* strain ZC-3	4	96	DQ787475
5	Uncultured Thermoprotei archaeon clone NRA16	1	99	
6	Uncultured Crenarchaeota clone F4	1	96	
7	Uncultured archaeon WCHD3-30	2	94	AF050612
总克隆数		41		

Methanothermobacter 种产甲烷微生物在很多高温油藏普遍存在。*Methanothermobacter* 典型的 16S rRNA 在不同油藏的克隆文库均检测到。从阿拉斯加中温油藏地层水中检测到与乙酸型产甲烷微生物相关的 16S rRNA 基因。Orphan 及其合作伙伴检测到乙酸型产甲烷生物的 16S rRNA 基因，在 *Methanosarcinales* 下分出了一个远的分支。然而，还没有从油藏中筛选出纯种的 *Methanosaeta*。

乙酸型产甲烷微生物 *Methanosarcina* spp. 和 *Methanosaeta* spp. 互相竞争乙酸。*Methanosarcina* spp. 能够以氢、甲酸、甲醇、乙酸的多种底物生长，表现出较高的生长速率，对乙酸盐的亲和性较低（较高 K_s 值），利用乙酸盐的阈值高于仅以乙酸盐为底物的 *Methanosaeta* spp.。以乙酸盐为底物代谢的区别表明 *Methanosaeta* spp. 代谢较低浓度的乙酸，而 *Methanosarcina* spp. 需要的乙酸浓度较高。

基于 16S rDNA 克隆文库的聚合物驱开发油藏（油井 B1-D2-CSP44 井）地层水样细菌的多样性分析见表 2-7。B1-D2-CSP44 井克隆文库中的细菌属于主要的系统发育系谱 Proteobacteria（Alphaproteobacteria，Deltaproteobacteria，Gammaproteobacteria），Firmicutes（Clostridia），Thermotogae，Chloroflexi，Bacteroidetes，Spirochaetes，

Planctomycetes 和 Caldiserica。克隆文库中大部分 16S rDNA 序列与那些已经确认的微生物 16S rDNA 序列的相似性很低（80%～90%）。Deltaproteobacteria 和 *Clostridia* 最具有代表性。Deltaproteobacteria 与未培养克隆和 *Syntrophus* sp.（96% 相似度）相似。*Clostridia* 包含互氧菌、硫酸盐还原菌、发酵菌，其与已确定种属的亲缘关系较远（80%～90%）。Thermotogae，*Pelotomaculum* 和 *Clostridia* 克隆对应各自的未培养菌克隆。在克隆文库中，phylotypes 属于未培养菌。

表 2-7 聚合物驱后油藏油井 B1-D2-CSP44 地层水样细菌多态性分析

细菌种属/组数	最近进化关系	相关克隆数目	相似度/%	索引号
Alphaproteobacteria	Uncultured alpha proteobacterium clone NL8BD-03-A05	11	99	EU148878
Deltaproteobacteria	Uncultured bacterium clone DQB-T13	38	99	GQ415367
	Syntrophus sp. 16S rRNA gene, partial, Clone B2	4	96	AJ133795
	Uncultured OD2 bacterium clone QEDR2DD05	2	96	CU922841
Gammaproteobacteria	*Pseudomonas* sp. SW83	2	99	HM584787.1
Clostridia	Uncultured bacterium clone BB-HB131, *Desulfotomaculum* sp. Hbr7	10	90	EF494253
	Uncultured *Pelotomaculum* sp. clone X3Ba56	1	99	EU050691
	Uncultured *Clostridia* bacterium clone DQ311-47	6	99	EU050691
	Uncultured Thermoanaerobacte riaceae bacterium clone MRE50b20	9	85	AY684097.1
	Thermaerobacter subterraneus strain ir-3	2	83	EU214630
	Syntrophomonas wolfei subsp.	1	89	DQ449034
	Peptococcaceae bacterium 73bG	1	90	GU129058
	Thermincola sp.	1	82	GU815244
Thermotogae	Uncultured Thermotogae bacterium clone QEEB2DF10	11	97	CU917858
	Uncultured candidate division OP11 bacterium clone D004011B03	12	90-97	EU721757
Planctomycetes	Uncultured candidate division OD1 bacterium clone Pav-OD14	4	83	FJ482175.1
Caldiserica	*Caldisericum exile* AZM16c0	3	98	AB428365

续表

细菌种属/组数	最近进化关系	相关克隆数目	相似度/%	索引号
Chloroflexi	Uncultured Chloroflexi bacterium clone QEDP3BF02	3	99	CU924314
Spirochaetes	Uncultured spirochete clone Ev219h1bfT3b46	2	99	EF446829
Bacteroidetes	Uncultured Bacteroidetes	2	99	GQ844385.1
Bacteroidetes	Iron-reducing bacterium enrichment culture clone HN17	1	98	FJ269053
Bacteroidetes	Uncultured clone 425_A11_PCE_column_inflow	1	91	FM178525
总克隆数			127	

三、辽河高凝油藏微生物多样性

1. 微生物群落解析

门水平，11个样本共涉及27个菌门，其中以变形菌门细菌为主，在10个样本中的含量超过90%；各井中均含有厚壁杆菌门细菌，但是含量小于2%（仅6111_W中占比9.44%）；10个样本含有热袍菌门细菌（67_159除外），最高含量为0.69%（6111_W），硝化螺旋菌门在9个样本中存在（6414、67_159除外），最高含量0.57%（6111_W）。此外脱铁杆菌门（最高含量1.2%，6111_W）、拟杆菌门（最高含量1.9%，7151）、热脱硫杆菌门（最高含量1.2%，6111_W）在各样本中分布也较为广泛，但是含量较低。

属水平，11个样本一共包含140个微生物属，其中丰度大于1%的微生物菌属有23个。如图2-12所示，主要的α-变形菌有新鞘氨醇杆菌、苍白杆菌；主要的β-变形菌有嗜温单胞菌、氢嗜胞菌、嗜氢菌、油杆菌、水小杆菌、陶厄氏菌；主要的γ-变形菌有不动杆菌、豆硫菌、假单胞菌、别许旺氏菌；主要的ε-变形菌有沃林氏菌、硫小螺体菌，它们仅存在于样品66_560中。此外，梭菌纲包括栖热粪杆菌和热解纤维素果汁杆菌，它们均属于耐热严格厌氧菌。热袍菌纲细菌仅包括闪烁杆菌，热脱硫杆菌纲细菌仅包括热脱硫杆菌，脱铁杆菌纲仅包含热地弧菌，硝化螺旋菌纲仅包含硝化螺旋菌，黄杆菌纲主要包含黄杆菌。

物种属水平以假单胞菌属和陶厄氏菌为主，假单胞菌属在6个井中占比77.2%~98.8%，而5口井中硝酸盐还原菌陶厄氏菌占比21.1%~82.8%。此外，水井样品7151中水小杆菌属占比高达67.12%，该菌也属于还原硝酸盐菌。

2. 微生物种属与矿物离子相关性分析

1）水质离子测定及UPGMA聚类

为研究微生物种属类别与水质离子成分之间的关系，测定了油水井样品中水质离子成分。输入水质离子成分表,同时考虑微生物多度及系统发育,使用 CCA 分析研究样本中的主要微生物菌种与水质离子成分之间的关系,结果如图 2-13 所示:水井样品 6111_W 中的二价离子 Ca^{2+}、SO_4^{2-} 和 Mg^{2+} 的浓度相对较高,与之相对应分布的微生物有梭菌纲栖热粪杆菌和热解纤维素果汁杆菌、热袍菌纲闪烁杆菌、热脱硫杆菌纲热脱硫杆菌和脱铁杆菌、硝化螺旋菌纲硝化螺旋菌、β-变形杆菌纲嗜氢菌。栖热粪杆菌和热解纤维素果汁杆菌为专性厌氧菌,闪烁杆菌为兼性厌氧菌,热脱硫杆菌为厌氧菌,硫酸盐还原菌、硝化螺旋菌兼性好氧,氧化亚硝酸盐为硝酸盐。水井样品 7151 中氯离子和钠离子含量要显著低于其他井,而 Mg^{2+}、NO_2^- 和 SO_4^{2-} 含量偏高。与之相对应,分布的微生物有黄杆菌、α-变形杆菌纲细菌、新鞘氨醇杆菌、苍白杆菌、β-变形杆菌纲氢嗜胞菌、水小杆菌。这些菌除氢嗜胞菌外,均为好氧细菌。

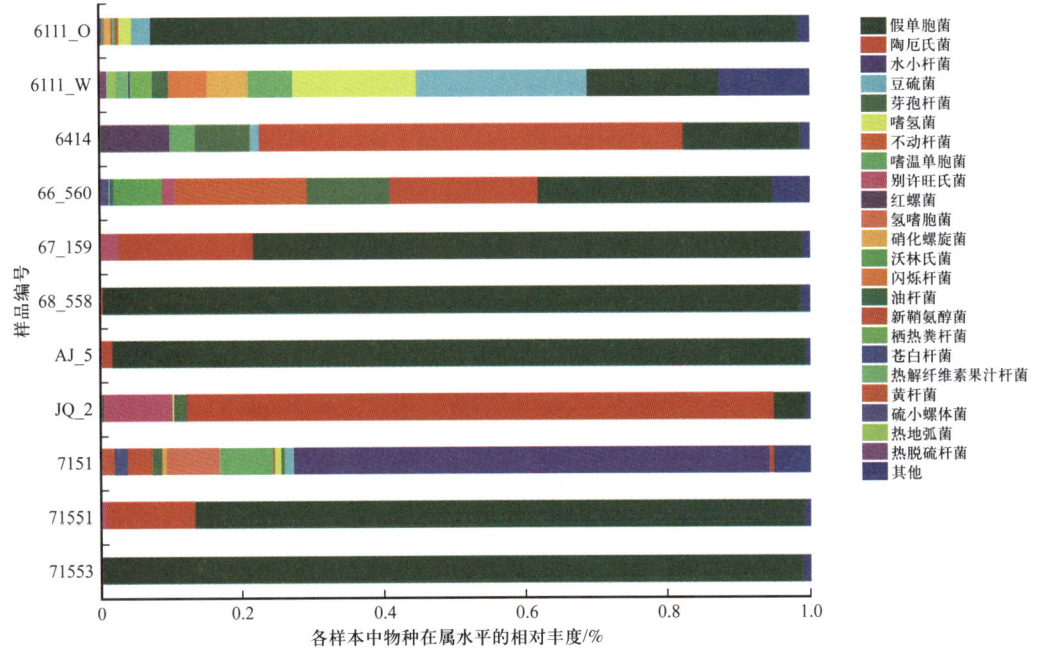

图 2-12　各油田样品属物种组成

核心细菌红螺菌、假单胞菌、采油功能菌陶厄氏菌、不动杆菌、鞘氨醇单胞菌、别许旺氏菌、芽孢杆菌与硝酸盐浓度成正比,受硝酸盐激活;同时,硫小螺体菌、沃林氏菌分布也与硝酸盐呈正相关关系,这些细菌以兼性菌居多。除此之外,假单胞菌、盐单胞菌、根瘤菌及嗜麦芽窄食单胞菌还受磷酸根离子激活。

2)斯皮尔曼相关性热图

相关性热图展示的是一个距离矩阵,矩阵中的数值表示样本中每个菌种类别与每个水质离子成分之间的斯皮尔曼相关系数的 R 值,并通过 P 值来反映相关性的显著程度。

从斯皮尔曼相关性热图(图 2-14)可以看出,钠离子可以显著激活假单胞菌(耐受性高),同时抑制大部分菌生长,受抑制的物种(显著性水平较高,$P<0.05$)有氢嗜胞菌、水小杆菌、油杆菌、假热袍菌、嗜温单胞菌、丛毛单胞菌及红螺菌科。同时从

图 2-14 中可以看出，醋酸根离子的作用与钠离子基本相反：醋酸根浓度与假单胞菌呈负相关，这可能与假单胞菌不具有发酵代谢系统、不产醋酸有关。

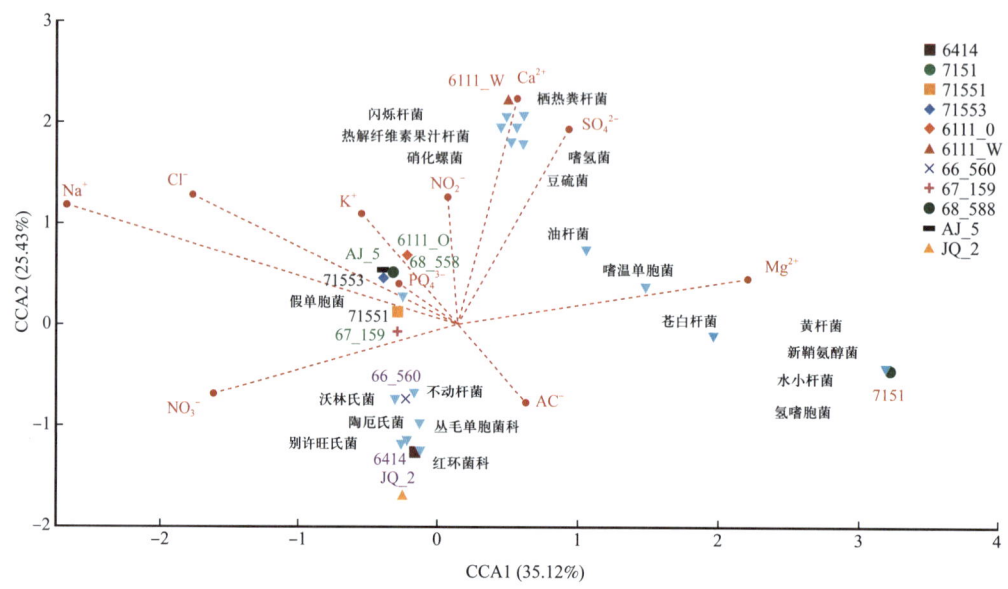

图 2-13　样本—物种—水质环境因子典型相关（CCA）分析

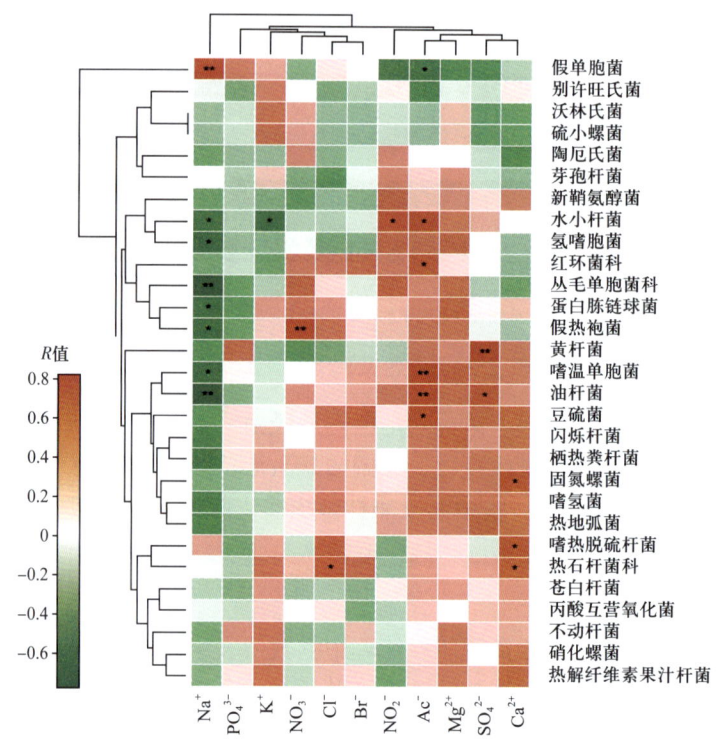

图 2-14　物种—环境因子相关性热图

$0.01 < P \leqslant 0.05$（显著），$0.001 < P \leqslant 0.01$（极其显著）

另外，图2-14表明醋酸根和镁离子可以激活大部分细菌，受醋酸根离子激活显著性水平较高（$P<0.05$）的细菌有水小杆菌、油杆菌、豆硫菌、嗜温单胞菌。受镁离子激活显著性水平较高（$P<0.05$）的细菌有黄杆菌、油杆菌。醋酸根离子作为一种易利用碳源，而镁离子作为细菌酶合成过程中的重要元素，它们的存在对于高凝油藏微生物意义重大。此外，从图2-14中还可以看出，黄杆菌、假单胞菌、不动杆菌受磷酸根离子激活；红螺菌、水小杆菌、陶厄氏菌、假热袍菌、嗜温单胞菌、油杆菌受硝酸根离子激活。上述结果与之前文献报道的一致，水小杆菌、陶厄氏菌、假热袍菌、油杆菌是典型的硝酸盐还原菌。

3. 代表性功能基因解析

油藏微生物物种与功能分析，分别从微生态氮循环、硫循环、烃类有氧降解、烃类无氧降解、产甲烷等与微生物采油密切相关的代谢途径着手，选取途径代表性功能基因，分析功能基因丰度及对应物种。通过比对日本京都基因和基因组数据库（KEGG）获得代表功能基因对应的注释并进行统计分析。基因丰度计算均使用RPKM法，即每一百万条测序序列中，每个基因以1000个核苷酸碱基为单位，比对上的序列数[16]。

1）油藏微生态氮代谢基因

氮是构成生命的基本元素。含氮化合物被生物摄入并用作合成蛋白质和核酸等生物大分子。多数生物可直接利用的无机氮物质主要是铵盐，可这种形式的氮在油藏环境中较为罕见。油藏中铵盐的可获得性主要是通过由微生物参与的、能够改变氮氧化状态的反应来控制。氮氧化还原反应，统称为氮循环，共涉及以下六种不同氮转化途径，包括同化、异化、硝化、反硝化、厌氧氨氧化和固氮途径[17]。

将硝酸盐还原成亚硝酸盐完成呼吸代谢的过程，称为异化硝酸盐还原。该过程由硝酸盐还原酶催化。硝酸盐还原酶分为被膜结合型（NAR）及周质型（NAP）。该过程作为反硝化作用的第一步，需要一些还原性物质作为电子受体，包括有机物、氢气、二价铁离子等。与异化过程相对应，同化硝酸盐还原是指生物体摄入硝酸盐物质，转化为铵盐，使其成为生物量的一部分，并产生氢气。该过程需要同化硝酸盐还原酶（NAS）催化，NAS存在于细胞质中。

将亚硝酸盐还原成铵的过程也分为同化和异化两种途径。异化过程可由 *nrfAH* 基因编码的还原酶催化。同时，另一种基因（*hao*）编码的还原酶也可催化此过程。该酶普遍存在于ε-变形菌门细菌中。除此之外，亚硝酸盐也可被其他一些微生物（如拟杆菌）反硝化还原为一氧化氮，该反应可以分别由两种差别较大的酶完成，这两种酶都存在于微生物的细胞质中。其中一种酶属于血红素亚硝酸盐还原酶（NirS），另一种酶为含铜亚硝酸盐还原酶（NirK）。*nirS* 和 *nirK* 作为反硝化细菌的标志基因，存在于多种微生物中，这些微生物包括真细菌和古菌。

从氮循环主要的六个转化途径着手选择代表功能基因，分析各样本中基因丰度及对应物种，结果如图2-15所示：硝化作用（*amoA*、*hao*、*nxrAB*）、厌氧氨氧化作用（*hzsA*、*hzo*、*hdh*）的关键基因在所有样本中均未被检测到，表明硝化作用与厌氧氨氧化作用在高凝油藏微生态环境的缺失。

异化硝酸盐还原途径中：主要的硝酸盐还原基因 *napA* 在 6111_O 等 4 个样品中表现出相对较高的丰度，对应的细菌包括假单胞菌、陶厄氏菌及嗜热脱硫弧菌，而另外一种硝酸盐还原基因 *narG* 在样本 71551、6111_W 及 7151 中呈现高丰度，特别是在样本 7151 中 RPKM 丰度值超过 1000，该基因对应的物种包括水小杆菌，其次是假单胞菌、弯曲杆菌。

异化硝酸盐还原途径中主要的亚硝酸盐还原基因 *nrfA*，主要对应嗜热脱硫弧菌，并在样本 6111_W 表现出相对高丰度，而另一种亚硝酸盐还原基因 *nirB* 在所有样本中均表现出较高的丰度（特别是在样本 7151 中），且对应多个物种，如假单胞菌、陶厄氏菌、水小杆菌、链球菌、根杆菌、弯曲杆菌、嗜酸菌、沙雷氏菌等。

同化硝酸盐还原途径的关键基因 *nasA* 在各井样本中均表现出较高丰度且无明显差异，对应细菌有假单胞菌、陶厄氏菌、水小杆菌、氢嗜胞菌、沙雷氏菌、嗜酸菌。反硝化途径将亚硝酸盐转化为一氧化氮。该途径的关键基因 *nirS* 与 *nirK* 在各样本中丰度均相对较低，对应的细菌分别为假单胞菌和陶厄氏菌。固氮途径的关键基因 *nifH* 在样本 6111_O、6111_W 及 7151 中丰度较高，主要对应固氮氢单胞菌、假单胞菌。

2）油藏微生态关键硫代谢基因

硫酸盐还原菌与异化硫酸盐还原途径：硫酸盐还原菌简称 SRB，是指含有异化硫酸盐还原代谢途径的细菌，它们是最早从油藏中发现的一类微生物。SRB 代谢产生 H_2S，H_2S 是一种酸性气体，也是一种毒性气体。SRB 产生的 H_2S 气体溶于原油或混合于天然气中，降低了油气的市场价格，同时还给原油生产和加工带来了腐蚀和健康安全问题。

异化硫酸盐还原途径的关键酶有三个，即 Sat（硫酸腺苷酰转移酶）、AprA（腺嘌呤硫酸还原酶）和 DsrA（异化亚硫酸盐还原酶），其中 DsrA 负责将亚硫酸盐催化还原为硫化物。该途径关键酶基因在样本中的丰度及对应的菌种如图 2-15 所示，水井样本 6111_W 中三种关键酶的丰度最高，RPKM 丰度值分别为 *sat*（57）、*aprA*（143）和 *dsrA*（46.5），其次是油井样本 6111_O 和水井样本 7151，基因 RPKM 丰度值分别低于 20 和 10，而样本 AJ_5 和 71551 中的基因丰度值低于 0.5。这三种基因主要对应于嗜热脱硫弧菌和嗜热脱硫杆菌。嗜热脱硫弧菌在五个样本中均有分布，而嗜热脱硫杆菌在除 AJ_5 以外的四个样本中有分布。

多硫—硫—硫代硫酸盐还原与氧化：多硫化物还原关键基因 *HydG*（sulfhydrogenase subunit γ-sulfur reductase），仅在样本 6111_W 与 6111_O 中检测出，丰度值分别为 1.6 和 0.35。硫代硫、硫及硫化物氧化关键基因 *soxY*（sulfur-oxidizing protein），将低价硫氧化为硫酸盐。这个基因在油井样品中的丰度要明显高于水井，油井中 *soxY* 对应的主要菌种有假单胞菌和陶厄氏菌，而水井中该基因对应的菌种有氢嗜胞菌、嗜温单胞菌、硫氢菌以及盐硫杆状菌。

3）产甲烷菌及相关功能基因

按照代谢功能差异，产甲烷菌可分为嗜氢产甲烷菌、甲基营养型产甲烷菌和乙酸型产甲烷菌[18]。不同类型产甲烷菌代谢途径及涉及的关键基因见表 2-8。

氢型产甲烷菌基因：甲烷鬃菌是主要的产甲烷菌，该菌属于甲烷八叠球菌目，含有所有的氢/二氧化碳型产甲烷所必需的基因，这表明该菌可以利用 H_2 和 CO_2 产生甲烷。

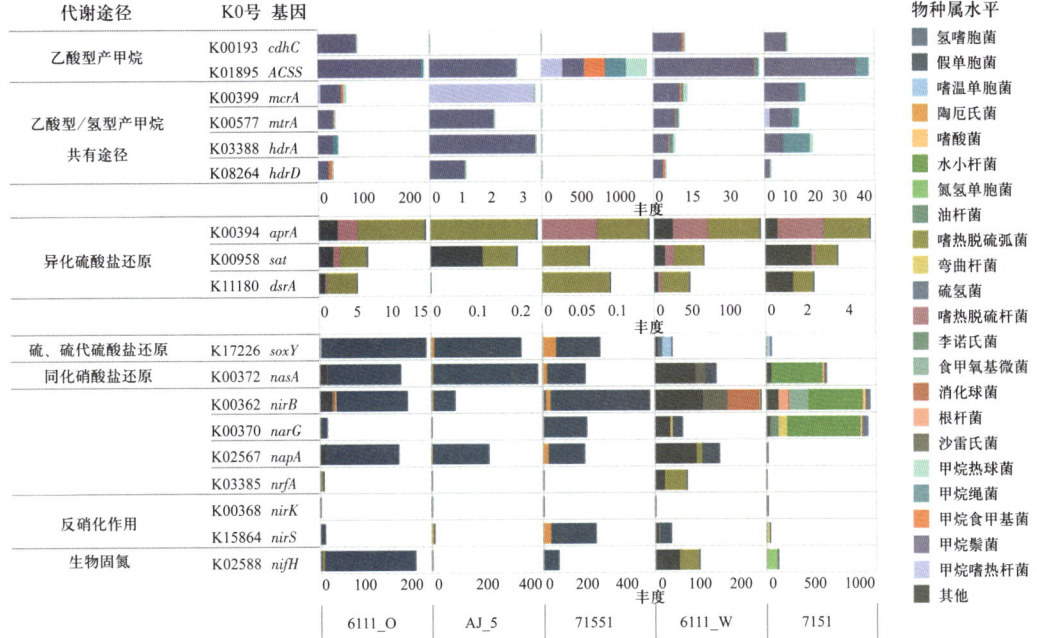

图 2-15 样本—物种—功能组成及丰度(基因丰度以 RPKM 值表示)

源自甲烷鬃菌的产甲烷基因主要存在于样本 6111_W 和 6111_O 中,但是 6111_W 中基因的检出丰度要远高于 6111_O。此外,甲烷鬃菌的产甲烷基因还存在于样本 AJ_5 和 7151 中,但是 RPKM 值小于 1。

样本 AJ_5 和 7151 中氢/二氧化碳产甲烷关键基因 *fwdA*、*ftr* 和 *mch* 主要存在于陶厄氏菌中,表明该菌可利用 H_2 和 CO_2 产生甲酰基四氢甲蝶呤。在样本 7151 中,*fwdA* 和 *mch* 主要存在于固氮弧菌(*Azoarus*)中,而类 *ftr* 基因存在于 *Caballeronia* 菌,表明 *fwdA*、*ftr* 和 *mch* 并非产甲烷菌特有。

表 2-8 微生物产甲烷途径及涉及的关键基因

不同途径类型	产甲烷基因	全名	代谢酶名称
氢/二氧化碳型	*fmd/fwd*	Formylmethanofuran dehydrogenase	甲酰甲基呋喃脱氢酶
	ftr	Formylmethanofuran formyltransferase	甲基转移酶
	mch	Methenyl-H$_4$MPT cyclohydrolase	甲基-H$_4$MPT 水解酶
	mtd	Methylene-H$_4$MPT dehydrogenase(F_{420})	甲基-H$_4$MPT 脱氢酶(F_{420})
	hmd	Methylene-H$_4$MPT dehydrogenase(H_2)	甲基-H$_4$MPT 脱氢酶(H_2)
	mer	Methylene-H$_4$MPT reductase	甲基-H$_4$MPT 还原酶
乙酸型	CODH/ACSS	Acetyl-CoA decarbonylase/Acetyl-CoA synthase	乙酰辅酶 A 脱碳酶/乙酰辅酶 A 合酶
	ackA	Acetate kinase	乙酸激酶
	pta	Phosphotransacetylase	磷酸脱氢酶

续表

不同途径类型	产甲烷基因	全名	代谢酶名称
甲醇型	mta	Methanol-coenzyme M methyltransferase	辅酶 M 甲基转移酶
不同途径共享关键基因	mtr	methyl-H$_4$MPT methyltransferase	甲基-H$_4$MPT 甲基转移酶
	mcr	Methyl-coenzyme M methylreductase	甲基辅酶 M 还原酶
	hdr	Heterodisulfide reductase	异二硫还原酶

乙酸型产甲烷菌：乙酸型产甲烷代谢涉及四个上游关键基因，依次是 ACSS、ackA、pta 和 cdhC。其中，ACSS 在四个基因中位于最上游，负责编码催化乙酸形成乙酸辅酶 A 的酶，ackA 和 pta 同 ACSS 作用类似，通过编码两个酶，以两步反应催化乙酸形成乙酸辅酶 A，cdhC 则位于代谢途径的最下游，其编码的酶催化乙酸辅酶 A 脱羧基形成甲基四氢甲蝶呤，该物质是合成甲烷的前体。

ACSS、ackA 和 pta 不但参与产甲烷代谢途径，还参与细菌内其他代谢，如丙酮酸代谢、二氧化碳固氮、丙酸代谢、抗生素合成等途径，因此这些基因广泛地存在于各类检出的主要细菌中，油井样本中包括假单胞菌、陶厄氏菌、脱铁杆菌等，水井样本中有水小杆菌、嗜温单胞菌、油杆菌、嗜热脱硫弧菌、氢嗜胞菌、甲烷鬃菌等。与 ACSS、ackA 和 pta 不同，cdhC 基因主要参与产甲烷代谢途径，分析表明，该基因仅对应于甲烷鬃菌，且仅存在于 6111_W、6111_O 和 7151 三个样本中，表明该菌同时具有利用乙酸产甲烷的潜力。

4）烃类有氧降解基因

尽管油藏环境常常被认为是缺氧或无氧的，但是对于长期水驱的高含水油藏，依然可能存在一些兼性微生物，这些微生物可以利用注入水中携带的氧气，氧化降解原油。表 2-9 列出了各样品中与烃类降解相关的单加氧酶、双加氧酶及其丰度。由表 2-9 可知，许多单加氧酶和双加氧酶不但存在于水井样本中，而且也存在于油井样本中，表明沈 84-安 12 块水驱高凝油藏普遍含有烃有氧降解微生物。

单加氧酶烷烃单加氧酶（AlkB）是典型的烷烃氧化单加氧酶，该酶是烷烃有氧降解的启动酶，它催化烃在 α- 末端加氧形成伯醇。XylM 是二甲苯降解的启动酶，该酶催化二甲苯中的一个甲基加氧形成甲基苯甲醇；水杨酸脱氢酶（Salicylate hydroxylase）则催化水杨酸类化合物形成儿茶酚类化合物，该反应是萘、芴、蒽、菲等多环芳烃降解过程中必有的[19-20]。这三种酶的基因物种构成如图 2-16 所示，alkB 和 xylM 对应的主要物种是假单胞菌，含有 alkB 基因的微生物还有迪茨氏菌（6111_O、6111_W 和 7151），鞘氨醇盒菌（6111_W、7151），伯克霍尔德菌（6111_W、7151）。水杨酸脱氢酶基因对应的菌有嗜酸菌（71551 除外）、固氮弧菌（AJ_5 与 71551 除外）、氢嗜胞菌（AJ_5 与 71551 除外）、假单胞菌（仅 6111_W 和 7151）和伯克霍尔德菌（仅 7151）。

双加氧酶：苯甲酸 1,2- 双加氧酶催化苯甲酸降解形成儿茶酚，该酶在甲苯、二甲苯及苯甲酸有氧降解过程中起着重要作用。儿茶酚是苯、甲苯及多环芳烃等物质降解过程中形成的中间产物，儿茶酚能否被降解决定着这些物质能否被持续彻底地降解。儿茶酚

表 2-9 样本中检测出的烃有氧降解关键酶及其丰度

代谢途径	烃降解关键酶	6111_O	6111_W	71151	71551	AJ-5
激活（外周通路）单加氧酶	烷烃氧化单加氧酶，AlkB	216.559	93.576	61.477	3.345	223.436
	长链烷烃单加氧酶	5.357	29.684	1.614	0.465	0
	苯酚 2-单加氧酶	0	0	10.943	0	0
	水杨酸脱氢酶	2.455	40.220	216.907	0.133	1.291
	香草酸单加氧酶	8.034	45.790	0.525	1.138	0
	二甲苯单加氧酶，XylM	0.639	0.917	2.081	69.719	0.979
	环己酮单加氧酶	4.868	0	0.458	0	0
激活（外周通路）双加氧酶	4-羟基苯基丙酮酸双加氧酶	246.967	103.481	104.260	443.240	361.683
	苯甲酸 1,2-双加氧酶	10.041	25.187	94.397	400.154	2.334
	β 亚基苯甲酸 1,2-双加氧酶	17.366	44.633	116.059	534.333	1.117
	α 亚基联苯 2,3-二加氧酶	5.163	1.802	5.847	138.243	5.428
	β 亚基联苯 2,3-二加氧酶	6.511	4.146	5.782	222.101	6.709
	乙苯双加氧酶	0	0.049	18.855	0	0
催化（中枢通路）外环裂解双加氧酶	4,5-双加氧酶	0	0	0.693	0	0
	3-羟基氨基苯甲酸酯 3,4-双加氧酶	1.245	0	5.856	0	0
	3,4-二羟基苯乙酸 2,3-双加氧酶	7.076	48.099	43.499	0.827	0.340
	联苯 2,3-二醇-1,2-双加氧酶	3.874	0.801	2.274	162.519	0

续表

代谢途径	经有氧降解关键酶	6111_O	6111_W	7151	71551	AJ-5
催化（中板通路）外环裂解双加氧酶	儿茶酚 2,3-双加氧酶	16.806	71.851	108.163	500.393	10.264
	龙胆酸 1,2-双加氧酶	9.925	59.356	85.063	0.874	0.537
	同源基因 1,2-双加氧酶	161.164	30.120	6.968	261.889	240.444
	原儿茶素 4,5-双加氧酶	2.467	31.577	85.917	0	0
	羟基喹啉 1,2-双加氧酶	0.687	0	4.797	0	0
催化（中板通路）内环裂解双加氧酶	α-亚基原儿茶素 3,4-双加氧酶	15.636	59.033	1.771	295.619	1.656
	β-亚基原儿茶素 3,4-双加氧酶	582.557	62.422	46.767	202.687	711.755
	儿茶酚 1,2-双加氧酶	14.339	42.704	237.043	225.500	2.799

2,3-双加氧酶与儿茶酚1,2-双加氧酶则是催化儿茶酚类物质降解的第一步反应，通过双加氧的方式使苯环断开形成有机酸。两种酶催化的底物相同，但是双加氧方式不同，产物也不同。含有苯甲酸1,2-双加氧酶基因的微生物主要有假单胞菌（78.1%～96.8%，7151/3.3%）、氢氧单胞菌（7151/83.7%）和陶厄氏菌（71551/0.66%）。含有儿茶酚1,2-双加氧酶基因的微生物主要是假单胞菌（28.4%～100%，7151/2.6%）和氢氧单胞菌（7151/92.8%）。而儿茶酚2,3-双加氧酶同时存在于假单胞菌、陶厄氏菌、氢嗜胞菌、硫单胞菌等细菌中。

5）烃类厌氧降解基因

近年来的研究表明，微生物可以在无氧条件下降解石油组分：不但烷烃组分可以被厌氧降解，甲苯、乙苯、萘等芳烃组分也可以被微生物厌氧降解。厌氧微生物用来激活烃类的生物途径与好氧微生物所采用的生物途径明显不同，已发现厌氧状态下激活烃类的途径主要有两种：通过延胡索酸激活或者通过 CO_2 加成来激活石油烃厌氧降解。而硫酸盐还原菌、硝酸盐还原菌、铁细菌等是最常见的厌氧烃降解菌。

为了确定各样本中的厌氧烃降解基因及其丰度，首先使用 KEGG 库注释样本非重复基因集，得到相关厌氧烃降解基因的丰度信息，然后将该厌氧基因与样本非重复基因集的 NR 库注释结果相关联，得到厌氧烃降解基因的物种信息，如图 2-16 所示。相对于 RPKM 值，基因 reads 数更能直接凸显低丰度物种所含有的低丰度功能基因。为了更大程度地识别厌氧基因在物种中的分布，这里采用基因 reads 数作为基因丰度的标识单位。

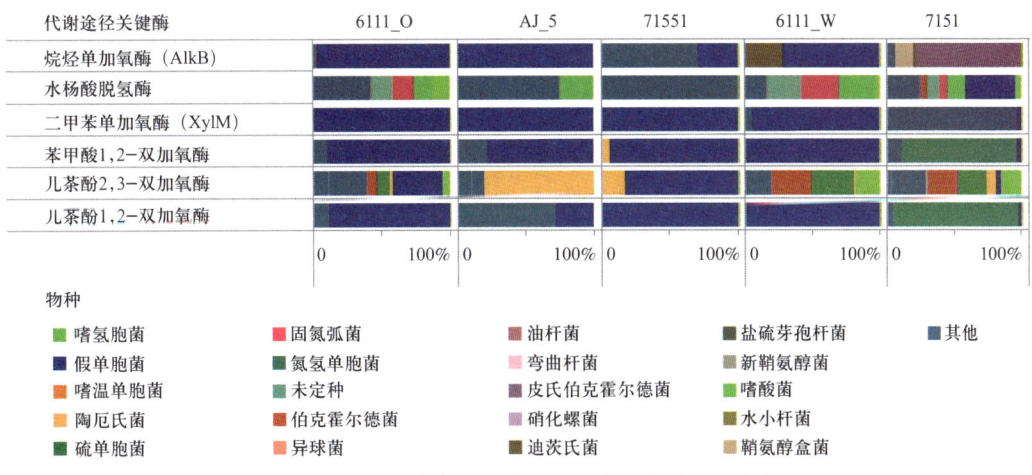

图 2-16 单/双加氧酶代表基因样本—物种组成及其丰度（基因丰度以 RPKM 值表示）

统计 KEGG 库中参与甲苯、乙苯、苯酚、苯甲酸、二甲基萘及烷烃厌氧降解的相关基因信息如图 2-17 所示：17 个参与甲苯厌氧降解途径的基因一共检出 14 个，其中 bssA 是甲苯厌氧降解启动酶甲基琥珀酸合成酶的编码基因，它主要存在于脱硫肠状菌和史密斯氏菌中。脱硫肠状菌、嗜酸菌、陶厄氏菌、油杆菌、氢嗜胞菌中也检出多个参与甲苯厌氧降解的基因，表明这些菌具有厌氧降解甲苯的潜力。本次研究没有检测到参与烷烃、苯、菲等物质的厌氧降解基因，这些物质的降解主要是通过二氧化碳羧化酶来催化启动。相较于烃有氧降解基因，烃厌氧降解基因在各样本中的检出丰度也较低，且仅在两个样本中检出的基因 reads 数大于 100，表明水驱高凝油藏中微生物的烃厌氧降解活性较低。

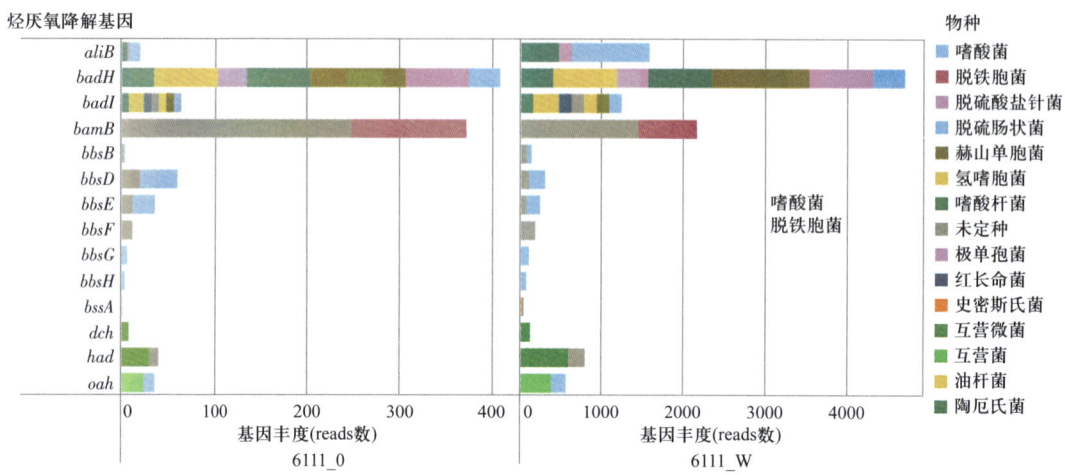

图 2-17　参与烃厌氧降解途径的关键酶基因及其在各样本中丰度

4. 高丰度及典型物种功能注释

为了深入、全面地解释样本中存在的高丰度物种及典型物种所具有的潜在功能，采用 bin 组装的方法，重新构建了这些物种的基因组草图，并对基因组进行了功能注释。研究中一共构建了 118 个物种 contig 集（bin），依据基因组完整度（大于 70%）和污染率（小于 10%）两个指标对所有 bins 进行筛选，最终确定了 17 个可靠的 bins，对 bins 的注释结果如图 2-18 所示。

从图 2-18 中可知，假单胞菌（bin.025）、陶厄氏菌（bin.045）、未知 γ-变形杆菌（bin.042）、新鞘氨醇菌（bin.112）、脱铁杆菌纲（bin.079）和黄杆菌（bin.116）为兼性菌，它们具有 cbb-3 氧还原系统。与之相对应的，这些菌（脱铁杆菌除外）几乎都配有单加氧酶或双加氧酶，能利用氧气降解石油烃组分。其余的 11 个 bins 均不含有 cbb-3 氧还原系统和任何加氧酶基因，对应的微生物属于厌氧细菌，包括热袍菌（bin.082，bin.085）、热脱硫弧菌（bin.035）、乳酸菌（bin.105）、互营杆菌（bin.054）、栖热粪杆菌（bin.069）、脱硫小螺体（bin.081）、拟杆菌（bin.089）、未知梭菌纲细菌（bin.057）。其中，只有未知梭菌纲细菌（bin.057）具有烃厌氧降解潜能。

具有还原性产乙酸能力的细菌称为发酵菌，包括热脱硫弧菌（bin.035）、热袍菌（bin.082、bin.085）、拟杆菌纲细菌（bin.089）、梭菌纲细菌（bin.057）、乳酸菌（bin.105）及互营杆菌（bin.054）。它们均含有还原性产乙酸的关键基因甲酸甲酯—甲基四氢叶酸连接酶基因（fhsK00198）。

自养型细菌可以利用二氧化碳作为碳源，这些细菌包括盐硫杆菌（bin.024）、未知 γ-变形菌（bin.042）、陶厄氏菌（bin.045）、脱硫小螺体（bin.081）、热袍菌（bin.082）及互营杆菌（bin.054）。它们可以通过还原性三羧酸循环或者卡诺循环（CBB cycles）代谢途径在无氧条件下固定二氧化碳。热脱硫弧菌（bin.035）及互营杆菌（bin.054）是典型的硫酸盐还原菌，它们具有完整的异化硫酸盐还原途径关键基因（*sat*、*DsrA* 和 *aprA*）。此外，梭菌纲细菌（bin.057）及热袍菌（bin.082）分别含有 *sat/aprA* 和 *DsrA*，因而推测它们可能具有异化硫酸盐还原的潜力。

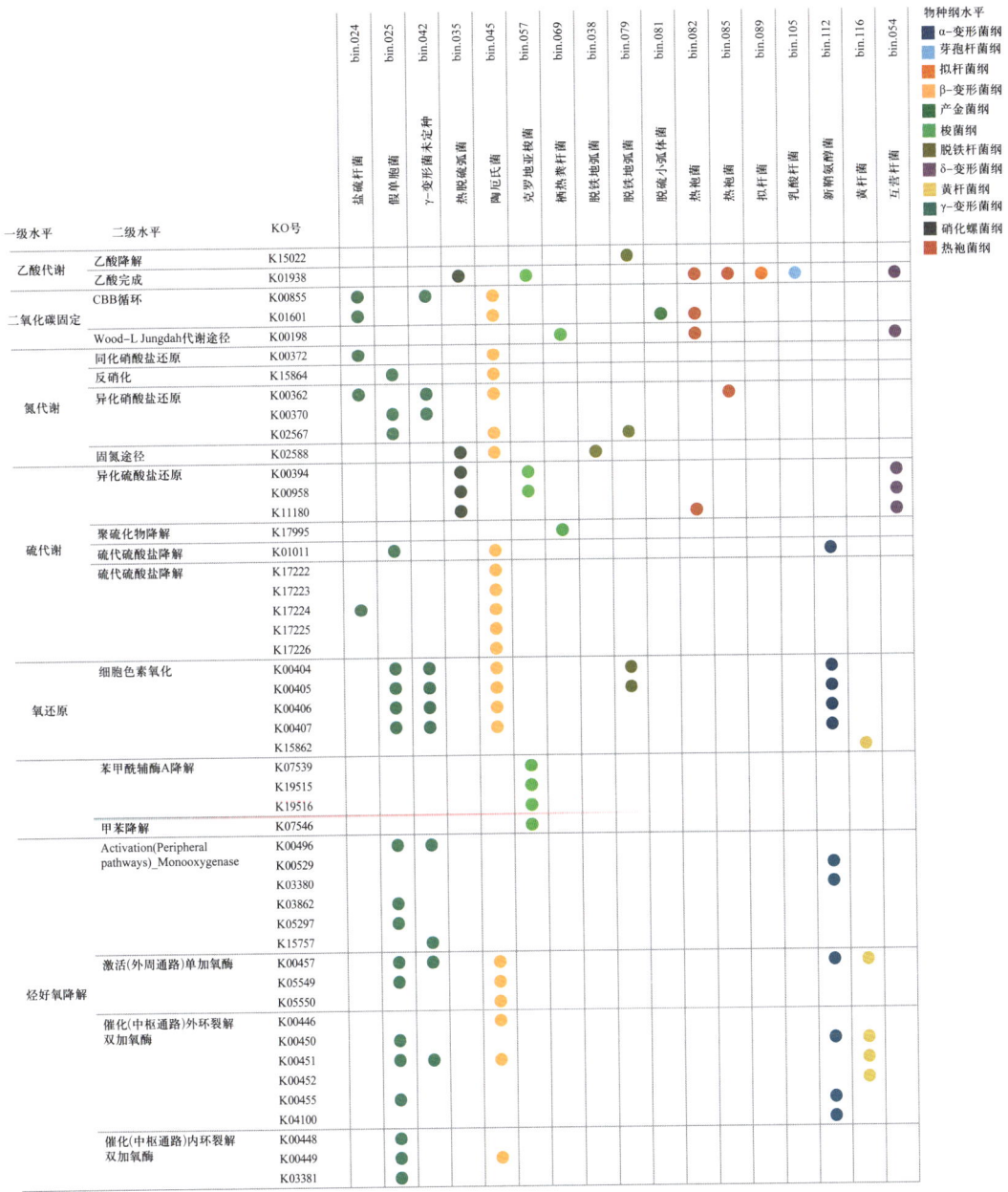

图 2-18 典型代表物种基因组（bins）功能注释

假单胞菌（bin.025）、陶厄氏菌（bin.045）和未知 γ-变形菌（bin.042）是典型的硝酸盐还原菌，它们均含有两个异化硝酸盐还原途径的关键基因。同时，假单胞菌（bin.025）和陶厄氏菌（bin.045）还含有反硝化代谢关键基因（*nirS*），说明这两种菌不但可以还原硝酸盐或亚硝酸盐，而且能将亚硝酸盐反硝化为一氧化氮。此外，盐硫杆菌（bin.024）、脱铁杆菌纲（bin.079）及热袍菌（bin.085）含有一个异化硝酸盐还原途径关键基因，表明这些菌也具有潜在的硝酸盐还原能力。

几乎所有的 bins（bin.024、bin.054 除外）都含有 *ackA/pta* 或 *ACSS* 基因，表明这些菌可以利用乙酸生成乙酰辅酶 A，但是对于乙酸型产甲烷菌最为关键的基因 *cdhC*（K00193），在这些 bins 中都有缺失，说明它们可能不能利用乙酸产甲烷[21]。同理，氢型产甲烷菌基因也在这些 bins 中大量缺失，说明这些 bins 对应的微生物不具有产甲烷的功能。

第三节 微生物驱群落动态变化分析

在内源微生物驱现场试验中，用同种营养剂刺激后，优势微生物组成具有相似性，烃氧化菌的激活程度与原油乳化效果密切相关，近井地带补充空气有助于增加烃降解菌整体含量。在内源微生物驱增产过程中检测功能菌发现，烃氧化菌（HOB）、硝酸盐还原细菌（NRB）和产甲烷菌（MPB）的数量增加了 10~1000 倍，假单胞菌、苍白杆菌、不动杆菌、海杆菌等具备产表面活性剂能力的菌属被选择性富集。在辽河油田外源菌微生物驱区块中，注入的外源菌能够成为油井中的优势菌属，同时外源菌的注入也对某些具备烃类降解效果的内源菌产生了激活作用。

一、室内多轮次激活微生物群落动态变化分析

1. 多轮次激活细菌群落结构变化

油藏样品 72602 经营养激活培养 6 代得到相对稳定的群落结构，经 MiSeq 测序，共获得 18531 条细菌 16S rRNA 基因序列。在属水平能够进行分类的 OUT 共 128 个，样品测序覆盖率均达到 99.8% 以上，分析样品的 Chao 1 多样性指数和香农多样性指数，Chao 1 多样性指数为 253.2，香农多样性指数为 3.94。表明该测序深度可以反映取样井中绝大多数的细菌群落信息。

在门水平上，变形菌（Proteobacteria）在培养 6 代后在细菌群落中占绝对优势；在属水平上分析，培养前后微生物群落结构发生了明显的变化。其中，未培养和未分类的细菌种属占据绝大多数（图 2-19），因此简化了图表，将其他种属的微生物种属信息部分去掉，得到细菌群落结构（图 2-20），从图 2-20 中可以看出，除硫单胞菌属（*Desulfuromonas*）、瘤胃菌属（*Ruminococcus*）、硫球形菌属（*Thiosphaera*）和地杆菌属（*Geobacter*）在原群落结构中消失外，无色杆菌属（*Achromobacter*）、嗜氮根瘤菌属（*Azorhizobium*）、盐单胞菌属（*Halomonas*）、帕维杆菌属（*Parvibaculum*）、生丝单胞菌属（*Hyphomonas*）、螯合球菌属（*Chelatococcus*）、迪茨氏菌属（*Dietzia*）和芽孢杆菌属（*Bacillus*）出现在培养后细菌群落结构中。原优势属弓形菌属、海杆菌属和不动杆菌属的比例降低，假单胞菌属、芽孢杆菌属和无色杆菌属成为新的优势属。

第二章 油藏微生物多样性及分布特征

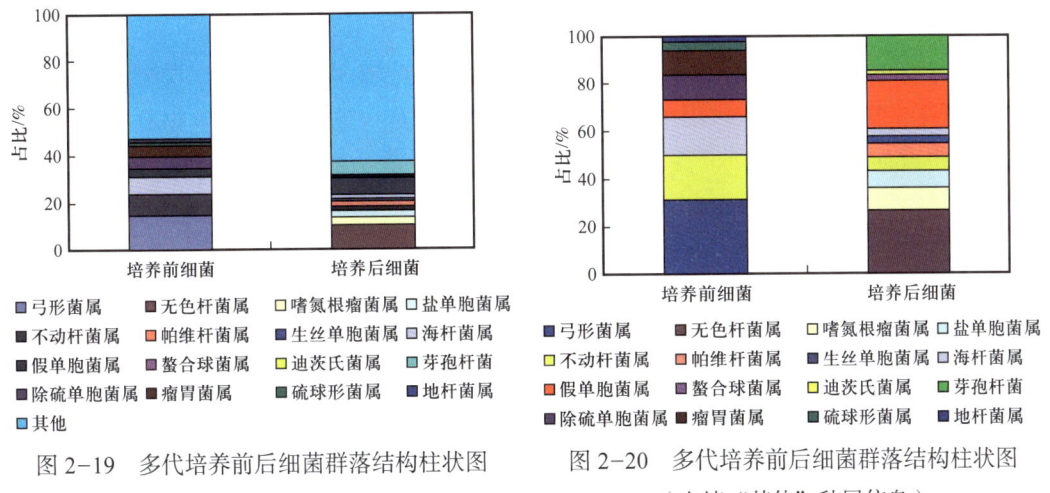

图2-19 多代培养前后细菌群落结构柱状图　　图2-20 多代培养前后细菌群落结构柱状图
（去掉"其他"种属信息）

2. 多轮次激活古菌群落结构变化

油藏样品72602培养6代得到相对稳定的群落结构，经焦磷酸测序，共获得2975条古菌16S rRNA基因序列，样品的丰富度为8，香农多样性指数为1.49，辛普森多样性指数为0.30。样品测序覆盖率均达到99.9%以上，表明该测序深度可以反映取样井中绝大多数的古菌群落信息。

油藏样品72602培养6代后群落中的古菌大部分仍然属于甲烷微菌纲。在属水平上分析，培养前后微生物古菌群落结构发生了明显的变化（图2-21）。从图2-21中可以看出，古老球菌属（*Palaeococcus*）、甲烷嗜热菌属（*Methanothermus*）、甲烷八叠球菌属（*Methanosarcina*）和甲烷螺菌属（*Methanospirillum*）在原群落结构中消失，甲烷粒菌属（*Methanocorpusculum*）、甲烷球菌属（*Methanococcus*）、甲烷食甲基菌属（*Methanocaldcoccus*）、甲烷叶菌属（*Methanolobus*）和甲烷杆菌属（*Methanobacterium*）出现在培养后古菌群落结构中。原优势属甲烷球菌属和甲烷粒菌属消失，原优势属甲烷鬃菌属的比例继续增加，甲烷囊菌属和甲烷八叠菌属也成为优势属。

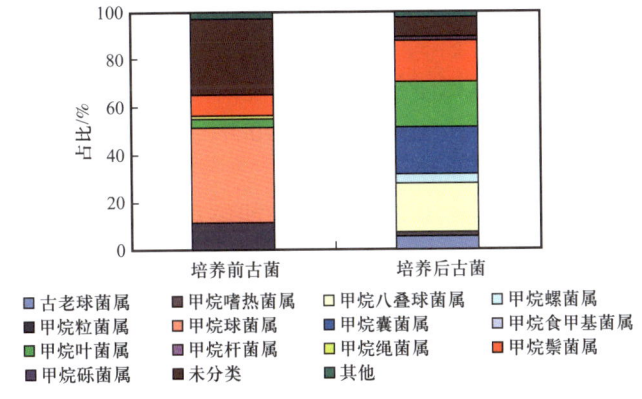

图2-21 多代培养前后古菌群落结构柱状图

二、新疆六中区现场试验群落动态变化分析

采出水样品取自新疆油田六中区注入营养剂激活的微生物试验区块，采样时间分别为2010年4月、2010年9月、2010年11月和2011年4月，属水平上微生物驱前后不同时期产出液组成如图2-22所示。

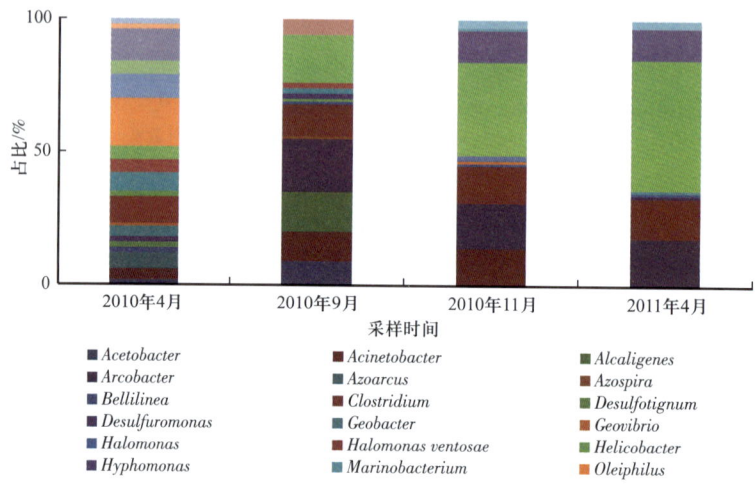

图2-22 属水平上微生物驱前后不同时期产出液组成比较

2010年4月，新疆油田六中区进行微生物驱前T6190井采出液中菌群较为丰富，丰度最高的根瘤菌属（$Rhizobium$）也仅占全部菌群结构的18%，各菌属含量较为平均，优势度不明显，表征系统群落结构多样性的香农指数处于四个样品中最高点；现场微生物驱开始注营养剂后，2010年9月，T6190井采出液中检测到的菌种数目略有减少，且随着营养剂注入时间增加，样品中能够检测到的菌种数目越来越少，而优势度更加明显，γ-变形菌纲（Gammaproteobacteria）细菌在几个文库中检测到的丰度比例依次为16%、32%、67%和66%，随着营养剂的注入呈现上升且逐渐成为优势菌趋势；α-变形菌纲（Alphaproteobacteria）细菌在前期水样中较多，后期逐渐消失，说明随着营养剂的注入，改变了原始水样中各菌群种类丰富且丰度平均的现状。γ-变形菌纲成为优势菌，这种竞争优势使得其他多种菌种不能生存或丰度降低至不能被检测到，使得表征系统群落多样性的香农指数随注入时间增加不断下降，这也与DGGE结果一致。γ-变形菌纲据报道常有烃降解菌被发现，γ-变形菌纲在微生物驱中丰度逐渐升高说明更多的烃降解菌在油藏中被激活，这与DGGE结果类似，再次说明了T6190井后期界面张力下降且原油被乳化严重的原因。

根据克隆文库检测结果，T6190油井发现的能够以烃类为唯一碳源产生表面活性剂类物质的烃氧化菌主要有 $Thalassolituus$、$Roseovarius$、$Rhodobacter$、$Pseudomonas$、$Planomicrobium$、$Oleiphilus$、$Hyphomonas$、$Thauera$、$Petrobacter$、$Marinobacterium$、$Acinetobacter$。各样品香农指数曲线如图2-23所示。

2010年8月新疆六中区实施微生物驱以来，增油量随时间逐渐上升（图2-24），界面张力逐渐下降，乳化效果逐渐出现，采出液细菌群落香农指数也逐渐下降，可知在微生物

驱实施后的油藏中，细菌香农指数与增油量呈负相关关系。这是因为原始油藏细菌群落结构较丰富，各菌含量较为平均，没有显著的优势菌，随着营养剂及空气的注入，油藏中能够以烃类为唯一碳源的假单胞菌、地杆菌和梭菌等具有乳化原油、产生表面活性类物质的功能菌浓度逐渐增加至成为优势菌。这些有益于提高采收率的细菌在油藏中被激活成为优势菌，油藏中通气量、营养结构等环境因子的变化使得油藏中存活的原始细菌失去竞争优势，种群密度受到极大抑制，直至很难被检测出来。因此，油藏细菌群落结构向采油功能菌方向集中，导致香农指数下降和增油量增加。这体现了人为改变的油藏环境对群落的选择，间接地产生了增油效果。

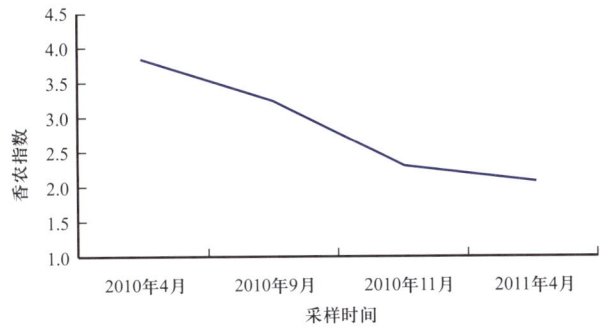

图 2-23　不同时期样品香农指数曲线图

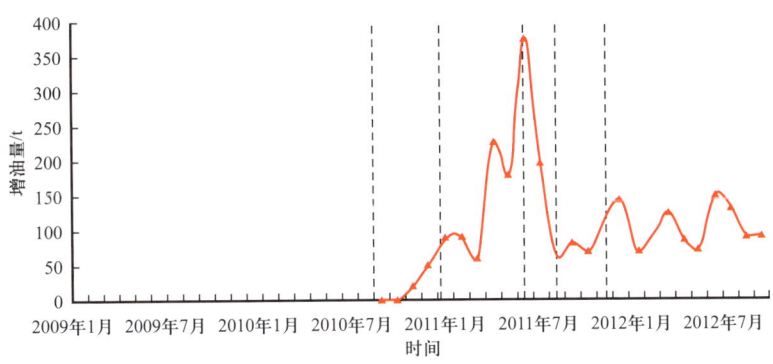

图 2-24　增油效果图

参 考 文 献

［1］邹少兰，刘如林. 内源微生物采油技术的历史与现状［J］. 微生物学通报，2002（5）：70-73.

［2］Handelsman J, Rondon M R, Brady S F, et al. Molecular biological access to the chemistry of unknown soil microbes: A new frontier for natural products［J］. Chemistry & Biology, 1998, 5（10）: 245-249.

［3］Tringe S G, Von Mering C, Kobayashi A, et al. Comparative metagenomics of microbial communities［J］. Science, 2005, 308（5721）: 554-557.

［4］魏子艳，金德才，邓晔. 环境微生物宏基因组学研究中的生物信息学方法［J］. 微生物学通报，2015，42（5）：890-901.

［5］李志华，隋维康，向宝玉，等. 油藏样本潜在核心功能微生物群的宏基因组挖掘［J］. 微生物学通报，

2021, 48（8）: 2750-2760.

［6］Lora P O, CortÉs G T C, Carrillo T G R, et al. Biotechnological process for hydrocarbon recovery in low permeability porous media: US12973258［P］. 2014-01-21.

［7］姚凯, 姜汉桥, 党龙梅, 等. 高凝油油藏冷伤害机制［J］. 中国石油大学学报（自然科学版）, 2009（3）: 95-98.

［8］陈凡云, 马文英, 邓文勤. 静安堡高凝油油藏采油技术［J］. 断块油气田, 2001（6）: 53-56.

［9］Bastin E S G F. The presence of sulphate reducing bacterial in oil field waters［J］. Science, 1926, 63（1618）: 21-24.

［10］Spirov P, Ivanova Y, Rudyk S. Modelling of microbial enhanced oil recovery application using anaerobic gas-producing bacteria［J］. Petroleum Science, 2014, 11（2）: 272-278.

［11］Zhang Y, Fu B, Ma D, et al. Studies on the application of chemical and biological viscosity reduction technology［C］. International Conference on Pipeline and Trenchless Technology, 2012.

［12］Milner C W D. Petroleum transformations in reservoirs［J］. Journal of Geochemical Exploration, 1977, 7（2）: 101-153.

［13］Connan J, Restle A, Albrecht P. Biodegradation of crude oil in the Aquitaine basin［J］. Physics & Chemistry of the Earth, 1980, 12（79）: 1-17.

［14］Prince R C. Petroleum and other hydrocarbons, biodegradation of Hydrocarbons in aerobic environments. p118-169 in Encyclopedia of Enviromental microbiology［M］. John Wiley & Sons, Inc., 2003.

［15］Widdel F, Rabus R. Anaerobic biodegradation of saturated and aromatic hydrocarbons［J］. Current Opinions in Biotechnology, 2001, 12（3）: 259-276.

［16］李志华, 隋维康, 向宝玉, 等. 油藏样本潜在核心功能微生物群的宏基因组挖掘［J］. 微生物学通报, 2021, 48（8）: 2750-2760.

［17］Sperl G T. Enhanced oil recovery using denitrifing microorganisms: US5044435［P］. 1991-09-09.

［18］刘海昌, 兰贵红, 刘全全, 等. 高温油藏采出液中嗜热产甲烷古菌的分离鉴定［J］. 生物工程学报, 2010, 26（7）: 1009-1013.

［19］Hitzman D O. Oil recovery process using aqueous microbiological drive fluids: US 3340930［P］. 1967-04-11.

［20］Hitzman D O. Recovery of oil from oil sand: US 2907389［P］. 1959-05-21.

［21］郑国香, 任南琪, 林海龙, 等. 厌氧发酵产氢细菌的厌氧操作与紫外线诱变技术［J］. 化学工程, 2007（5）: 48-51.

第三章　采油功能菌及激活体系研究

采油功能菌及激活体系是微生物采油成功与否的关键，是微生物采油技术的核心。只有采油功能菌能够适应油藏的特定条件，并在激活体系供给的营养条件下在油藏内广泛生长繁殖并产生大量对提高采收率有益的代谢产物，才有可能大幅度提高石油采收率。因此，采油功能菌及激活体系是微生物采油成败的关键因素之一。

第一节　采油功能菌及激活体系研究进展

菌种是微生物采油技术的关键。采油菌种按来源可以分为两类：第一类是野生菌，即从自然界广泛存在的微生物中分离筛选得到，经过筛选培养后用于石油开采，来源包括油田污水、采出油泥沙、地下岩心、长期被原油污染的土壤，以及浅海油井附近的水和土壤等；第二类是利用生物基因工程和遗传学工程构建的采油基因工程菌，主要通过基因工程的手段提高野生菌在某一方面的特性，如高产表面活性剂、耐高温、耐盐性等。

一、野生采油菌株研究进展

1. 典型野生菌株

微生物采油菌种筛选的目标是筛选出能适应地层环境的菌种，在提供适当的有机营养物质后，其生长代谢产物作用于地层中的残余油。大部分油田筛选和应用的菌种是烃类氧化菌系，可降解部分正构烷烃，对原油有一定降黏作用。

通过对中国 30~90℃ 的各类油藏进行了广泛的普查，发现不同油藏中微生物组成存在较大差异，但在不同的油藏中也存在共有的"核心微生物组"，多数的核心微生物具有采油潜力（表 3-1）。

表 3-1　油藏中常见的具有驱油功能的微生物[1]

驱油功能	野生菌株类型
生物类表面活性剂	芽孢杆菌属、假单胞菌属、埃希氏菌属、不动杆菌属、肠杆菌
产酸、产气、产生物溶剂	梭菌属、肠杆菌、弧菌属、芽孢杆菌属、乳酸菌属、链球菌属、小球菌属、产甲烷古菌
生物膜、生物聚合物	克氏杆菌属、噬细胞菌属、根瘤菌属、明串珠菌属、芽孢菌属、肠杆菌
生物乳化剂	地芽孢杆菌属、不动杆菌属、芽孢杆菌属
烃代谢	假单胞菌属、芽孢菌属、短芽孢菌属、放线菌属、不动杆菌属

2. 菌种性能研究

菌种性能评价包括其生物学特征、代谢产物分析、稳定性及对油藏环境的适应性，混合菌还需要进行菌株复配实验。已报道的有以下 3 类评价方法。

1）微生物发酵前后原油组分变化

将微生物与原油共同培养后分离出原油，测试原油被发酵前后的变化，包括：(1) 测试发酵前后的黏度、凝点、含蜡量等物性变化；(2) 用恩氏蒸馏法测试组分变化，发酵后轻馏分增加越多，说明微生物作用越好；(3) 用色谱法分析正构烷烃组分变化，姥鲛烷/C_{17}、植烷/C_{18} 值反映原油流动性，发酵后其值上升说明原油流动性得到改善，不少实验通过测定主峰碳的变化或咔唑类化合物的变化来确认原油降解程度[2]；(4) 用色谱柱分离法分析各族组分相对含量变化，了解微生物对哪个族组分影响较大，多数实验证明对正构烷烃有明显影响，也有实验证明对胶质、沥青质有影响。

2）分析菌液的变化

在有原油存在的环境中培养微生物，测试菌液作用前后的酸度、界面张力变化及产气量。对代谢产物中生物表面活性剂的分析研究较多[3]，包括影响其产生的因素、对原油的作用效果及其成分等，但停留在单一成分的定性或定量分析。

3）岩心微生物驱油实验

应用人造岩心或天然岩心建立微生物驱油的 Lazar 模型，一般实验过程是岩心饱和水、饱和油后水驱，水驱到含水率 98% 或 100% 时注入一定量配制好的菌液，放入恒温箱培养，测试从模型中排出的液体和气体。另一种是高压驱油模型，岩心培养之前先加压，关闭岩心两端阀门在高压条件下培养一段时间，然后再水驱，测试采收率提高情况。岩心驱油实验还用于研究微生物驱的相对渗透率变化、微生物用量或微生物段塞与采收率的关系。由于条件限制，多数油田最常测试的是微生物作用前后原油黏度变化。

3. 常用实验方法

目前，常用的采油功能菌的实验方法如下。

1）分离方法

（1）烃氧化菌的分离方法。

将采自油田的水样以 10% 接种量接入装有 MM 无机盐培养基和 5% 原油的三角瓶中，在油藏温度下进行富集培养（150r/min 条件下培养 7 天），观察原油乳化效果，选取效果好的油水样品，反复多次传代。取乳化效果好的培养物在固体肉膏培养基平板上进行单菌分离，反复纯化获得纯菌，再接入添加原油的 MM 培养基中验证对原油的乳化效果，取乳化原油效果好的单菌保存待用。

（2）产气微生物的分离方法。

简单的产气微生物的分离主要是通过杜氏管法或者针筒法（图 3-1）。杜氏管法即通过在乳酸管或者大试管中加入液体培养基和杜氏管，通过加热排空杜氏管中的空气接种培养，观察杜氏管中的气泡产生情况，从而确定菌株产气性能。针筒法即用针筒抽取接种后的液体培养基，排出空气泡，用密封塞密封，再涂抹凡士林防止漏气，观察针筒中的气体产生情况，从而判断菌株的产气性能。

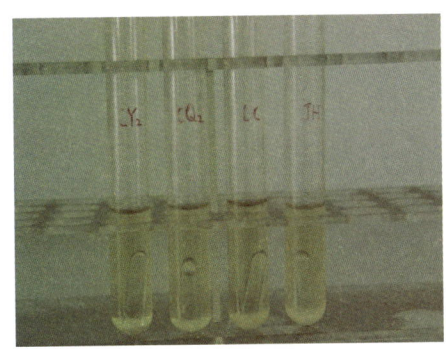
(a) 杜氏管法

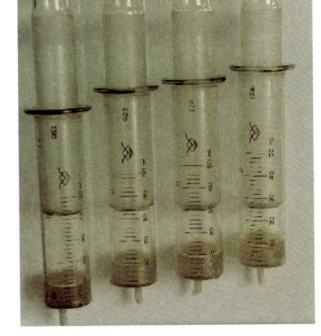
(b) 针筒法

图 3-1 厌氧发酵产气微生物的分离检测方法

（3）产芽孢微生物的分离方法。

产芽孢微生物的分离主要是利用其芽孢的耐热机制。取环境样品或油水样以无菌水稀释，在 100℃ 沸水中加热 10min，杀灭不能产生芽孢的微生物和产芽孢微生物的营养体细胞，然后把稀释后的样品进行涂布培养，芽孢再次萌发后有单菌落生长的培养基，通过芽孢染色法进行判断，保留菌种。

（4）厌氧微生物的分离方法。

亨盖特厌氧滚管技术是美国微生物学家亨盖特（Hungate）于 1950 年首次提出并应用于瘤胃厌氧微生物研究的一种厌氧培养技术，以后这项技术又经历了几十年的不断改进，从而使亨盖特厌氧技术日趋完善，并逐渐发展成为研究厌氧微生物的一整套完整技术。而且多年来的实践已经证明，它是研究严格、专性厌氧菌的一种极为有效的技术。该方法的一般流程为：制作预还原培养基及稀释液时，先将配制好的培养基和稀释液煮沸驱氧，而后用半定量加样器趁热分装到螺口厌氧试管中，一般琼脂培养基装 4.5～5mL，稀释液装 9mL，并插入通 N_2 的长针头以排除 O_2。此时可以清楚地看到培养基内加入的氧化还原指示剂——刃天青由蓝到红，最后变成无色，说明试管内已成为无氧状态，然后盖上螺口的丁烯胶塞及螺盖，灭菌备用。将盛有融化的无菌无氧琼脂培养基试管放置于 50℃ 左右的恒温水浴中，用 1mL 无菌注射器分别吸取不同稀释度的稀释液各 0.1mL 于融化的琼脂培养基试管中，而后将其平放于盛有冰块的盘中或特制的滚管机上迅速滚动，这样带菌的融化培养基在试管内壁立即凝固成一薄层。每个稀释度重复 3 次，而后置于恒温培养箱中培养。一般培养 24～48h 后，即可在厌氧管的琼脂层内或表面长出肉眼可见的菌落。

2）培养方法

微生物好氧培养可分为固体培养基平板法和摇瓶法：固体培养基平板法即制作固体培养基平板，通过划线培养，是进行菌种分离、传代的基础方法；摇瓶法即指在装有液体培养基的摇瓶中接种，置于恒温摇床中培养。

简单的厌氧培养方法包括疱肉培养基法、厌氧袋法和厌氧缸法，可用于对厌氧环境要求不高的微生物的分离和培养。疱肉培养基法是一个不需特殊设备的厌氧培养法，将液体培养基装入大试管，通过液面封凡士林或者液体石蜡，形成无氧环境；塑料袋透明而不透气，内装气体发生管（有硼氢化钠的碳酸氢钠固体及5%柠檬酸安瓶）、亚甲蓝指示剂管、钯催化剂管、干燥剂，放入已接种好的平板后，尽量挤出袋内空气，然后密封袋口，先折断气体发生管，后折断亚甲蓝指示剂管，袋内在0.5h内形成无氧环境；厌氧缸是普通的干燥缸，用物理化学法（蜡烛燃烧去除氧气）使缸内形成厌氧环境，从而将厌氧菌培养出来。厌氧操作箱（Anaerobie glove box）是迄今为止国际上公认的培养厌氧菌最佳仪器之一。

3）微生物传代与保存方法

微生物个体微小、代谢旺盛、生长繁殖快，如果保存不妥容易发生变异、菌种退化、杂菌污染，甚至导致细胞死亡等现象。因此，保存好菌种是非常必要和重要的。常用的菌种保藏方法包括传代培养法、载体法、悬液法、冷冻法和真空干燥法。本书中主要利用斜面琼脂试管、平板法对菌种进行短期保藏；通过冷冻甘油管法（-70℃）对微生物进行较长时期保藏。

4）微生物鉴定方法

（1）革兰氏染色法。

革兰氏染色法的基本步骤是：先用初染剂结晶紫进行染色，再用碘液媒染，然后用乙醇（或丙酮）脱色，最后用复染剂（如番红）复染。经此方法染色后，细胞保留初染剂蓝紫色的细菌为革兰氏阳性菌；如果细胞中初染剂被脱色剂洗脱而使细菌染上复染剂的颜色（红色），该菌属于革兰氏阴性菌。革兰氏染色反应是细菌重要的鉴别特征，为保证染色结果的正确性，采用规范的染色方法是十分必要的。

（2）芽孢染色法。

芽孢染色法的基本原理：用着色力强的染色剂孔雀绿或石炭酸复红，在加热条件下染色，使染料不仅进入菌体也可进入芽孢，进入菌体的染料经水洗后被脱色，而芽孢一经着色难以被水洗脱，当用对比度大的复染剂染色后，芽孢仍保留初染剂的颜色，而菌体和芽孢囊被染成复染剂的颜色，使芽孢和菌体更易于区分。

（3）微生物生理生化鉴定。

微生物具有不同的酶系统，致使它们能利用不同的底物，或虽然可以利用相同的底物，却产生不同的代谢产物，因此可以利用各种生理生化反应来鉴别细菌。糖发酵是最常用的生化反应，存在于大多数细菌中。不同细菌在糖的分解能力上存在很大的差异。有些细菌能分解某种糖并产生酸性物质（如乳酸、丙酸、醋酸等）和气体（如二氧化碳、氢气、甲烷等），而有些细菌只产生酸，不产生气体。例如大肠杆菌分解乳糖和葡萄糖产酸并产气，普通变形杆菌分解葡萄糖产酸产气，但不能分解乳糖。酸的产生可利用指示剂来判断。在培养基中加入溴甲酚紫（pH值5.2为黄色，pH值6.8为紫色），当发酵产酸时，使培养基由紫色变为黄色。Biolog微生物分类鉴定系统即是利用此原理进行微生物分类鉴定，同时可获得微生物相关的生理生化参数。

(4) 16S rDNA 序列分析。

核糖体 RNA 是与核糖体蛋白结合的 RNA 分子，在蛋白质翻译中起重要作用。原核生物（细菌和古生菌）含有 23S、16S 和 5S 3 种 rRNA，其大小分别约为 3000 个碱基、1500 个碱基和 120 个碱基。真核生物与之对应的为 28S rRNA、18S rRNA 和 5.8S rRNA。其中作为小亚单位核糖体 RNA 的 16S rRNA（或 18S rRNA）的大小最适合于进化分析，通过比较各类生物 16S rRNA 的基因序列，从序列差异计算它们之间的进化距离，可以绘制出生物进化树。因此，16S rRNA 序列分析技术的基本原理就是从微生物样本中扩增 16S rRNA 的基因片段，通过克隆、测序或酶切、探针杂交，获得 16S rRNA 序列信息，再与 16S rRNA 数据库中的序列数据或其他数据进行比较，确定其在进化树中的位置，从而鉴定样本中可能存在的微生物种类。

5）微生物发酵液常规分析方法

(1) 微生物生长曲线测定。

应用紫外 / 可见分光光度计对微生物的生长曲线进行测定。以 2% 的接种量将新鲜菌液接种于培养基中，一定温度下 120r/min 条件下培养，分别于不同时间点取样，以空白培养基为参比，测定 600nm 下的吸光度值 OD_{600}，绘制菌株生长曲线。

(2) 微生物发酵液乳化原油性能。

首先通过直观观察法判断微生物发酵液对原油的乳化情况。乳化等级的分类为：五级（+++++），油水能够完全混相，无油水分界线，静置后较长时间不分层；四级（++++），效果很好，油水大部分混溶，下层水层为深褐色，油相为沫状，经用力摇匀，油水基本能够混溶；三级（+++），效果好，油水部分混溶，下层水层为褐色，油相为小珠状，直径 1~2mm，经用力摇匀，油水能够部分混溶，部分油珠可变长、变扁；二级（++），乳化较差，油水明显分离，油珠颗粒直径大于 0.5cm；一级（+），无明显乳化效果，不形成油珠，原油仍为团块状分布。

(3) 微生物发酵液 pH 值、黏度和表 / 界面张力测定。

应用 pH 酸度计测定微生物发酵液的 pH 值；微生物发酵液黏度的测定方法与原油黏度测定方法类似；发酵液表 / 界面张力值的测定参见 GB 11985—1989《表面活性剂 界面张力的测定 滴体积法》。

(4) 微生物细胞疏水率测定。

微生物培养结束后，将离心收集的菌体以灭菌后的去离子水洗涤两次，重新悬浮于 PUM 缓冲液（$K_2HPO_4 \cdot 3H_2O$ 22.2g/L，KH_2PO_4 7.26g/L，尿素 1.8g/L，$MgSO_4 \cdot 7H_2O$ 0.2g/L），测定 400nm 的吸光度值 OD_{400}，取 1mL 煤油（亦可选用其他疏水物质进行检测）加入 5mL 菌悬液中，室温静置 30min，旋涡振荡器振荡 120s 后静置 10min，以移液器小心吸取下层水相，再次测定 400nm 吸光度值，细胞疏水率（Hydrophobicity）按照式（3-1）计算。

$$\text{Hydrophobicity} = \left(1 - \frac{OD_{400(处理后)}}{OD_{400(处理前)}}\right) \times 100\% \qquad (3-1)$$

（5）乳化系数 EI_{24} 测定。

微生物培养结束后，将 6mL 发酵液（或者离心后重新悬浮的菌液）与 4mL 液体石蜡混合，充分振荡，静置 24h 后观察乳化相高度，EI_{24} 值由式（3-2）计算。发酵液的乳化系数 EI_{24} 可以一定程度上反映发酵液的乳化能力。

$$EI_{24} = \frac{h}{H} \times 100\% \qquad (3-2)$$

式中，h 为乳化相高度；H 为整个液相高度。

（6）生物量（Biomass）测定。

生物量的测定：将培养后的微生物发酵液经离心收集，收集后的细胞以石油醚洗涤两遍，置于 110℃ 烘箱中至恒重，称量菌体干重即为生物量。

（7）表面活性物质测定。

排油圈法主要用于初步检测产生表面活性物质的微生物[4-5]，其实验方法如下：取一培养皿（15cm），加水，水面上加 0.1mL 正烷烃形成一层油膜。在油膜中心加一滴摇瓶培养后的微生物发酵液，中心油膜被挤向四周形成一圆圈，圆圈的直径与表面活性剂含量和活性成正比。一般将排油圆圈直径大于 3cm 的菌株保留做进一步的研究。

（8）润湿性测定方法。

通过动态接触角法检测微生物发酵液处理前后固体表面润湿性的变化。用动态接触角分析仪（Dynamic Contact Angle Analyzer）测定化学剂处理前后的动态接触角，以研究化学剂对润湿性的影响。首先用甲基硅油（或原油）处理过的载玻片模拟亲油地层。将规格为 20mm×20mm×0.1mm 的载玻片处理为亲油表面，处理方法如下：用 1% HCl 浸泡载玻片 4h 以上，然后用注入水冲洗至中性，烘干；用甲基硅油处理 3 天以上；用煤油洗净，烘干。测定载玻片与蒸馏水之间的接触角。将待测微生物发酵液浸泡载玻片 3 天后以煤油洗净，用动态接触角分析仪测定动态接触角，并比较接触角变化情况。

6）生物表面活性物质的分离提取方法

（1）鼠李糖脂分离提取方法。

鼠李糖脂提取的实验步骤为：将鼠李糖脂发酵液在约 4℃ 时以约 8000r/min 转速离心除去菌体后，按 60~120mg/L 的量加入硫酸铵，放入约 4℃ 的冰箱中静置约 10h，离心去除蛋白类沉淀物；用冰食盐水适当稀释去除蛋白类沉淀物后的上清液，放入约 4℃ 冰箱静置，至残存的油脂破乳凝聚于上清液表面后，将其轻轻刮去；将溶液 pH 值调至 2.0 以下，放入约 4℃ 的冰箱中静置约 10h；在约 4℃ 和 8000r/min 条件下离心 30min 后，将收集到的淡黄色沉淀物进行冷冻干燥，即可得到鼠李糖脂。

（2）脂肽类表面活性剂分离提取方法。

芽孢杆菌类微生物发酵结束后，发酵液经 8000r/min 离心 10min 去除菌体细胞；在上清液中加入 6mol/L 盐酸调节 pH 值为 2.0，8000r/min 条件下再离心 10min，收集沉淀。将沉淀在 60℃ 的烘箱中干燥 18h，产物即为脂肽类粗提物。

二、采油基因工程菌研究进展

虽然很多微生物采油野生菌性能优良,但其较高的原料成本和较低的合成产量往往导致发酵产物成本较高,限制了微生物采油野生菌的推广应用。随着分子生物学和基因工程技术的快速发展,为了提高代谢产物产量、降低发酵产物成本,国内外学者开始尝试构建采油基因工程菌。

基因工程菌,是指将目标基因导入细菌体内使其表达产生所需产物的细菌。基因工程的核心技术是DNA重组技术。重组即利用供体生物的遗传物质或人工合成的基因,经过体外或离体的限制酶切割后与适当的载体连接起来形成重组DNA分子,然后再将重组DNA分子导入受体细胞或受体生物构建转基因生物,该种生物就可以按人类事先设计好的蓝图表现出另外一种生物的某种性状。通常石油微生物的基因工程改造方向有两个:(1)增加自然菌属抗逆性,如耐压、耐盐或耐温性能,使得其能适应油藏环境;(2)改善自然菌属产物产量或产物性能,如提高产物表面活性剂浓度,或强化菌属发酵产聚合物黏度。

除DNA重组技术外,基因工程还包括基因的表达技术、基因的突变技术、基因的导入技术等。基因工程菌应具备以下条件:(1)发酵产品具有高浓度、高转化率和高产率;(2)菌株能利用常用的碳源,并可进行连续发酵;(3)菌株不是致病株,也不产内毒素;(4)代谢控制容易进行;(5)能进行适当的DNA重组,并且稳定。本部分列举以室内筛选高效铜绿假单胞菌为目标菌的两种基因改造方法。

由于鼠李糖脂和脂肽在石油开采领域应用历史悠久、应用潜力较大,高产鼠李糖脂的铜绿假单胞菌[6-9]和产脂肽的枯草芽孢杆菌自然成为构建采油基因工程菌的首要目标。

1. 高产鼠李糖脂采油基因工程菌构建

当前,最常见、最高产的鼠李糖脂产生菌是铜绿假单胞菌(*P.aeruginosa*)。据报道,从油藏采出液、污染土壤和水体、底泥、废弃食用油等样品中筛选出的铜绿假单胞菌具有较高的鼠李糖脂产量。

利用诱变育种、基因工程改造等方法对已有野生菌株进行选育,可以定向获得鼠李糖脂高产菌株[6-7, 10]。例如,采用离子体诱变育种技术获得的诱变菌株,其鼠李糖脂产量提高了55%。鼠李糖脂合成中 *rhlAB* 基因是最关键基因,其启动子的强度可从转录水平上控制鼠李糖脂的产量。孙瑾用铜绿假单胞菌的本源强启动子替换鼠李糖基转移酶基因原有的启动子,获得的重组菌株使鼠李糖脂产量相对原始菌株提高了76%;铜绿假单胞菌大量合成鼠李糖脂需要充足的氧气供给。冯蕾等将血红蛋白基因(*vgb*)在铜绿假单胞菌S301中成功表达,获得的转化子SY26在不增加通气量的条件下鼠李糖脂产量达到12.9g/L,比对照菌株提高了150%。

2. 产脂肽采油基因工程菌构建

枯草芽孢杆菌是革兰氏阳性细菌的模式菌株之一,是常见的杆状细菌,能产生芽孢,广泛存在于土壤、油藏等自然环境中。因为其菌株基因组测序及必需基因解析较为清晰、生理生化特征清晰、遗传操作较为简单、分泌及表达能力强、培养发酵较为方便,枯草芽孢杆菌经常作为优良的底盘细胞[11]，被改造为微生物细胞工厂，用于生产生物表面活性剂脂肽、工业酶、维生素、功能糖、保健品及药物前体等目标产物，表现出了强大的工业生产应用能力。

利用基因工程改造等方法对已有野生菌株进行改造，可以获得产脂肽采油基因工程菌株。例如，有发明专利以原始菌株作为出发菌株，敲除了产脂肽菌株基因组中芽孢合成第四阶段和第五阶段的相关基因，阻断了芽孢的合成，从而得到了无芽孢并且显著提高脂肽含量的基因工程菌。所得基因工程菌与出发菌株相比，发酵过程中无芽孢产生且显著提高脂肽产量，摇瓶中表面活性素产量最高达到9.9g/L，比出发菌株提高了25%。Ohno等将对surfactin合成有促进作用的外源基因lpa-14整合到质粒pC112上，得到重组菌 *B.subtilis* MI113，固态发酵得到surfactin的产率提高了8倍；通过删除surfactin合成酶基因中的某个片段，得到的突变菌株能够合成毒力更低的surfactin突变体（低溶血活性）以用于医药中；通过过量表达与surfactin合成和调控有关的基因 *comX* 和 *phrC* 使 *B.subtilis* 1012的surfactin产率提高了6倍；徐岩等通过整合表达高产菌株MT45中的群集效应系统 ComQXPA，并敲除潜在的 *srfA* 负转录调控因子，提高 *srfA* 转录水平，使surfactin的产量进一步提高，达到12.8g/L。

上述利用基因工程微生物合成鼠李糖脂或脂肽的工作主要集中在通过基因表达层面的优化来提升鼠李糖脂或脂肽的产量。除此以外，围绕基因敲除与过表达等传统代谢工程手段，还可以应用异源合成、定制化合成等方法提高产物浓度。与此同时，快速发展的合成生物学技术有望为生物表面活性剂的合成带来新的工具和思路，进一步提升生物表面活性剂的产量。

三、油藏微生物激活体系研究进展

激活体系是在油藏中能促进驱油功能菌生长、代谢和繁殖的营养制剂。主要依据地层水水质分析和内源微生物群落结构分析结果，补充内源微生物生长、繁殖、代谢所需的碳源、氮源和磷源等营养组分。

激活体系的筛选一般按照以下几个原则[12]：（1）激活体系材料来源广泛，工业生产规模大，价格低廉，便于工业推广；（2）既要有效激活地层中的有益菌，又必须对有害菌进行有效抑制，激活体系中绝对不能有铁盐、亚铁盐和硫酸盐存在；（3）尽量以原油为唯一碳源，在地层条件较苛刻时可选择性加入额外碳源；（4）高温高盐等极端环境下，可根据地层水的离子组成选择性加入 K^+、Mg^{2+}、Ca^{2+}、Zn^{2+} 等金属离子，以促进微生物相关酶活性的激发；（5）激活体系与地层要有一定的配伍性，以免对地层造成伤害；（6）优先选择具有复合作用的营养剂，既可以保证微生物在丰富的营养体系下生长，又可以简化配方；（7）优先选择具有缓冲作用的营养剂，以保证微生物在稳定适宜的酸碱环境下生长；（8）不对环境造成污染。

评价激活体系时，一般将筛选的激活剂加入地层水中，模拟目标油藏温度和压力培养5～30天，检测与分析地层水中硫酸盐还原菌、铁细菌、烃氧化菌、反硝化菌、产甲烷菌和厌氧发酵菌含量，同时进行地层配伍性实验。若硫酸盐还原菌和铁细菌的含量不升高，且烃氧化菌、反硝化菌、产甲烷菌和厌氧发酵菌中有两类（含）以上驱油功能菌的含量达到 10^7 个/mL以上，同时与地层水具有配伍性，则确定为内源微生物激活剂进行物理模拟驱油评价。

激活体系的研究起源于内源微生物驱油技术，起初只是为内源微生物提供碳源、氮源和磷源等营养组分，主要分为以有机碳源、氮源、磷源为主要组分的有机激活体系和以铵盐、磷盐为主的无机盐激活体系两大类。由于这两类激活体系使用的是速效碳源，溶液黏度低，因此具有快速流出且时效性较短的缺点，依据激活体系的功能，在有机激活体系和无机盐激活体系的基础上，逐步在实验室内研发了好氧乳化体系和厌氧产气体系[13]。后文将逐一介绍。

第二节　采油功能菌及基因工程改造

按照驱油功能，微生物菌种主要分为产生物表面活性剂类、产酸、产气、产生物溶剂、产生物聚合物、产生物乳化剂或烃代谢的菌种。由于产生物表面活性剂菌往往可降解部分正构烷烃，对原油有一定降黏作用，在大部分油田得到应用，因此本节主要介绍产生物表面活性剂的功能菌。

一、典型产生物表面活性剂功能菌研究

1. 铜绿假单胞菌研究

1）菌株的筛选

通过以采自不同油田区块的原油为碳源的产表面活性剂菌的初步筛选，均发现地层水中有能够很好乳化原油的微生物（图3-2）。经过对样品中单菌落的筛选，分别分离得到共71株单菌[14]。

图3-2　菌种筛选的原油乳化图片

通过3次摇瓶培养，对71株菌的发酵液用煤油乳化实验进行复筛，得到了乳化稳定、乳化稳定性系数小于2（稳定性系数越小，说明乳状液稳定性越好）的菌株共4株，分别命名为WJ-1、X3、H11、H9。在4个菌株中，WJ-1的排油圈最大，其直径可达5cm，有必要进一步研究。图3-3为4株菌发酵液在各自原油中的扩散照片。

采用TVT 2型液滴体积界面张力仪对4株菌发酵液的表面张力进行测定，结果见表3-2。从表3-2中可以看到，WJ-1、H11菌株发酵液具有较强的降低表面张力的能力，分别将表面张力从73.20mN/m降低到25.12mN/m和31.78mN/m，由于WJ-1的排油圈最大、表面张力降得最低，且乳化活性和稳定性高，故选定WJ-1菌株做进一步研究。

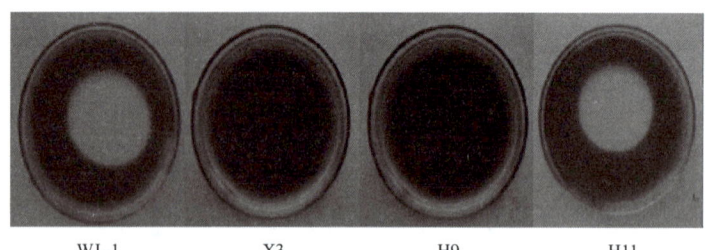

图 3-3　4 株菌发酵液在原油中的扩散

表 3-2　典型产表面活性剂微生物的确定

菌株	最适温度 /℃	原油乳化系数	界面张力 /（mN/m）	排油圈直径 /mm
WJ-1	37	1.5	25.12	58
X3	30	1.3	40.51	1～2
H9	65	1.2	56.09	1～2
H11	45	2.8	31.78	35
对照	—	—	73.20	0

2）菌株初步分类鉴定

传统分类也称描述分类，主要指以形态特征、培养特征及生理生化特征等表观分类学指标进行初步鉴定，具体参照东秀珠和蔡妙英所著的《常见细菌系统鉴定手册》[15]。

WJ-1 菌株为革兰氏阴性菌，有绿色/蓝色或者黄色水溶性色素。48h 后镜检菌体呈短杆状，大小为（0.6～0.8）μm×（2～3）μm，可运动，照片如图 3-4 所示。在 LB 固体培养基上为蓝绿色，菌落形状不规则，表面光滑湿润，不透明，低凸起或者扁平。最适合生长的温度范围为 22～40℃，最适合盐度范围为 0～4%，最适 pH 值范围为 5～10。过氧化氢接触酶反应阳性，葡萄糖氧化发酵为阳性。WJ-1 菌株的菌落形态、菌体特征如图 3-4 所示，生理生化特征见表 3-3，可初步确定 WJ-1 与假单胞菌属（*Pseudomonas* sp.）的特征很相似。

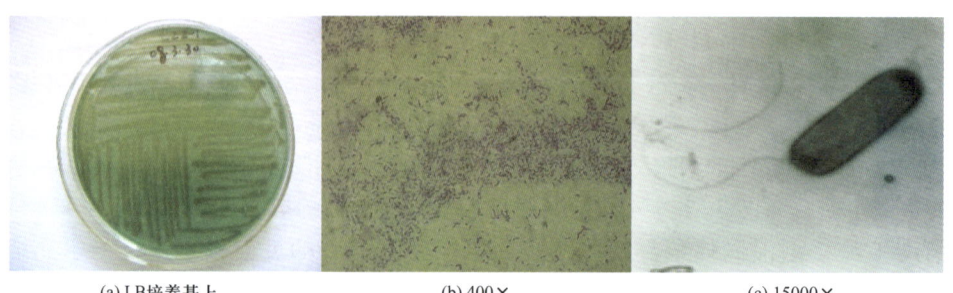

(a) LB培养基上　　　　　　(b) 400×　　　　　　(c) 15000×

图 3-4　产表面活性剂菌株 WJ-1 的菌落、菌体的形态特征

表 3-3 WJ-1 与对照菌的生理生化特征

鉴定项目	WJ-1	*Pseudomonas aerugenosa*
菌落形态		圆形边缘整齐，表面黏稠
菌体大小（长×宽）		（2.0～3.0）μm×0.6μm
形状		球杆状，两端钝圆
颜色		有绿色素产生
革兰氏染色	-	-
运动性	+	+
产芽孢	-	
无氧生长	V	
接触酶	+	+
氧化酶	+	+
MR 实验	+	+
VP 实验	+	+
吲哚实验	-	-
硝酸盐还原	+	+
亚硝酸盐还原	+	+
反硝化	+	+
淀粉水解	+	+
明胶水解	+	+
葡萄糖	+	-
柠檬酸	+	+
乳糖	+	+

注："+"表示所有菌株该项为正，"V"表示该项特征可变，"-"表示所有菌柱该项为负。

微生物采油的关键是所得到的功能菌或者是激活后的微生物要适应油藏环境。对微生物影响大的主要环境因素有温度、矿化度和 pH 值。因此，为了确保产生物表面活性剂的菌株 WJ-1 对油藏适应，对其耐温性、耐盐性、耐酸碱性进行分析，结果表明（图 3-5 至图 3-7，以 $OD_{600} \geqslant 1.0$ 为标准）：WJ-1 生长的最适温度范围为 22～40℃，最适盐度范围为 0～4%，最适 pH 值范围为 5～10。由此可见，该菌能很好地适应中低温油藏环境。

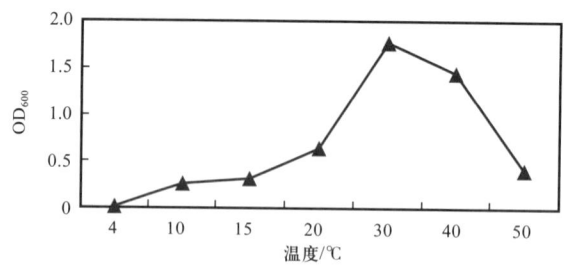

图 3-5　WJ-1 温度适应性

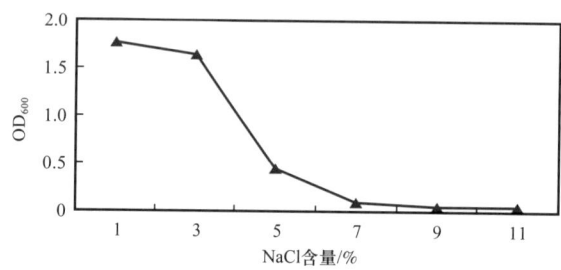

图 3-6　WJ-1 盐度适应性

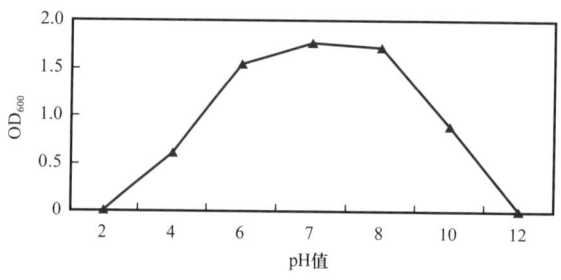

图 3-7　WJ-1 酸碱适应性

3）菌株分子生物学鉴定

16S rRNA 广泛存在于原核生物，功能稳定，由高度保守区和可变区组成。现在一般认为它是研究系统进化关系最好的材料之一。16S rRNA 分子大小为 1500bp 左右，所代表的信息量既能反映生物界的进化关系，又较容易进行操作，可适用于各级分类单元，因此是目前进行系统分类和进化研究的最理想材料。

将菌株 WJ-1 的 16S rRNA 测序结果与 GENBANK 中现有菌种的 16S rRNA 基因序列进行比对，选择 BLAST 比对结果中相似度最高的 13 条 16S rRNA，利用 MEGA4.0 软件进行多重序列比对绘制进化树，图 3-8 表明 WJ-1 与铜绿假单胞菌（*Pseudomonas aeruginons*）的同源性最高，为 100%，因此结合生理生化特性和（G+C）含量判定 WJ-1 是铜绿假单胞菌。

4）WJ-1 合成表面活性剂的结构分析与定量研究

从油田油水样中分离筛选得到一株能够产生表面活性物质的铜绿假单胞菌，命名为

WJ-1，该菌在37℃下利用烃类物质（原油等）作为碳源合成大量高表面活性物质，使水的表面张力由73.2mN/m降至25.12mN/m。为了进一步确认该菌株所产鼠李糖脂与已报道鼠李糖脂间差异，拟通过沉淀、萃取、柱色谱分离等方法分离纯化 Pseudomonas aeruginosa WJ-1 菌株发酵液中的表面活性物质，并对沉淀分离方法进行优化；同时采用TLC、CG-MS、HPLC-MS、红外光谱等方法对其结构进行分析。最后对鼠李糖脂的定量方法进行优化。

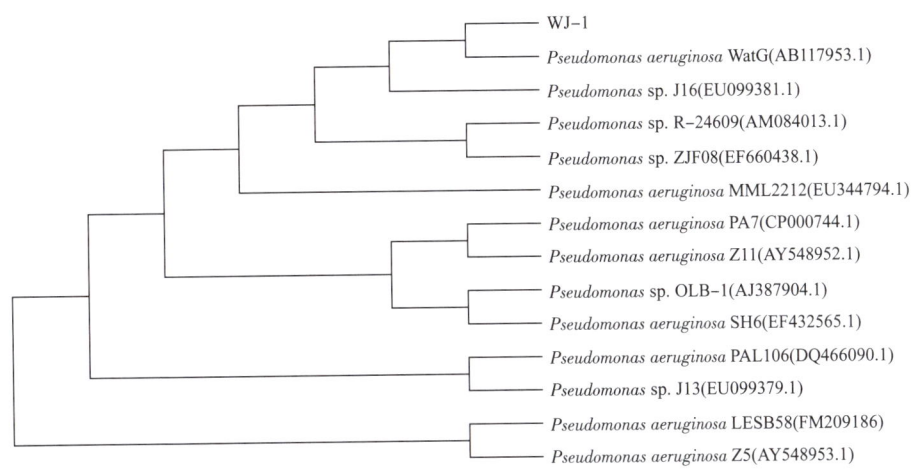

图3-8 基于16S rRNA的产表面活性剂菌WJ-1的进化树

将发酵液调节至pH值为1.5，加热到80℃，在4000r/min下离心取沉淀。

（1）薄层色谱（TLC）分析。

根据文献报道，铜绿假单胞菌主要产生糖脂生物表面活性剂，故主要针对糖脂类表面活性剂进行薄层色谱分离，显色剂为硫酸蒽酮试剂。TLC结果显示，该菌能产生的糖脂类表面活性剂出现两个棕黄色的显色点（图3-9），这说明其产生的糖脂类物质含有两种不同极性的组分，这与其他文献报道的鼠李糖脂色谱分离结果相似。一般情况下，铜绿假单胞菌产生的糖脂均含有一个或两个鼠李糖分子，其中含有一个鼠李糖分子的糖脂极性较小，Rf值（比移值）较大；含两个鼠李糖分子的糖脂极性较大，Rf值较小。

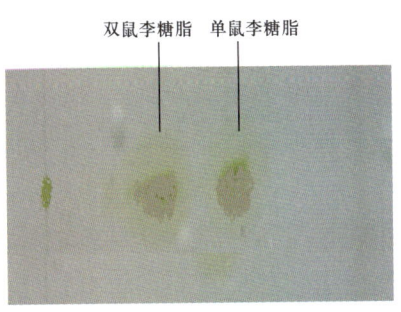

图3-9 鼠李糖脂粗品的薄层色谱

（2）红外光谱（FT-IR）分析。

粗表面活性剂的FT-IR图谱分析表明：$2954cm^{-1}$、$2925cm^{-1}$、$2855cm^{-1}$ 和 $1464cm^{-1}$ 是亲油的碳氢链中C—H伸缩振动所致，表明分子中存在—CH_2—；$1054 \sim 1128cm^{-1}$ 和 $3370cm^{-1}$ 处的吸收峰为糖类的C—O和—OH伸缩振动所致；$1736cm^{-1}$ 及 $1601cm^{-1}$ 是典型的与饱和脂肪链相连接的C=O伸缩振动峰和由糖环的C—O—C伸缩振动所产生的吸收峰；$1459cm^{-1}$ 和 $1378cm^{-1}$ 是由C—H或O—H变形振动引起；$1283cm^{-1}$ 处宽峰是典型

的酯吸收峰；810cm^{-1} 属于四氢吡喃环伸缩振动峰，表明样品含有 β-D 型吡喃糖。这些结构与糖脂类化学表面活性剂的化学组分吻合。

（3）组分的纸色谱和高效液相色谱（HPLC）分析。

糖脂粗样品经酸水解的样品与标准鼠李糖、半乳糖、葡萄糖、甘露糖和葡萄糖醛酸在色谱图谱中呈现出：样品中糖组分的 Rf 值与标准鼠李糖 Rf 值比较接近（图 3-10），由于纸色谱灵敏度较低，很难排除其他微量多糖的影响，因此，在纸色谱的基础上需要进一步对其糖组分进行 HPLC 分析（图 3-11）。结果表明，在图谱上主要有三个明显的峰，与标准品 HPLC 出峰时间对比可知，样品糖脂中糖组分为鼠李糖、葡萄糖和半乳糖，用面积归一法计算得到三个峰的面积比例分别为 78.92%、8.95% 和 5.58%，可知糖脂中糖组分主要为鼠李糖。

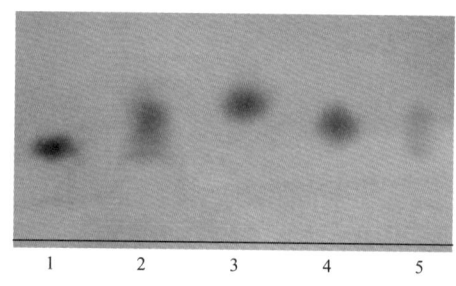

图 3-10 菌株 WJ-1 的糖脂酸解后纸色谱

1—鼠李糖；2—糖脂样品；3—甘露糖；4—葡萄糖；5—葡萄糖醛酸

（4）鼠李糖脂发酵液中目标物质的分离纯化。

建立液相色谱方法分离纯化鼠李糖脂发酵液中的目标物质。C18 制备柱是常用的制备色谱柱，因此在 5cm C18 分析柱色谱条件基础上，进行鼠李糖脂表面活性剂的分离纯化。经过探索，C18 制备色谱条件如下：色谱柱为 C18，25cm×2.54cm，粒径 7~8μm；流动相为 60% 乙腈 +40% 水，均含 0.2% 乙酸，等度洗脱；流速为 3mL/min。

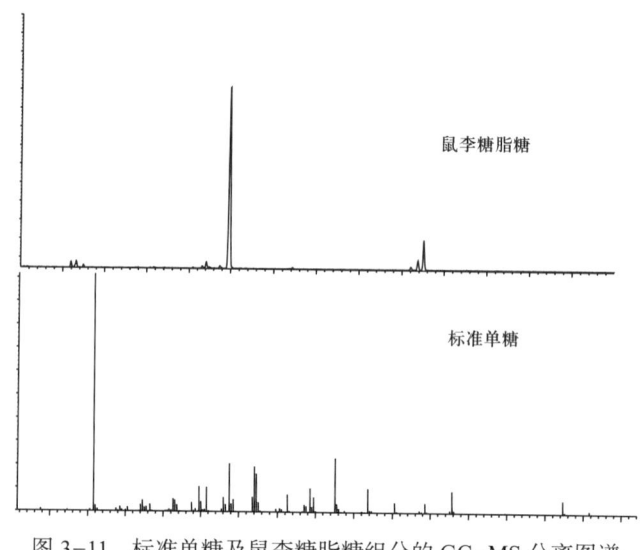

图 3-11 标准单糖及鼠李糖脂糖组分的 GC-MS 分离图谱

用蒸馏水将 P1 表面活性剂配制成浓度为 3% 的溶液，10mL 上样。收集 25～60min 流动相样品。将收集到的流动相洗脱液样品进行溶剂蒸除，获得鼠李糖脂表面活性剂成分。对提纯与未提纯的生物表面活性剂样品的色谱图进行对比，可以看出，分离纯化实验能够有效剔除杂质成分（0.47min 杂质色谱峰），如图 3-12 和图 3-13 所示。

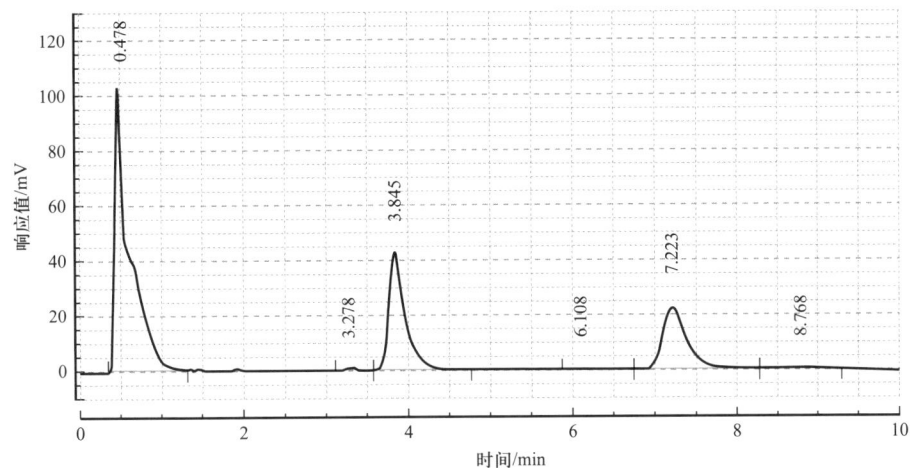

图 3-12　未提纯的 P1 发酵液色谱图（蒸发光检测器）

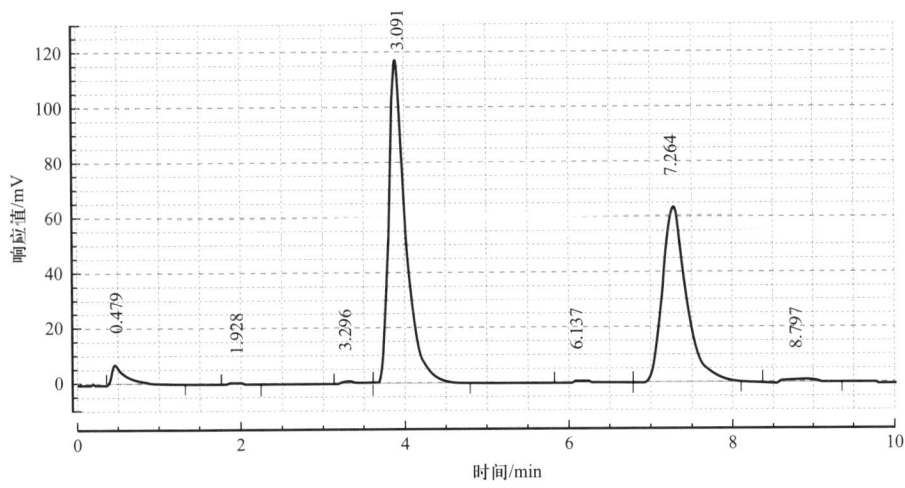

图 3-13　提纯后鼠李糖脂表面活性剂的色谱图（蒸发光检测器）

（5）纯化后鼠李糖脂结构分析。

图 3-14 为柱色谱分离后得到的纯鼠李糖单/双糖脂的 TLC 分析结果。展开剂为 $CHCl_3/CH_3OH/H_2O/CH_3COOH$（体积比为 65∶15∶2∶2）的混合液，显色剂为蒽酮硫酸溶液，测得单糖脂 $Rf_{mono}=0.92$，双糖脂 $Rf_{di}=0.62$。

为确定鼠李糖脂表面活性剂的基本结构信息，利用质谱表征鼠李糖脂表面活性剂的分子量，利用分子量推算鼠李糖脂表面活性剂的结构信息。使用液相色谱—质谱联用仪（Agilent 6545 LC/Q-TOF），针对鼠李糖脂样品，分别用蒸馏水配制 500mg/L 的表面活性剂溶液，直接进样质谱（80%乙腈+20%水，流速0.3mL/min），5μL进样量，分别采用正、负模式检测。为进一步明确鼠李糖脂表面活性剂的结构信息，在C18色谱柱条件下进样质谱（60%乙腈+40%水，流速1mL/min），10μL进样量，负模式检测结果如图3-15至图3-18所示。

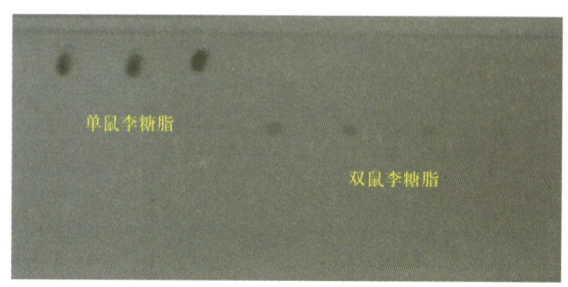

图3-14 鼠李糖单/双糖脂的薄层色谱图

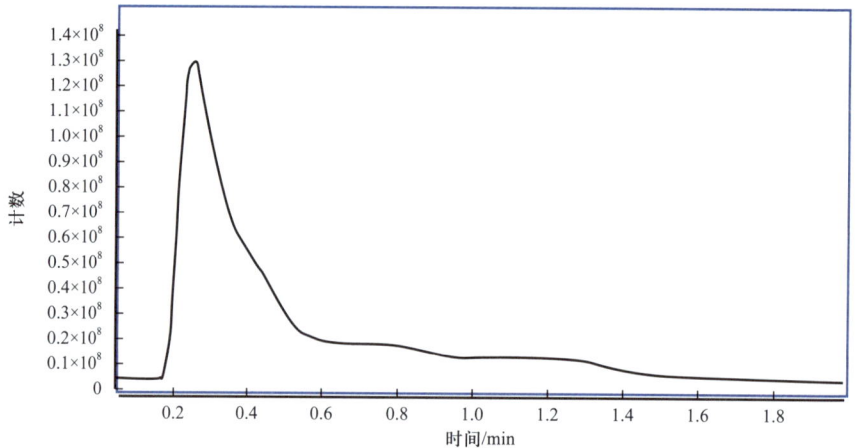

图3-15 样品离子流图（直接进样，负模式）

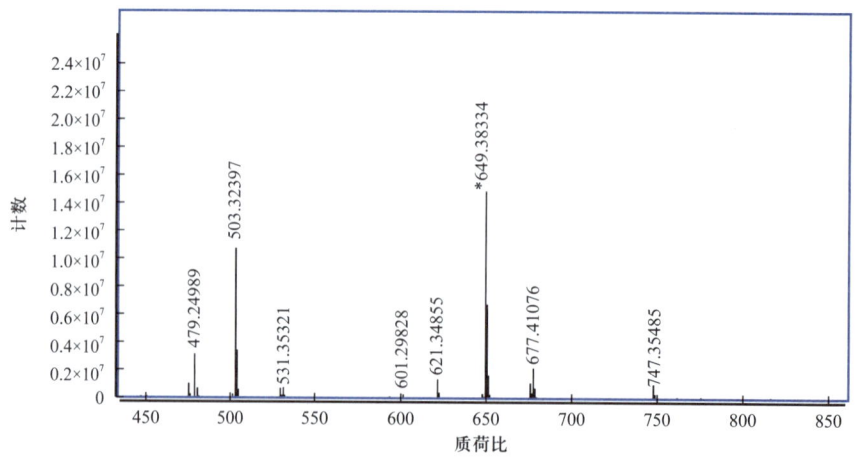

图3-16 样品质谱图（直接进样，负模式）

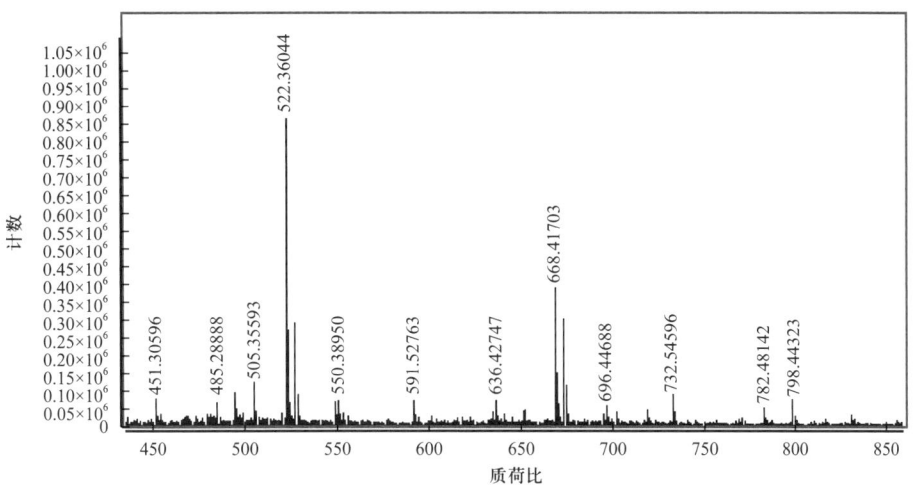

图 3-17　样品质谱图（直接进样，正模式，3.5min）

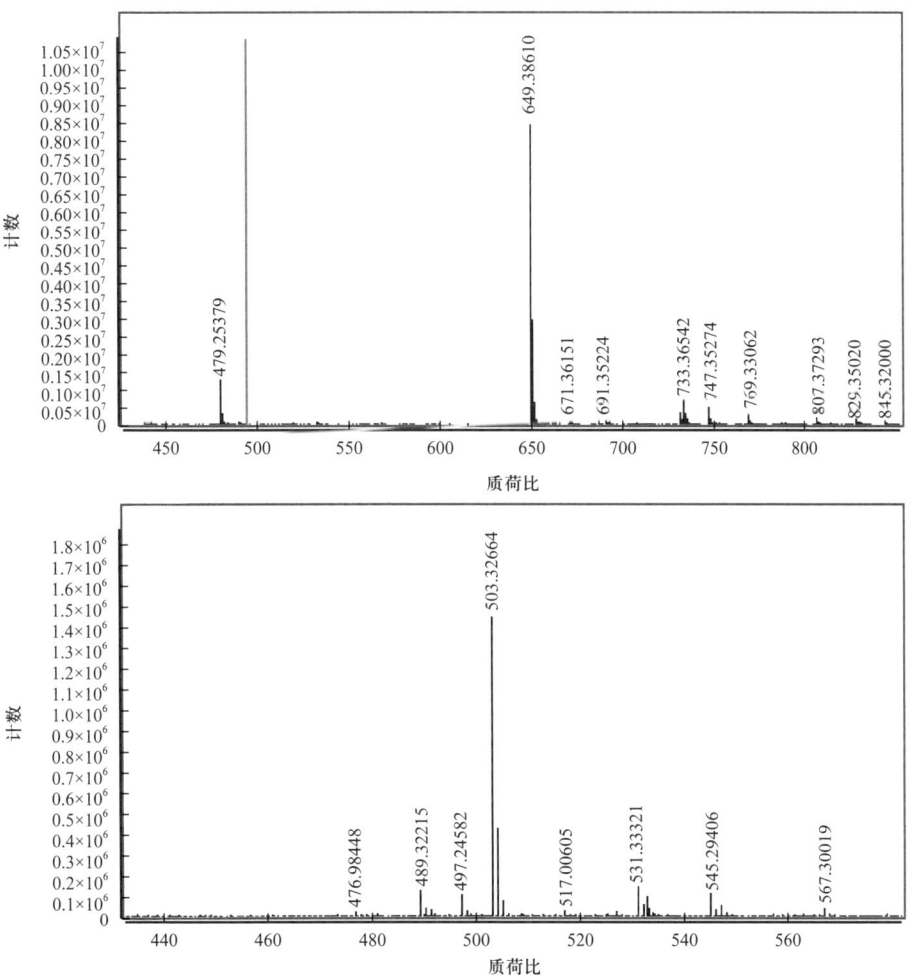

图 3-18　样品质谱图（C18 柱进样，负模式，7.0min）

负模式条件下，样品质荷比以 503、649 为主。推测其分子量分别对应 504、650。正模式条件下，样品质荷比以 522、668 为主，进一步确定了鼠李糖脂分子量为 504、650。此外，质谱负模式（107）比正模式（106）响应强，说明表面活性剂带有负电荷。对分子量分别为 504、650 的鼠李糖脂进行结构推算，可以分析出鼠李糖脂结构。分子量为 650 的鼠李糖脂由双鼠李糖与双 $\beta-$ 羟基癸酸（C_{10}）缩合而成，即双糖双脂结构，分子量为 504 的鼠李糖脂由单鼠李糖与双 $\beta-$ 羟基癸酸（C_{10}）缩合而成，即单糖双脂结构。

综上结果表明，铜绿假单胞菌 WJ-1 合成的鼠李糖脂为鼠李糖单糖脂和鼠李糖双糖脂混合物。发酵液中单糖双脂和双糖双脂含量较多，结果与其他文献报道的研究结果相同，但鼠李糖脂混合物中鼠李糖单糖脂和鼠李糖双糖脂的种类和含量存在差异。这种差异与不同的铜绿假单胞菌种或者合成鼠李糖脂的培养条件等有关。由红外色谱分析得出糖组分主要为 $\beta-D$ 型鼠李吡喃糖，因此双糖脂分子中多一个鼠李糖，比单糖脂具有更大的极性，从而引起鼠李糖单糖脂（$-3.2℃$）和鼠李糖双糖脂（$84.7℃$）熔点也存在差异。

2. 枯草芽孢杆菌研究

1）菌种鉴定及室内摇瓶发酵培养

提取菌株（*Bacillus subtilis* SL-2）的总 DNA 测序后，将所测的 16S rDNA 序列与美国国立生物技术信息中心（NCBI）数据库中已有序列进行 BLAST 比对，确定实验菌株种属为枯草芽孢杆菌。

摇瓶培养方法及产量：(1) 将菌种库冷冻甘油管中菌种接入 LB 培养基，$37℃$、180r/min 条件下在恒温摇床内振荡培养 14h，进行活化即为种子液；(2) 取种子液，以 5%（体积分数）接种量接入发酵培养基（蔗糖 50g/L，$NaNO_3$ 3.4g/L，NH_4Cl 1.1g/L，KH_2PO_4 2.5g/L，$Na_2HPO_4·12H_2O$ 30g/L，$MgSO_4·7H_2O$ 0.8g/L）。温度为 $37℃$，转速为 180r/min，振荡培养 120h。

2）脂肽发酵液性质

（1）发酵液有效成分分析。

通过发酵液样品与标准脂肽的 HPLC 图进行对比（图 3-19），可进行定性分析。

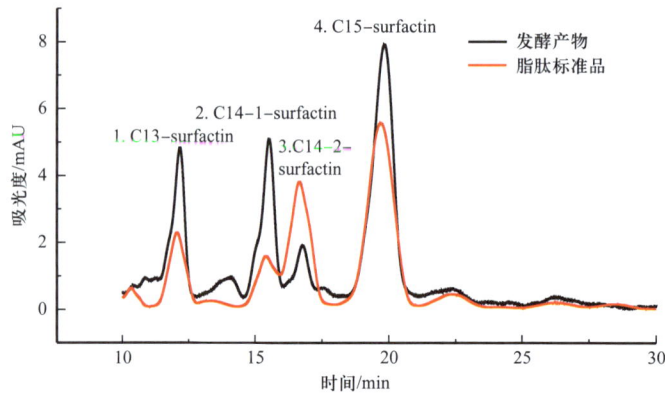

图 3-19　脂肽高效液相色谱图

surfactin—表面活性素

脂肽标准品与待测样品出峰时间相近,且色谱峰的个数相同,可判断产物为脂肽类生物表面活性剂。因为其含有亲水基团肽链、亲油基团 β-甲基十四碳脂肪酸和 β-羟基十八碳脂肪酸,是一种同时具有亲水性和亲油性的两亲性化合物。这种结构可以使难以驱出的原油从岩缝和砂隙中剥离下来,并随水被采出。4个高度较大的峰对应4种不同结构脂肽产物,它们分别是 C13-surfactin、C14-1-surfactin、C14-2-surfactin 和 C15-surfactin。根据刘强的研究,采油功能菌发酵产物中 C15-surfactin 所占比例越高,驱油效率越高,洗油效果也越明显。由图 3-19 可知,发酵液中 C15-surfactin 占比最高,所以可判断其具有很好的驱油潜力。通过计算峰面积可对脂肽进行定量,最终测得其产量为 2g/L。此外,发酵液的主要成分除有脂肽外,还包含极少量的乙酸、乳酸等小分子化合物,它们均为环境友好型的可降解生物化合物,在用来驱油时不会对环境造成污染,比化学驱油剂更加安全。同时乙酸、乳酸对石灰岩及灰质胶结物具有一定的溶解作用,这会增加储层孔隙度,提高油层渗透率,使原油更容易被水携带采出。

(2)发酵液表面张力研究。

作为发酵液基本性能之一,表面张力也是影响驱油效果的重要指标,因此对不同稀释度的发酵液进行表面张力的测试。

如图 3-20 所示,在发酵液稀释至 7% 时,表面张力发生突变,因此可确定该浓度为具有驱油潜力的临界浓度,拐点处表面张力值在 30mN/m 附近,即发酵液稀释度为 7%。该结果表明,发酵液降低表面张力的效率较高,能以较低浓度发挥作用。较低的表面张力可以使驱油体系在油藏中很好地运移,在运移过程中油藏内相互接触的岩层、油、水发生相互作用,其中物理性质改变会促进驱油效率的提升。

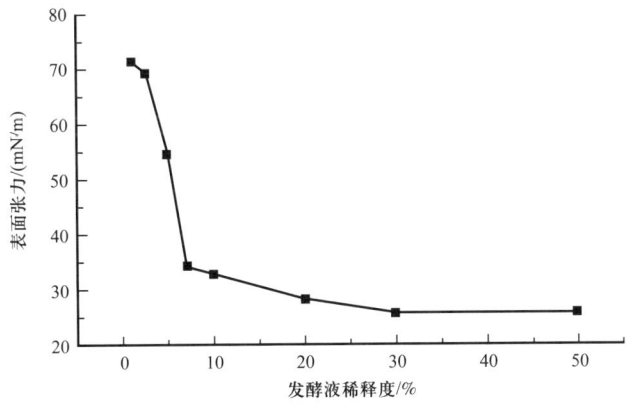

图 3-20 表面张力与发酵液浓度关系图

(3)发酵液产物稳定性研究。

取原液(表面张力为 25.58mN/m),在设置温度不同的恒温箱中处理 1~2h,冷却至室温后用表面张力仪于 25℃ 下测定表面张力值,结果见表 3-4。在 25~120℃ 条件下放置 2h,发酵原液比较稳定,表面张力几乎未发生改变,即表面活性剂的活性未遭到破坏。该实验结果可以验证表面活性剂能够耐受 120℃ 的高温,这也反映了脂肽类生物表面活性剂对地层温度范围有很宽的适应性。

表 3-4 温度对表面张力的影响

温度 /℃	表面张力 /（mN/m）	
	处理 1h	处理 2h
25	25.58	25.81
40	25.54	25.79
60	25.64	26.01
80	25.88	25.92
100	25.69	25.84
120	25.66	25.99

测量对盐的耐受性，结果如图 3-21 所示，发酵液中的产物对钠盐有很好的耐受性，当钠盐浓度达到 50g/L 时，仍然可将表面张力降至 43mN/m，对于钠盐的耐受效果很好。含盐小于 30g/L 时，表面张力低于 30mN/m，盐度大于 30g/L，稳定性变差。

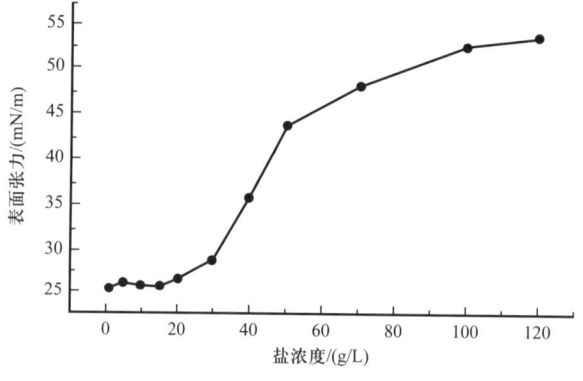

图 3-21 盐浓度对表面张力的影响

为了对该表面活性剂耐高盐度的机理进行探究，对 surfactin 的结构进行研究，其化学结构如图 3-22 所示。

由图 3-22 可知，surfactin 结构中含有 Glu（谷氨酸）和 Asp（天冬氨酸）两种氨基酸基团，它们的结构分别如图 3-23 所示。

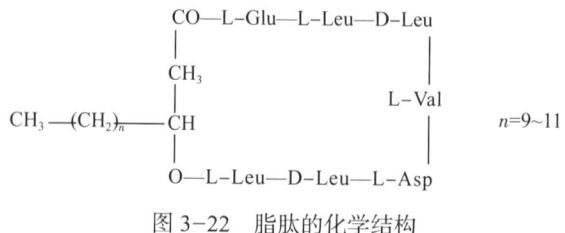

图 3-22 脂肽的化学结构

由图 3-23 可知，两种氨基酸中均含有 COO^-，它可以与溶液中的反离子 Na^+ 形成盐桥，形成稳定结构而保持活性，因此当 Na^+ 浓度较高时，活性未受到影响，即对 NaCl 有较好的耐受性。

3）脂肽发酵液驱油潜力

发酵液用于驱油的潜力如何，可通过油水界面张力、润湿性、乳化指数等指标进行评价。其中，界面张力和乳化指数是发酵液对油相作用的评价指标，而润湿性则是发酵液对岩石作用的评价指标，因此，它们均是表征驱油能力的常见指标。

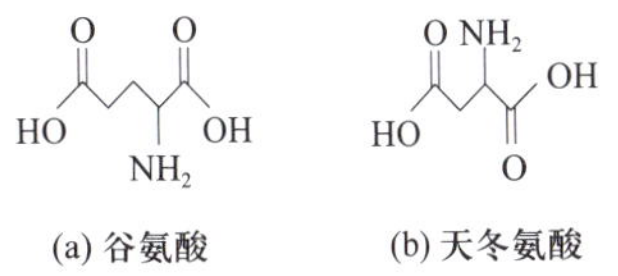

图 3-23 氨基酸结构图

（1）发酵液对界面张力的影响。

降低界面张力会直接影响流体—流体界面力，从而使得原油跟随水相流动。通过测定表面张力可知，发酵液发挥作用的最低浓度为 7%，因此，使用浓度为 7% 的体系测试水相与油相间的界面张力。

由图 3-24 可知，所使用的体系可将各种油相对水的界面张力从 40mN/m 降至 1mN/m 左右，其中可将标准物质正十六烷的界面张力降至 1mN/m 以下，达到 0.98mN/m，因此被证实符合原油提高采收率对于生物表面活性剂的要求。同时，两相间界面张力顺序为：原油＞正十六烷＞模拟油，其中作用效果最好的模拟油可降低界面张力至 0.62mN/m，由此得出，该体系对轻质组分的作用效果更好。

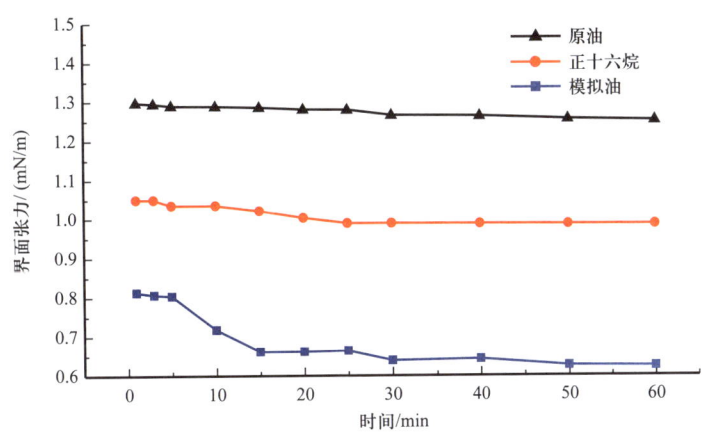

图 3-24 不同碳氢化合物界面张力随时间变化

（2）发酵液对润湿性的影响。

润湿性是微生物驱油的主要因素之一。润湿性发生转变的原理，是因为生物表面活性剂具有两亲性结构，这样的结构能够在储层岩石表面进行很好的吸附，使得岩石润湿性变化，而这样的变化能够影响岩石/流体系统中水和油的分布，从而使储层岩石的亲油表面转为亲水表面，这样岩石表面的油膜（油滴）很容易脱落，随水采出。

水与固相表面接触角为 0° 代表固相表面完全亲水，接触角为 180° 代表固相表面完全疏水。由图 3-25 可知，在发酵原液作用下，岩石表面与水的接触角由 105.01° 减小到 27.65°，发酵液浓度为 7% 时，岩石表面与水的接触角也由 105.01° 减小到 39.24°。由此可得出结论，发酵原液和 7% 发酵液均能使岩石表面的润湿性从疏水性变为亲水性。结合润湿性机理可知，该发酵液可以让原油对地层表面的润湿角增大，油滴更容易脱落，有利于采油过程。

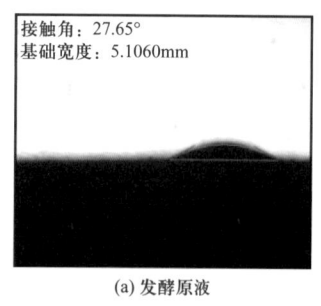
(a) 发酵原液

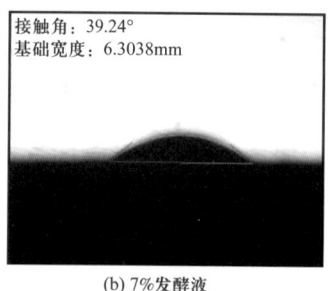
(b) 7%发酵液

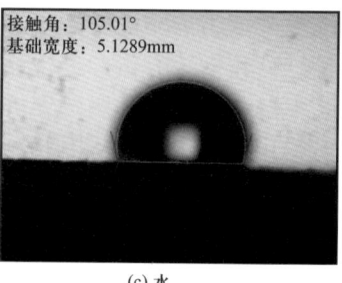
(c) 水

图 3-25　接触角测试结果示意图

（3）发酵液乳化性能。

由图 3-26 可知，发酵原液对正十六烷、模拟油均有很好的乳化效果，且对模拟油的乳化效果强于对正十六烷，可以看出该发酵原液对轻质组分含量更高的碳氢化合物有着更好的乳化效果，这与界面张力的测定结果相一致。另外，不论是对于正十六烷，还是模拟油，对比化学表面活性剂，生物表面活性剂的乳化效果更好。

Zeta 电位和界面膜强度是影响乳化稳定性的两个重要因素。其中，Zeta 电位绝对值越大，证明液滴所带电荷越多，乳状液中液滴间因带电会产生更大的静电斥力，不易聚沉，所以乳状液更稳定。界面剪切黏度影响乳化稳定性是因为其越大，证明油水两相界面间界面膜的强度越高，油水乳状液越难破乳，乳状液因而表现出更好的稳定性。

经 Zeta 电位测试发现，发酵原液、7%发酵液和石油磺酸盐的 Zeta 电位分别为 14.8、22.5 和 29.8，绝对值越大，乳化效果反而越差，因此可以判断，Zeta 电位并不是脂肽类生物表面活性剂乳化原油的主要机理。

利用流变仪进行界面剪切黏度的测试，可得界面剪切黏度随转速的变化曲线。

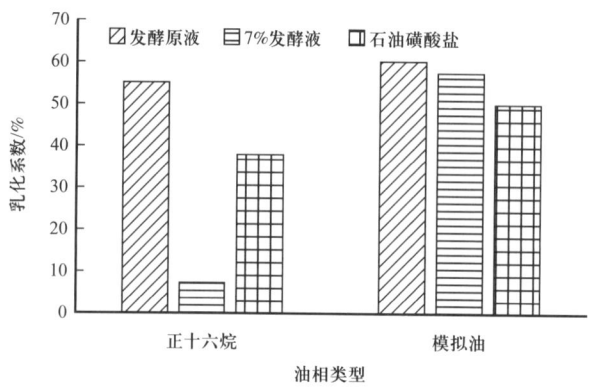

图 3-26　不同体系对正十六烷、模拟油的乳化效果

通过界面剪切黏度测试，如图 3-27 所示，可以发现，当转速为 0.01rad/s 时，发酵原液的剪切黏度为 18Pa·s，而化学表面活性剂远远小于生物表面活性剂，仅有 7Pa·s。最

终在转速达到 0.5rad/s 时，三者的界面剪切黏度都降至 1Pa·s 左右，且无论转速为多少，生物表面活性剂的界面剪切黏度始终大于化学表面活性剂，同时发酵原液的界面剪切黏度又大于 7% 发酵液，这一大小排列顺序与乳化测试结果一致。即界面膜强度越大，乳状液越不易破乳，表面活性剂的乳化效果越好。因此可判断，对于含生物表面活性剂的发酵液的乳化机理，界面膜强度为主导因素，界面膜强度越大，水包油液滴越不易破裂，乳状液越稳定。

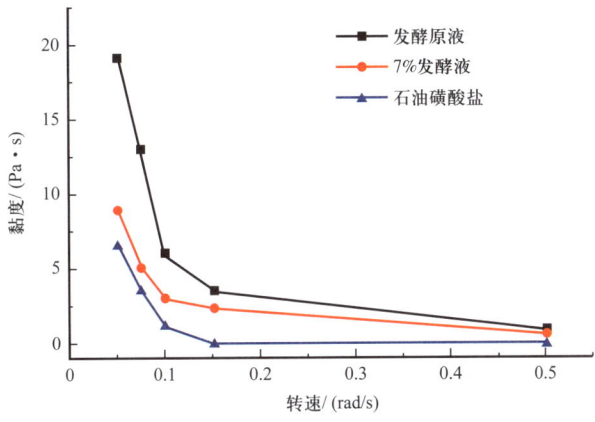

图 3-27　界面剪切黏度随转速的变化曲线

（4）发酵液驱油性能。

为了测试发酵产物在驱油方面的性能，开展物理模拟实验。物理模拟实验结果能较好地反映表面活性剂驱油能力，是实验室模拟驱油的标准实验，也可以在现场驱油方案编制中应用。为了评价采油功能菌 SL-2 发酵液驱油性能，在实验室利用人造岩心模拟油藏孔隙介质，开展了微生物发酵液驱油物理模拟实验。实验温度与目标油藏一致，设为 55℃，具体岩心参数见表 3-5。

表 3-5　岩心参数

编号	渗透率（气测）/mD	孔隙度 /%	孔隙体积 /mL	长度 /cm	直径 /cm	饱和油量 /mL
1#	200	18.2	7.4	8	2.5	6.2
2#	230	18.8	5.4	8	2.5	5.4

微生物驱油物理模拟实验结果表明（图 3-28 和图 3-29），使用复配体系对 1# 岩心进行驱替，在饱和油量为 6.2mL 时，经过一次水驱（1.5PV），可将 53.2% 的原油从岩心中驱出，当含水率达到 98% 时，用配制好的体系进行二次驱油，驱替 2PV 后进行后续水驱，再驱替 1PV 后，注入体系驱替与后续水驱又可以驱出 1.16mL 的油量。共驱油 4.46mL，总采收率为 71.94%，减去一次水驱采收率可知，该体系可将采收率提升 18.7%。而单独使用黄原胶对 2# 岩心进行驱替时，以同样的注入方式注入，其注入压力变化的趋势与复配体系相同。使用 2# 岩心进行驱替，在饱和油量为 5.4mL 时，经过一次水驱（1.5PV），可将 50% 的原油从岩心中驱出，当含水率达到 98% 时，用配制好的体系进行二次驱油，驱

替 2PV 后进行后续水驱，再驱替 1PV 后，注入体系驱替与后续水驱又可以驱出 0.54mL 的油量。共驱油 3.24mL，总采收率为 60%，减去一次水驱采收率可知，黄原胶体系可将采收率提升 10%。因此，可判断生物表面活性剂可贡献 8.7% 的采收率。

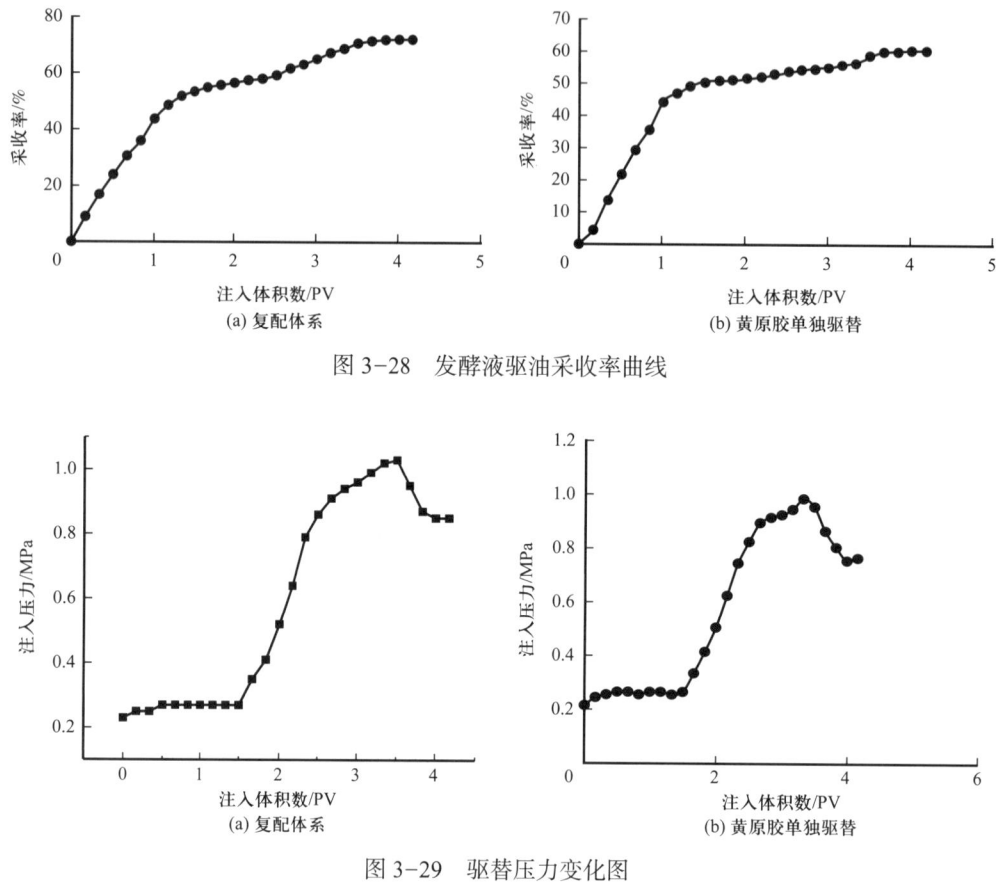

图 3-28 发酵液驱油采收率曲线

图 3-29 驱替压力变化图

二、典型功能菌基因工程改造

1. 基因敲除工程菌构建

运用基因工程手段构建一株高产鼠李糖脂铜绿假单胞菌，探讨基于选择性阻断代谢旁路来提高铜绿假单胞菌鼠李糖脂产量的通路优化策略。

1) 目标基因获取及 T-A 克隆

根据 NCBI 数据库中查得的 *pslAB*、*phaC1DC2* 基因信息，设计上下游引物 pslAB-r/pslAB-f、phaC1DC2-r/phaC1DC2-f。提取总 DNA 后，扩增目标基因 *pslAB* 和 *phaC1DC2*，使用试剂盒对相应的目标基因条带进行切胶纯化回收，使用试剂盒在 3′ 末端加上 A 碱基，然后与 T 载体连接后将重组载体转化 *E. coli* DH5α 感受态，涂布含 Amp 抗生素的 LB 固体平板，37℃恒温培养过夜，验证阳性克隆后保存阳性克隆菌株。

2）打靶片段 ΔpslAB、ΔphaC1DC2 的获得

含有目标基因的质粒分别用相应的核酸内切酶进行内酶切，使基因 *pslAB*、*phaC1DC2* 缺失部分片段，从而得到打靶片段 ΔpslAB、ΔphaC1DC2。将有缺口的质粒大片段连接起来，连接液转化 *E. coli* DH5α 感受态细胞，转化液涂布含 Amp 抗生素的 LB 固体平板，37℃恒温培养。次日，挑选单克隆提取质粒，并以提取质粒为模板，进行 PCR 反应和电泳验证（图3-30）。

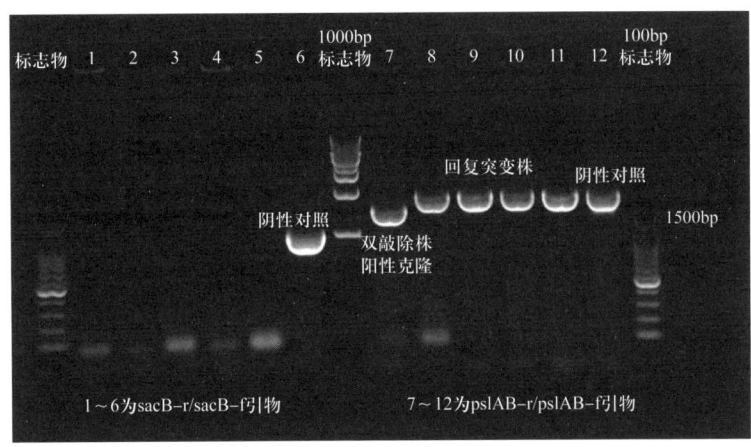

图 3-30 ΔpslAB、ΔphaC1DC2 双缺陷敲除株的构建成功电泳图

3）打靶载体和供体菌的构建

双酶切打靶片段 ΔpslAB、ΔphaC1DC2 和质粒载体 pK18mobsacB，酶切后反应液纯化后连接，得到打靶载体 pK18-ΔpslAB、pK18-ΔphaC1DC2。打靶载体分别转化 *E. coli* S17-1 感受态，转化液涂布含 Kan 抗生素的 LB 固体平板，37℃恒温培养过夜。挑选单克隆菌落，提取质粒 pK18-ΔpslAB、pK18-ΔphaC1DC2 并验证；成功构建供体菌 *E. coli* S17-1（pK18-ΔpslAB）、*E. coli* S17-1（pK18-ΔphaC1DC2）。

4）敲除菌株的构建

接合转移：供体菌和受体菌 SG 甘油管分别接入 LB+Amp、LB+Kan 液体培养基中，培养至对数生长期；供体菌和受体菌各取 1mL，离心弃上清液，并用无抗生素的 LB 洗涤除去抗生素后重新悬浮；供体菌与受体菌按照 1∶3 的比例混匀后，大枪头吹打至无抗生素的 LB 固体平板，吹干，37℃恒温培养 8～12h；刮取少量菌苔稀释后涂布含 Amp+Kan 双抗生素平板，37℃培养 24h；挑选长出的单菌落进行菌落 PCR 验证，筛选正确发生一次重组的转化子；将正确的接合子在含 Amp+Kan 双抗生素平板上划线；接菌环刮取少量的菌于 LB 液体培养基中，逐级稀释涂布含 Amp 抗生素和 20% 蔗糖的 1/3 LB 平板，37℃恒温培养直至长出单菌落。挑选长出的单菌落进行菌落 PCR 验证，以野生型 SG 基因组 DNA 为对照，将正确的接合子用 50% 甘油保存。

与上步相同，以供体菌 *E. coli* S17-1（pK18-ΔpslAB）和受体菌 SG·ΔphaC1DC2，构建敲除株 *P. aeruginasa* SGAC，保种后待发酵使用。

5）双敲除株 P. aeruginosa SGAC 鼠李糖脂产量发酵评价及稳定性验证

工程菌 P.aeruginosa SGAC 接种量3%，培养基为初始发酵培养基，培养条件为37℃，180r/min，以野生型 SG 作为对照，间隔一定时间无菌条件下取样测定发酵液的 OD_{600} 值，用以估计菌株的生长能力，离心后上清液测定排油圈的大小，用以估计鼠李糖脂产量，发酵时间为10天。工程菌 P. aeruginosa SGAC 和野生型 SG 的生长曲线如图3-31所示，从菌株的生长曲线来看，前36h内 OD_{600} 值迅速升高，表明在这一时期菌体迅速生长，之后生长趋势相对放缓，而在这一过程中工程菌 SGAC 的生长趋势始终要好于野生型菌株 SG，表明 phaC1DC2、pslAB 基因同时敲除并不会影响菌株的正常生长。

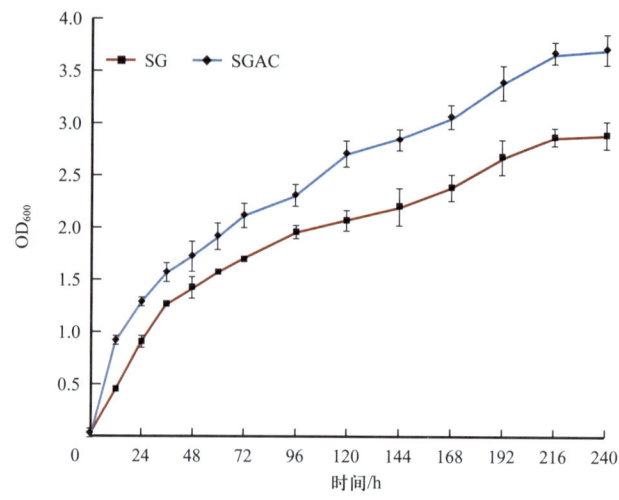

图3-31 P. aeruginosa SGAC 和 P. aeruginosa SG 生长曲线

工程菌 P. aeruginosa SGAC 和野生型菌株 SG 的鼠李糖脂合成曲线如图3-32所示。从发酵曲线中可以看到，野生型菌株 SG 次级代谢产物鼠李糖脂在发酵的12h后开始合成，其产量逐步增加并在144h左右达到最大值，产量为13.184g/L；P. aeruginosa SGAC 的鼠

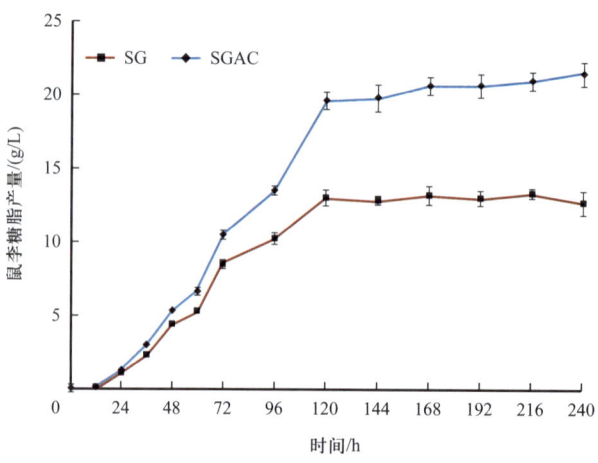

图3-32 P.aeruginosa SG 和 P. aeruginosa SGAC 发酵曲线

李糖脂发酵产物同样是在12h后开始合成，其前期的趋势与野生型相似，但是随着发酵时间增长，鼠李糖脂的发酵产量迅速地超过了野生型菌株，并在192h左右达到最大值，产量为21.496g/L，鼠李糖脂的产量比野生型菌株提高了69.7%。因此，通过选择性阻断竞争性代谢旁路来提高鼠李糖脂的产量是有效且有意义的。

工程菌 P. aeruginosa SGAC 接种在 LB 液体培养基中在 37℃、180r/min 条件下培养，每隔 24h 转接新鲜的 LB 培养基，反复进行连续的传代培养，经过 15 次的传代培养后，提取 P. aeruginosa SGAC 基因组 DNA，以 pslAB-f/pslAB-r、phaC1DC2-f/phaC1DC2-r、sacB-f/sacB-r 为引物进行 PCR 反应，PCR 产物经过 1% 琼脂糖凝胶电泳初步检测，之后对 PCR 产物 ΔpslAB、ΔphaC1DC2 进行测序，确定整合到 SG 基因组上的缺陷基因 ΔpslAB、ΔphaC1DC2 经过 15 次传代转接后仍然稳定，即 P. aeruginosa SGAC 稳定性良好。

2. 目标基因过表达菌株构建

通过替换 rhlAB 基因的启动子为强启动子，后转入 WJ-1 感受态细胞，建立了强化 rhlAB 基因的铜绿假单胞菌基因工程菌，构建菌株不仅提高了鼠李糖脂产量，还增加了菌株在厌氧条件下产鼠李糖脂的能力，属于对抗逆性与产物产量同时进行改良的基因改造方案。

1）融合片段 Popr-rhlAB 的 PCR 扩增与纯化

设计鼠李糖脂合成相关基因 rhlAB 编码区和包含组成型强启动子 PoprL 的 oprL（肽聚糖相关脂蛋白编码基因）片段的引物（分别为 rhlAB-C1/rhlAB-C2，Popr-1/Popr-2），以铜绿假单胞菌 WJ 基因组 DNA 为模板，以引物 rhlAB-C1/rhlAB-C2 进行 PCR 扩增不包含启动子的 rhlAB 基因片段，引物 rhlAB-C1 中 5′端包含 19bp 的 PorpL DNA 片段的序列，引物 rhlAB-C2 引入 Hind Ⅲ 酶切位点。以铜绿假单胞菌 WJ 基因组 DNA 为模板，扩增包含启动子 PoprL 的 DNA 片段。利用引物 Popr-1 和引物 rhlAB-C2，以上两步 PCR 产物的混合物为模板，进行重叠 PCR，获得的 PCR 产物即为融合基因片段 Popr-rhlAB。电泳检测后纯化备用。

2）重组质粒 pBBRPoprAB 的构建

将连接产物使用 $CaCl_2$ 热激转化方法转化 E.coli DH5α 的感受态细胞。取 120μL 的转化液涂布于含有庆大霉素的 LB 培养基平板上，于 37℃ 静置培养 18h。挑取平板上的单菌落到 5mL 含有庆大霉素的 LB 液体培养基中，在 37℃、180r/min 条件下，振荡培养 16h，使用 pBBR1MCS-5 质粒上的 M13-47/RV-M 引物进行菌液 PCR，验证阳性克隆。筛选验证到的阳性克隆进行测序，对获得的序列在 GenBank 数据库中进行同源性比对分析，进一步验证融合片段 Popr-rhlAB 插入 pBBR1MCS-5 载体中，构建了重组质粒 pBBRPoprAB，提取重组质粒 pBBRPoprAB 备用。

3）铜绿假单胞菌 WJ 感受态细胞制备

从 LB 平板上挑取新活化的铜绿假单胞菌 WJ 的单菌落，接种于 5mL LB 液体培养基中振荡培养。以 1∶100 的比例接种于新鲜 LB 液体培养基中，振荡培养至 OD_{600} 为 0.5 左右。将 0.1mol/L CaCl₂ 溶液置于冰上预冷。将培养液转入灭菌离心管中，冰上放置 20min；后离心弃上清液。加入预冷的 CaCl₂ 溶液，重新悬浮细胞，冰上放置 20min，再次离心弃上清液。加入预冷的 CaCl₂ 溶液和预冷 50% 的甘油，重新悬浮细胞，即为菌株 WJ 的感受态细胞悬液。

4）重组质粒 pBBRPoprAB 转化铜绿假单胞菌 WJ 的感受态细胞

取重组质粒 pBBRPoprAB 与铜绿假单胞菌 WJ 的感受态细胞，轻轻摇匀混合，冰上放置 30min；42℃水浴中，热激 4min 后迅速置于冰上冷却 3min；加入 SOC 培养基复苏培养 1h，取转化液涂布于含有庆大霉素的 LB 培养基平板上进行培养。挑取单菌落在液体培养基中培养后提取质粒，以 M13-47/RV-M 引物进行 PCR 验证阳性克隆。

经过上述操作，在含庆大霉素的 LB 培养基平板上，筛选获得的阳性克隆，即铜绿假单胞菌 WJPAB。通过重组质粒 pBBRPoprAB 在细胞内的扩增，实现 *rhlAB* 基因的启动子替换和 *Popr-rhlAB* 融合基因拷贝数的增加。

铜绿假单胞菌基因工程菌中融合基因 *Popr-rhlAB* 的拷贝数计算方法如下：

单个细胞中融合基因 *Popr-rhlAB* 拷贝数的计算公式：

$$拷贝数 = 6.02 \times 10^{23} c / (MN)$$

式中，c 是线性化质粒的浓度（Nanodrop 测定）；M 是线性化质粒的分子量（碱基数目 bp×660）；N 是用来提取质粒的 2mL 菌液中的菌体细胞数目。

选取工程菌 PoprAB 菌液（平板计数得菌体浓度为 5.69×10^8 个/mL）进行重组质粒 pBBRPoprAB 的提取，测得线性化重组质粒 pBBRPoprAB 的浓度为 38.4ng/μL，长度为 7385bp。经过计算，工程菌 PoprAB 单个细胞中 *rhlAB* 基因拷贝数约为 4.18 个。

对构建的铜绿假单胞菌 WJPAB 进行质粒稳定性检测，如图 3-33 所示，铜绿假单胞菌 WJPAB 经在含有庆大霉素的平板中点种 10 代次后，抗生素平板上能够长出的菌落比率为 100%，说明所构建重组质粒在铜绿假单胞菌 WJPAB 中能够稳定遗传 10 代。

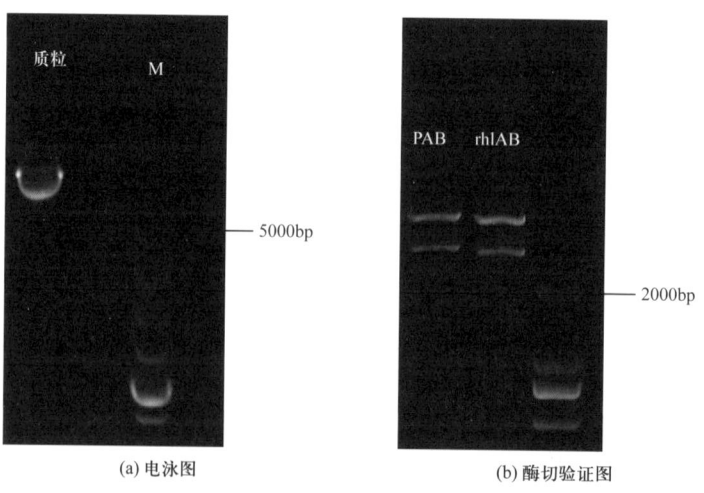

图 3-33 重组质粒电泳图及酶切验证图

5)好氧发酵产鼠李糖脂性能测试

上述培养好的铜绿假单胞菌 WJPAB 种子液(即对数期培养液)按照体积比 5% 的接种量接种入 500mL 好氧发酵培养基摇瓶中,在 35℃、200r/min 条件下振荡培养 72~168h,96h 前每 24h 检测发酵液排油圈,96h 后每 4h 检测发酵液排油圈,连续 12h 排油圈无变化时结束发酵。

好氧发酵培养基配方为:豆油 60g/L,甘油 1g/L,硝酸钠 2.5g/L,磷酸二氢钾 2.5g/L,十二水合磷酸氢二钠 6g/L,氯化钾 1g/L,氯化钠 1g/L,酵母粉 5g/L,七水合硫酸镁 0.04g/L,加水补足剩余体积,pH 值调整至 7.0~7.2,121℃ 高压灭菌 20min。以上述同样的培养方法及好氧培养基对铜绿假单胞菌 WJ 进行发酵实验。以上摇瓶实验使用排油圈法测试发酵液生物表面活性剂含量,排油圈如图 3-34 所示。

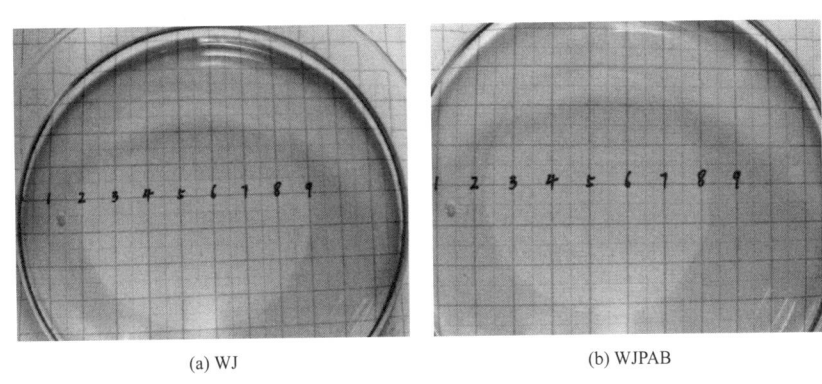

图 3-34 排油圈测试鼠李糖脂产量

由表 3-6 可以看出,在所述好氧发酵培养基条件下好氧培养,铜绿假单胞菌 WJPAB 和铜绿假单胞菌 WJ 培养 96h,铜绿假单胞菌 WJPAB 的最高鼠李糖脂产量为 47.8g/L,与铜绿假单胞菌 WJ 的最高鼠李糖脂产量(14.9g/L)相比提高了 3.2 倍。

表 3-6 铜绿假单胞菌 WJPAB 菌株与铜绿假单胞菌 WJ 好氧发酵产量对比

菌株	排油圈		最终 pH 值	鼠李糖脂含量 /(g/L)
	稀释倍数	排油圈直径 /cm		
铜绿假单胞菌 WJPAB	80	7.2	6.78	47.8
铜绿假单胞菌 WJ	30	6.5	6.95	14.9

6)厌氧发酵鼠李糖脂表面活性剂

种子液按照体积比 5% 的接种量接种入 500mL 厌氧发酵培养基摇瓶中,35℃ 条件下厌氧瓶培养 120~240h,72h 后每 12h 检测发酵液排油圈,连续 24h 排油圈无变化时结束发酵。厌氧发酵培养基配方为:甘油 70g/L,硝酸钠 4.5g/L,磷酸二氢钾 5g/L,三水合磷酸氢二钾 6g/L,七水合硫酸镁 0.4g/L,氯化钾 1g/L,氯化钠 1g/L。以同样的培养方法及厌氧培养基对铜绿假单胞菌 WJ 进行发酵实验。以上摇瓶实验使用排油圈法测试发酵液生物表面活性剂含量,见表 3-7。

表 3-7 基因工程菌株与原始菌株厌氧发酵产量对比

菌株	排油圈		鼠李糖脂含量 / (mg/L)
	稀释倍数	排油圈直径 /cm	
铜绿假单胞菌 WJPAB	0	5.9	425
铜绿假单胞菌 WJ	0	0	0

由表 3-7 可以看出，在所述厌氧发酵培养基条件下厌氧培养，铜绿假单胞菌 WJPAB 和铜绿假单胞菌 WJ 培养 240h 后，铜绿假单胞菌 WJPAB 的最高鼠李糖脂产量为 0.425g/L，而铜绿假单胞菌 WJ 发酵液未测出鼠李糖脂含量，铜绿假单胞菌 WJPAB 厌氧发酵液能将体系表面张力降至 35.6mN/m，而铜绿假单胞菌 WJ 厌氧发酵液无降低表面张力能力。

以过表达方法构建的铜绿假单胞菌基因工程菌 WJPAB 在好氧条件下发酵液中鼠李糖脂产量达到 47.8g/L，与铜绿假单胞菌 WJ 的最高鼠李糖脂产量 14.9g/L 相比提高了 3.2 倍。构建的基因工程菌株使得原本厌氧条件下无鼠李糖脂代谢能力的铜绿假单胞菌 WJ 产生了可在厌氧或少氧条件下代谢产生鼠李糖脂的能力，实验室摇瓶条件下厌氧产鼠李糖脂 0.425g/L。

第三节 激活体系筛选及评价

内源微生物驱激活剂直接决定了现场试验的实施效果和投入成本，是现场试验取得成功的关键，为内源微生物驱油技术研究的热点之一。

激活体系在油藏中促进驱油功能菌生长、代谢和繁殖，在通过注水井向油藏注入后，功能菌的生物活动或代谢产物（生物表面活性剂、生物多糖、有机酸、有机溶剂和生物气等）在油藏中产生生物和化学作用，改善流体渗流特征，提高原油产量和采收率。

由于油藏内多为可降解原油烃、乳化原油或产酸产气的内源微生物，因此本节主要介绍乳化功能菌和厌氧产气激活体系。

一、乳化功能菌激活体系

本节以新疆油田陆 9 井区具有边底水的氯化钙水型稀油砂岩油藏为对象，以微生物群落结构和水样离子组成分析为基础，筛选优化了好氧乳化激活体系，并评价其激活效果，分析了激活后的微生物群落[16]。

1. 水样离子组成分析

对陆 9 区产出液进行油水分离，应用离子色谱技术和电感耦合等离子体发射光谱技术分析该区块地层水的阴离子、阳离子组成。

水样离子组成分析结果（表 3-8）表明，陆 9 区注入水总矿化度为 10591.08mg/L，产出液总矿化度为 11000mg/L 左右，pH 值是中性偏酸，较有利于微生物的生长。其中，

Na⁺、K⁺、Ca²⁺、Mg²⁺ 和 SO₄²⁻ 比较丰富，说明在地层水中添加足够量含 N、P 等无机元素的激活剂及其他营养元素就能维持微生物的生长代谢；同时 SO₄²⁻ 浓度较高，尤其注入水中浓度高达 1630.75mg/L，表明存在激活有害菌硫酸盐还原菌（SRB）的风险，因此筛选优化激活剂时有必要检测 SRB 的浓度。

表 3-8　陆 9 区注入水和产出液离子组成

水样	pH 值	离子浓度 /（mg/L）						矿化度 /（mg/L）
		Na⁺ +K⁺	Mg²⁺	Ca²⁺	Cl⁻	SO₄²⁻	HCO₃⁻	
注入水	6.70	4777.97	43.93	243.19	6474.80	1630.75	420.43	10591.08
产出液 1	6.86	3891.94	34.52	398.42	5853.93	956.50	420.43	11555.73
产出液 2	6.96	3553.98	43.93	315.63	4966.97	1291.25	420.43	11592.19

2. 油水样中内源微生物群落结构分析

采用最大近似值法（MPN）对试验井组两口油井产出液内源功能菌群进行计数。结果表明，陆 9 区产出液中各种内源微生物浓度普遍偏低，不利于下一步激活有益菌。其中，好氧的 TGB 浓度较高，尚可达到 $10^2 \sim 10^3$ 个 /mL，但 HOB 浓度仅为 6.0～60 个 /mL；兼性厌氧的 FMB 和 NRB，浓度一般为 $10^2 \sim 10^3$ 个 /mL，兼性厌氧、加剧注水管线腐蚀的 SRB 仅在一口油井产出液中检出，浓度为 25 个 /mL；平板菌落计数同时验证了样品中微生物浓度不高，在两个样品中检出浓度为 $10 \sim 10^2$ 个 /mL。总体来看：不同水样中各种微生物的浓度差异不大；尽管油藏温度 37℃ 非常利于微生物生长，但产出液中有益菌 HOB 和 SRB 浓度都较低。

为了进一步明确该油藏的微生物种类和相对含量，采用 454 平台高通量测序技术对中心井产出液 1 号样品的内源微生物群落结构进行研究。将高通量测序得到的测序信息与 GENBANK 比对，得到与之对应的最相似种属信息。该油藏内源微生物主要为 *Donghicola* sp.、*Roseospirillum* sp.、*Arcobacter* sp.、*Fusibacter* sp.、*Hyphomonas* sp.、*Roseovarius* sp.、*Sulfurospirillum* sp.、*Maritimibacter* sp.、*Novispirillum* sp. 和 *Parvibaculum* sp.。

3. 最佳碳源、氮源和磷源的筛选及使用浓度优化

在地层水中分别加入不同类型的碳源、氮源和磷源，进行内源微生物激活实验。不同类型碳源的激活效果如图 3-35 所示。在分别以葡萄糖、蔗糖、乳糖、糖蜜、可溶性淀粉、玉米淀粉、玉米粉、麸皮、乙酸钠为唯一碳源的激活实验中，激活后培养液中烃氧化菌（HOB）的浓度以糖蜜和玉米粉最高，都达到了 10^7 个 /mL，由于玉米粉的原油乳化效果评分最高，因此确定为最佳碳源。考虑到工业化应用成本，对最佳碳源的使用浓度进行了优化。起始随着玉米粉浓度的增加，HOB 浓度和原油乳化效果随之增加，当玉米粉浓度达到 0.4% 时，乳化效果达到最佳，HOB 浓度也达到 10^7 个 /mL，因此确定玉米粉使用浓度为 0.4%。

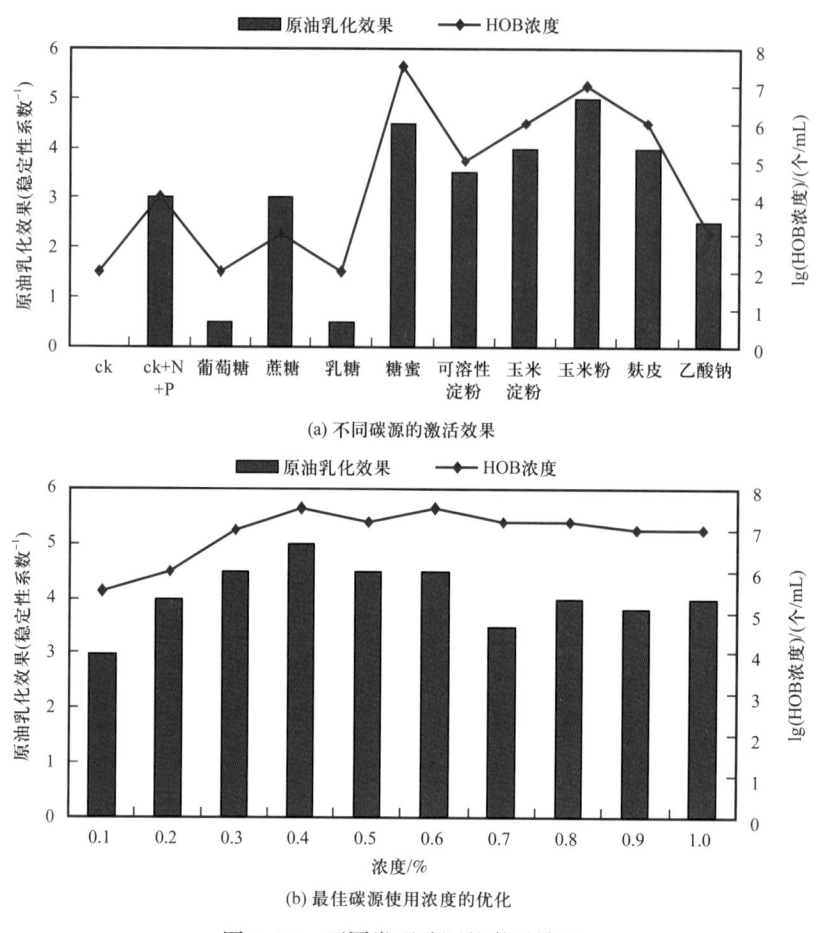

图 3-35 不同类型碳源的激活效果

不同类型氮源的激活效果如图 3-36 所示。在分别以 NH_4Cl、KNO_3、$NaNO_3$、NH_4NO_3、尿素、乙酸铵、草酸铵、$(NH_4)_2HPO_4$、$NH_4H_2PO_4$ 为唯一氮源的激活实验中，KNO_3、$NaNO_3$、NH_4NO_3、草酸铵和 $(NH_4)_2HPO_4$ 的原油乳化效果评分最高，但激活后培养液中烃氧化菌的浓度以 NH_4Cl、$NaNO_3$ 和 NH_4NO_3 最高，都达到了 10^6 个/mL 以上，综合这几种氮源的激活效果，考虑到 NH_4NO_3 作为违禁品难以在油田现场试验中应用，而 NH_4Cl 和 $NaNO_3$ 分别作为氨基氮和硝基氮两种类型的无机氮源，具有不同的性能，其中 NH_4Cl 作为速效氮源可被微生物细胞吸收后直接利用，$NaNO_3$ 作为硝基氮可以被硝酸盐还原菌吸收利用，从而抑制硫酸盐还原菌导致油田设备腐蚀的代谢活动，因此确定较佳的氮源为 NH_4Cl 和 $NaNO_3$。同样对 NH_4Cl 的使用浓度进行了优化。随着 NH_4Cl 浓度的增加，HOB 浓度和原油乳化效果随之增加，当 NH_4Cl 浓度达到 0.3% 时，乳化效果达到最佳，HOB 浓度也达到 10^6 个/mL，因此确定 NH_4Cl 使用浓度为 0.3%。由于硝酸盐激活硝酸盐还原菌达到一定浓度的条件下才能有效抑制 SRB 菌群的生长，因此，以原油乳化效果和激活后 SRB 的浓度为考核指标，对 $NaNO_3$ 的使用浓度进行了优化。随着 $NaNO_3$ 浓度的增加，原油乳化效果随之增加，SRB 浓度逐渐下降，当 $NaNO_3$ 浓度达到 0.4% 时，原油乳化效果达到最佳,之后原油乳化效果变化不大;当 $NaNO_3$ 浓度达到 0.7% 时,明显抑制了 SRB 的生长,因此确定 $NaNO_3$ 使用浓度为 0.7%。

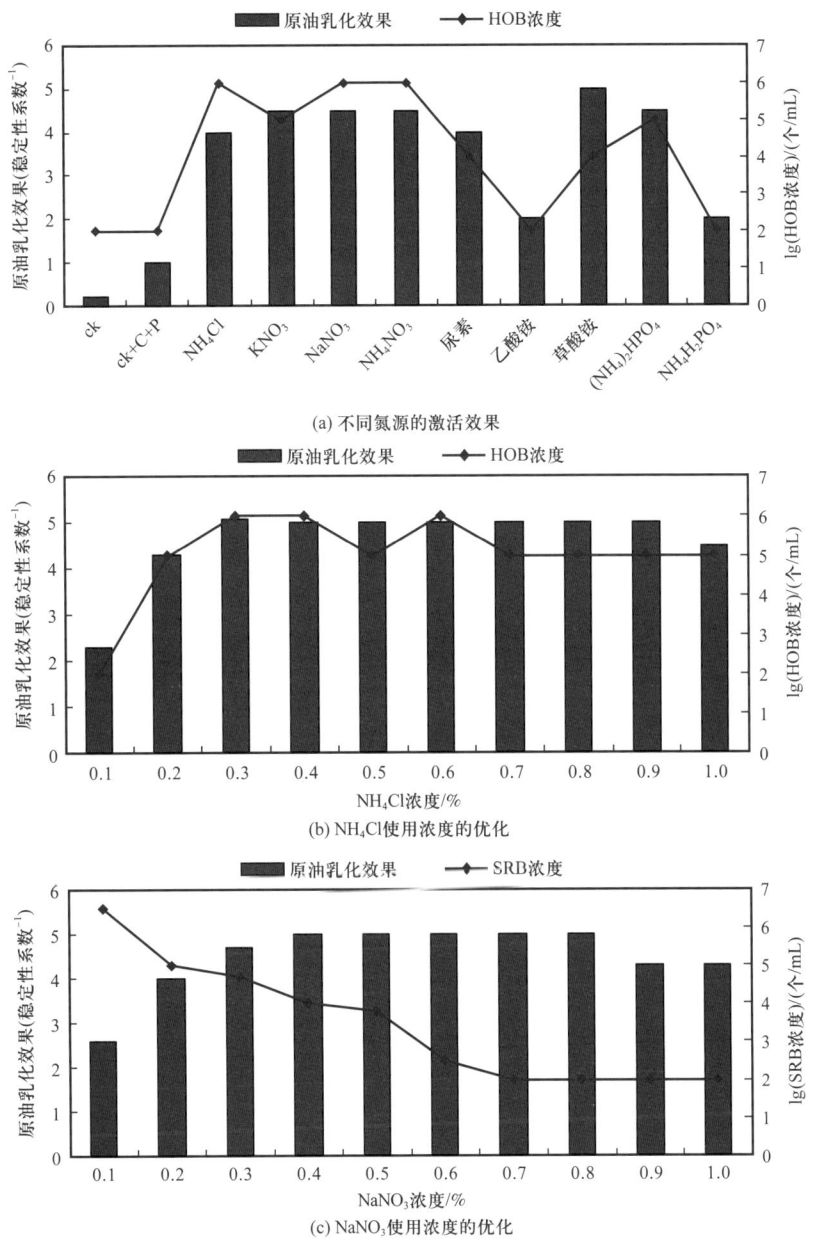

图 3-36 不同类型氮源的激活效果

不同类型磷源的激活效果如图 3-37 所示。在分别以 K_2HPO_4、KH_2PO_4、Na_2HPO_4、NaH_2PO_4、$(NH_4)_2HPO_4$、$NH_4H_2PO_4$ 为唯一磷源的激活实验中,不加磷源或者加入磷酸二氢铵有较好效果;同时,观察到所有加入磷酸盐的样品中都产生白色乳状沉淀,进一步分析表明,白色沉淀为磷酸根和地层水中钙离子生成的磷酸钙沉淀。由于沉淀物将导致储层伤害，而不加磷酸盐对激活效果没有明显的不利作用，考虑到有机碳源糖蜜或玉米粉中含有的磷可供内源微生物利用，因此确定在激活剂中不再添加无机磷酸盐。

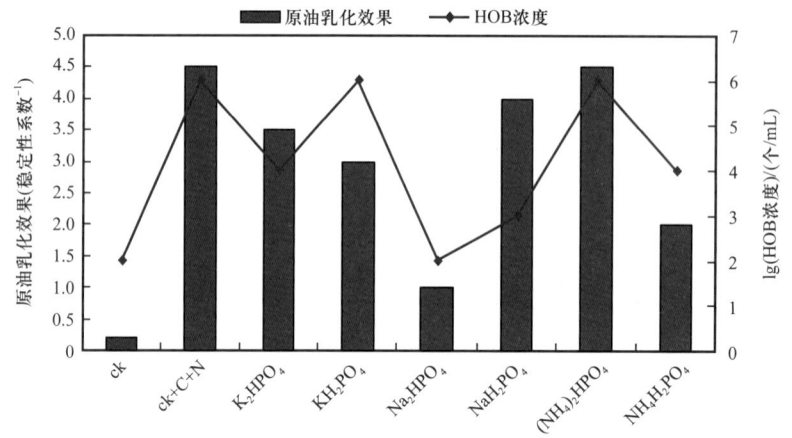

图 3-37 不同类型磷源的激活效果

4. 激活剂优化及评价

采用了三因素九水平 9 组实验的均匀设计，依据上述实验优化的各组分的浓度，设计各因素的水平，使用 $U_9^*(9^4)$ 均匀设计表的 1、3、4 列，考察了玉米粉、NH_4Cl 和 $NaNO_3$ 对原油乳化效果、激活后 HOB 浓度和 SRB 浓度的影响，对激活剂组分含量进行优化。共计 9 个处理，每个处理 3 个平行实验，各因素水平数、实验设计见表 3-9，实验结果如图 3-38 所示。

表 3-9 因素水平表

因素	水平								
	1	2	3	4	5	6	7	8	9
玉米粉 ×1%	0.20	0.25	0.30	0.35	0.40	0.45	0.50	0.55	0.60
NH_4Cl ×2%	0.10	0.15	0.20	0.25	0.30	0.35	0.40	0.45	0.50
$NaNO_3$ ×3%	0.60	0.65	0.70	0.75	0.80	0.85	0.90	0.95	1.00

应用直观分析法，由图 3-38 可以看出，第 7 号处理的激活剂乳化原油效果最好，同时其激活后 HOB 浓度为 4.75×10^7 个 /mL，接近最高浓度 6.30×10^7 个 /mL，而 SRB 也控制在 10^2 个 /mL，所以将第 7 号实验对应的条件作为较优的激活剂配方，其组成为：玉米粉 5.0g/L、氯化铵 5.0g/L 和硝酸钠 7.0g/L。

对均匀实验优选的激活剂配方进行了 3 次平行验证实验，结果见表 3-10。由实验结果可见：激活后原油乳化效果和 HOB 浓度与第一次结果非常接近，HOB 浓度都达到了 10^7 个 /mL；尽管地层水中 SO_4^{2-} 浓度较高（1100mg/L 左右），但激活剂激活内源微生物后，SRB 浓度仍被抑制在 10^2 个 /mL。

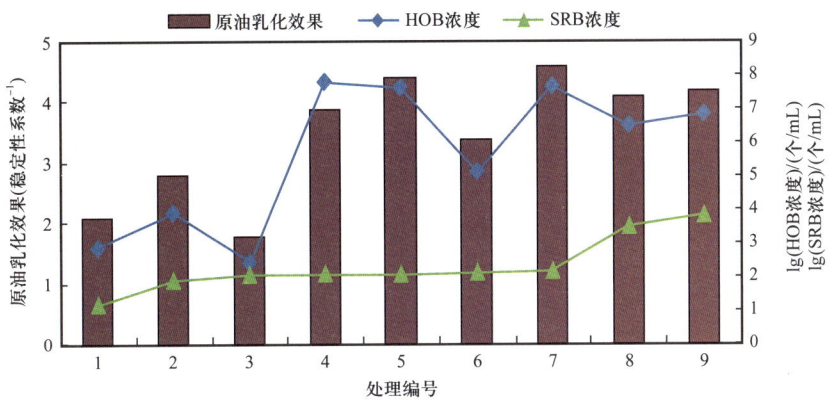

图 3-38 均匀设计不同处理的激活效果

表 3-10 激活剂激活实证实验及结果

指标	重复			平均值
	1	2	3	
原油乳化效果（稳定性指数$^{-1}$）	4.45	4.65	4.80	4.63
HOB 浓度 /（个/mL）	3.95×10^7	4.55×10^7	4.99×10^7	4.50×10^7
SRB 浓度 /（个/mL）	1.22×10^2	3.24×10^2	6.72×10^1	1.71×10^2

5. 激活剂评价

针对优化的激活剂，使用中间耐压容器模拟油藏条件，评价了激活剂对中心井地层水中内源微生物的激活效果。激活后有益菌群 HOB、FMB 和 NRB，有害菌 SRB 及活菌总数的结果和微生物群落结构分别见表 3-11 和表 3-12。

由表 3-11 可知，和初始地层水相比，功能菌群 HOB、FMB、NRB、TGB 及活菌总数提高 5~6 个数量级，有害菌 SRB 则被抑制在较低水平，说明优化的激活剂高效激活采油有益功能菌群 HOB、FMB 和 NRB，同时把有害菌 SRB 浓度抑制在较低的水平。

由表 3-12 可知，激活后地层水中的内源微生物群落结构发生明显改变，激活后样品中除未培养的细菌外，和激活前相同的微生物仅有 4 类，分别为 *Paracoccus*、*Thauera*、*Rhizobium* 和 *Stappia*，而且它们在激活后的群落结构中所占的丰度很低，仅为 0.04%~0.81%；激活前共检测出 39 类内源微生物，而激活后只检测出 30 类，说明激活后生物多样性有所降低；激活后，*Pseudomonas*、*Bacillus*、*Stenotrophomonas* 和 *Pusillimonas* 成为主要优势菌，它们总含量在内源微生物群落中达到 82.8%。它们均可在寡氧条件下利用原油生长并产生表面活性剂等代谢产物，有助于提高原油采收率，说明激活剂实现了对 *Pseudomonas*、*Bacilluss*、*Stenotrophomonas* 和 *Pusillimonas* 等常见采油功能菌的高效激活。

表 3-11 陆 9 区油井产出液五种内源微生物菌群的数量

产出液样品	浓度 /（个 /mL）					CFU/（个 /mL）
	TGB	HOB	FMB	NRB	SRB	
1	1.1×10^3	6.0×10^1	2.0×10^3	1.4×10^3	2.5×10^1	1.2×10^2
2	1.1×10^3	1.3×10^1	1.1×10^3	7.0×10^2	未检出	0
3	1.3×10^3	6.0	2.5×10^1	2.5×10^2	未检出	5.0×10^1
4	2.5×10^2	2.5×10^1	4.5×10^2	6.0×10^2	未检出	0
1（激活后）	1.9×10^9	6.0×10^7	3.9×10^8	6.3×10^8	1.5×10^2	3.5×10^7

表 3-12 陆 9 区油井产出液激活前后微生物群落结构变化

科名	属名	丰度 /%		功能
		原始	激活后	
Pseudomonadaceae	*Pseudomonas*	0	56.97	HOB、TGB、NRB、PMB
Bacillaceae	*Bacillus*	0	16.31	HOB、TGB
Xanthomonadaceae	*Stenotrophomonas*	0	6.97	HOB
Enterobacteriaceae	*Citrobacter*	0	5.27	SRB
	未培养	38.16	3.14	
Alcaligenaceae	*Pusillimonas*	0	2.55	HOB
Paenibacillaceae	*Cohnella*	0	2.25	
Flavobacteriaceae	*Planobacterium*	0	1.32	
Rhodobacteraceae	*Paracoccus*	0.35	0.81	
Rhodocyclaceae	*Thauera*	0.08	0.25	
Rhizobiaceae	*Rhizobium*	0.16	0.21	
Rhodobacteraceae	*Stappia*	0.39	0.04	
Rhodobacteraceae	*Donghicola*	19.04	0	
Rhodobiaceae	*Roseospirillum*	11.43	0	
Campylobacteraceae	*Arcobacter*	8.59	0	HOB
Peptostreptococcaceae	*Fusibacter*	3.58	0	
Hyphomonadaceae	*Hyphomonas*	2.06	0	
Rhodobacteraceae	*Roseovarius*	2.02	0	

续表

科名	属名	丰度/%		功能
		原始	激活后	
Campylobacteraceae	*Sulfurospirillum*	1.36	0	
Rhodobacteraceae	*Maritimibacter*	1.24	0	
Sphingomonadaceae	*Novispirillum*	1.20	0	
Rhodobiaceae	*Parvibaculum*	1.13	0	
Puniceicoccaceae	*Cerasicoccus*	1.01	0	

注：除激活前后都有的微生物种类外，其他含量小于 1% 的微生物种类未列出。

本节应用均匀设计优化了激活剂各组分的浓度，得到了针对氯化钙水型油藏的激活剂配方，其组成为：玉米粉 5.0g/L、氯化铵 5.0g/L 和硝酸钠 7.0g/L。评价实验表明，优化的激活剂激活内源微生物后，原油乳化效果明显，和初始地层水相比，HOB、FMB、NRB 及活菌总数提高 5~6 个数量级，而有害菌 SRB 被抑制在较低水平。高通量测序分析微生物群落结构表明，激活剂激活地层水中内源微生物后，微生物群落结构发生明显改变，生物多样性有所降低，实现了对 *Pseudomonas*、*Bacilluss*、*Stenotrophomonas* 和 *Pusillimonas* 等常见采油功能菌的高效激活。

二、产气功能菌激活体系

含碳有机物（如碳水化合物、蛋白质、脂肪酸等）在有氧情况下，通过生物的呼吸作用与氧结合生成水和二氧化碳，一分子氧气转化为一分子二氧化碳，这是一个气体体积不变的反应。而油藏中的绝大部分区域为无氧环境，因而存在另一条有机物的代谢途径——由多种细菌共同作用将含碳有机物彻底分解生成甲烷和二氧化碳，该过程是厌氧发酵——甲烷产生过程，也是气体体积变大的过程。

微生物产气是微生物采油的主要机理之一，产生的二氧化碳和甲烷气体溶于原油，降低原油的黏度，从而提高原油采收率。本节实验将优化厌氧产气激活体系的营养配方。

1. 产气条件的验证（好氧、厌氧）

在培养管中加入含有糖蜜的营养剂，一部分在培养管装满营养剂，创造一个厌氧环境；另一部分不装满培养管，上面残留一定体积的空气，创造一个有氧的环境。培养管上面都用密封胶塞和螺旋盖封口，将注射器针头扎入密封胶塞收集产生的气体。定期观察注射器收集的气体体积。

实验发现：装满营养剂的培养管（厌氧环境）上端的注射器多少都收集到了产生的气体；而未装满营养剂的培养管（好氧环境）上端的注射器在短时间内都没有收集到任何气体。这证明了本源微生物利用糖蜜产气必须在厌氧条件下。其原因在于，在有氧条件下，微生物通过呼吸作用与氧结合生成水和二氧化碳，一分子氧气转化为一分子二氧化碳，这是一个气体体积不变的反应。而只有在厌氧条件下，微生物才能将含碳有机物彻底分解生成甲烷和二氧化碳,从而产生气体。

2. 厌氧条件下响应面分析优化产气体系

在培养管装满营养剂,共 35mL,创造一个厌氧环境,采用二因子二次旋转回归正交响应面设计考察糖蜜浓度、磷酸氢二铵浓度对其产气量的综合影响。因子水平见表 3-13。

表 3-13　因子水平表

水平	糖蜜加量 /%	磷酸氢二铵加量 /%
上星号臂（1.414）	5	5
上水平（1）	4.41	4.41
零水平（0）	3	3
下水平（-1）	1.59	1.59
下星号臂（-1.414）	1	1
Δj	1.41	1.41

响应面优化产气体系的实验结果见表 3-14。从表 3-14 中可以看出,产气量最大的是第 2 号（糖蜜 4.41%,磷酸氢二铵 1.59%）,从而得到产气量较大的配方 12（糖蜜 4.41%,磷酸氢二铵 1.59%）。它能产生营养液体积 3 倍的气体。

表 3-14　响应面设计及实验结果

序号	糖蜜	磷酸氢二铵	产气量 /mL
1	1（4.41%）	1（4.41%）	1
2	1（4.41%）	-1（1.59%）	105
3	-1（1.59%）	1（4.41%）	36
4	-1（1.59%）	-1（1.59%）	60
5	1.414（5%）	0（3%）	2
6	-1.414（1%）	0（3%）	32.5
7	0（3%）	1.414（5%）	1
8	0（3%）	-1.414（1%）	68
9	0（3%）	0（3%）	52

3. 不同糖蜜浓度对产气量的影响

在混合水中加入 0.2% 的磷酸氢二铵作为氮源和磷源后,分别加入糖蜜使之终浓度分别为 0、0.5%、1%、1.5%、2%、3%、4%、5%、6%、7%、8%,将营养剂装满培养管（35mL）,创造一个厌氧环境,记录各处理 10 天的产气量。将注射器收集的气体使用气相色谱进行定性。

实验结果表明,在含有0.2%磷酸氢二铵的营养剂中,随着糖蜜浓度的升高,产气量逐渐变大,而以糖蜜浓度为7%时产气量最大,糖蜜浓度达到8%时,产气量反而变小,可能因为糖蜜浓度过高,抑制了本源微生物产气。后经验证实验,在含糖蜜7%、磷酸氢二铵0.2%的营养剂中加入0.2%的碳酸钙(油藏的多孔介质中也含有碳酸钙),35mL的营养剂能够产生550mL的气体。产气量达到营养液体积的15.7倍。这充分证明了利用本源微生物在厌氧条件下产气提高原油采收率的极大潜力。

4. 气体的定性

将配方12(糖蜜4.41%,磷酸氢二铵1.59%)及其他3个配方产生的气体使用气相色谱进行定性,发现气体成分主要为二氧化碳,其含量分别高达93.6%、97.66%、99.81%和100%,剩余的气体全部为氮气,其含量分别为6.4%、2.34%、0.19%和0。这说明在厌氧条件下,本源微生物将有机碳源发酵成了二氧化碳,而没有发现产甲烷菌产生的甲烷气体。

5. 厌氧产气激活体系激活效果评价

室内摇瓶实验模拟油藏激活内源菌后,测定激活后内源菌的活菌总数和腐生菌(TGB)、烃氧化菌(HOB)、硝酸盐还原菌(NRB)、硫酸盐还原菌(SRB)、厌氧发酵菌(FMB)和产甲烷菌(MPB)六类本源菌的数量。

由表3-15可以看出,厌氧产气激活体系能有效激活内源菌,使内源菌的活菌总数由10^6个/mL升高到10^{10}个/mL,提高了4个数量级;同时,也有效地激活了腐生菌、烃氧化菌、硝酸盐还原菌和厌氧发酵菌,它们普遍都提高2~4个数量级。

表3-15 配方激活后的活菌总数和六类本源菌的数量　　　　单位:个/mL

体系	活菌总数	TGB	HOB	NRB	SRB	FMB	MPB
空白组	$2.1×10^6$	$1×10^6$	$0.5×10^6$	$0.9×10^5$	未检出	$2.0×10^4$	未检出
产气激活体系	$4.6×10^{10}$	$>10^8$	$>10^8$	$>10^8$	未检出	$>10^8$	未检出

依据激活配方激活六类内源菌的效果,评价厌氧产气激活体系物模实验驱油效率。

6. 厌氧产气激活体系驱油效果评价

厌氧产气激活体系的采收率(含水率、压力)—注入孔隙体积曲线如图3-39所示。

由图3-39中采收率—注入孔隙体积曲线可以看出,在水驱至含水率为92%后(蓝绿线处),注入产气激活体系进行内源微生物驱可进一步提高采收率10.94%,说明内源微生物被激活,代谢产生了有利于乳化原油、有利于驱油的物质,起到了提高采收率的作用。

由图3-39中含水率—注入孔隙体积曲线可以看出,注入产气激活体系进行内源微生物驱能够较好地降低含水率。刚注入乳化激活体系0.5PV时,含水率开始稍微下降,由92.86%降至了91.34%,之后继续缓慢升高至96.30%,说明乳化激活体系本身便具有一定的驱油作用；注入1PV产气激活体系培养10天后进行后续水驱，含水率大幅度下降，由91.67%降至了87.74%，说明内源微生物被激活，起到了降低含水率的作用。

由图3-40中压力—注入孔隙体积曲线可以看出，产气激活体系注入过程中压力一直降低，由水驱末的0.12MPa降至0.09MPa，压力先降低说明产气激活体系本身具有一定的解堵驱油作用。后续水驱过程中压力先由0.09MPa急剧升高至0.22MPa，后平稳减小至0.14MPa，这说明乳化激活体系的主要作用在于产生生物气，或者同时产生不溶性代谢产物，使驱替压力增加；随着残余油的采出，又逐渐形成了注入水的畅流通道，压力逐渐降低。

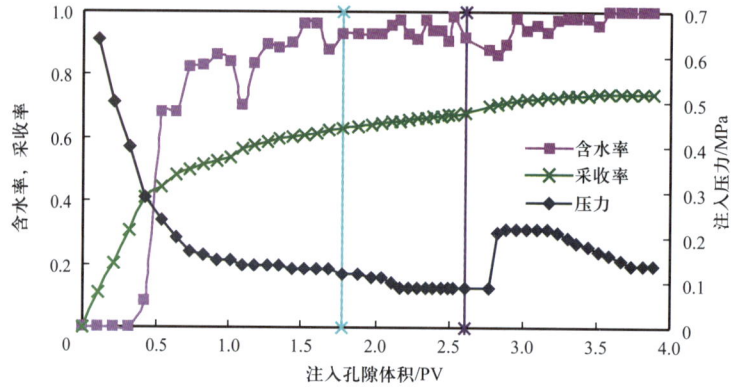

图3-39 配方12的采收率（含水率、压力）—注入孔隙体积曲线

参 考 文 献

［1］袁林杰，彭芃，申泰铭，等.石油烃降解菌的研究进展［J］.生命科学，2019，31（10）：1088-1097.

［2］李恒昌，丁明珠.石油烃生物降解过程的研究进展［J］.生物工程学报，2021，37（8）：2765-2778.

［3］王卫强，崔静，吴尚书，等.石油烃降解菌 Pseudomonas sp. 及其生物表面活性剂对原油处理效果分析［J］.石油学报（石油加工），2020，36（5）：1039-1046.

［4］张晓华，姜岩，岳希权，等.生物表面活性剂驱油研究进展［J］.化工进展，2016，35（7）：2033-2040.

［5］姚芙蓉，李军，张莹，等.生物表面活性剂生产及应用研究进展［J］.微生物学通报，2022，49（5）：1889-1901.

［6］孙瑾.鼠李糖脂高产菌株的诱变筛选及遗传改造［D］.济南：山东大学，2015.

［7］王奥.鼠李糖脂高产菌株诱变筛选、遗传改造及关键酶的异源表达［D］.济南：山东大学，2013.

［8］李南臻，王刚，万玉军，等.产鼠李糖脂铜绿假单胞菌的选育及其发酵条件的优化研究［J］.食品与发酵科技，2018，54（1）：1-8，17.

［9］赵峰，董梅，曲文豪.微生物合成鼠李糖脂的高产优化策略研究进展［J］.微生物学通报，2022，49（1）：373-382.

［10］张嵩元，汪卫东.基因工程微生物合成鼠李糖脂表面活性剂的研究进展［J］.微生物学报，2021，61（10）：3059-3075.

［11］康倩，向梦洁，张大伟.枯草芽孢杆菌在系统与合成生物技术中研究进展及工业应用［J］.生物工程学报，2021，37（3）：923-938.

[12] 吴超. 内源微生物激活体系筛选、优化及评价方法研究[D]. 廊坊：中国科学院研究生院（渗流流体力学研究所），2008.
[13] 崔庆锋. 新疆典型油藏内源微生物激活及驱油机理研究[D]. 廊坊：中国科学院研究生院（渗流流体力学研究所），2014.
[14] 夏文杰，高产生物表面活性剂的油藏微生物及其驱油机理的研究[D]. 廊坊：中国科学院研究生院（渗流流体力学研究所），2012.
[15] 东秀珠，蔡妙英. 常见细菌系统鉴定手册[M]. 北京：科学出版社，2001.
[16] 崔庆锋，齐义彬，伊丽娜，等. 氯化钙水型油藏内源微生物激活剂研究[J]. 科学技术与工程，2015，15（4）：78-83.

第四章 微生物提高采收率渗流及机理研究

微生物提高原油采收率是微生物与油藏相互作用的综合结果,涉及很多复杂的物理化学和生物化学过程,并且受到油藏温度、压力等多重因素影响。微生物驱油体系在多孔介质中的运移及其活性的研究对明确和深化机理认识具有重要作用。而对微生物驱提高采收率机理的系统研究结果对奠定微生物驱油技术的理论基础,并在此基础上进一步建立和完善相关专项技术,大幅提升驱油效果,促进该技术的推广与应用具有重要意义。

第一节 微生物渗流特征及驱油机理研究进展

一、微生物渗流特征研究进展

多孔介质中微生物渗流主要受五方面因素影响:(1)对流迁移,即微生物在水流的带动下向下游的运动;(2)分子扩散,即在浓度梯度作用下,微生物由高浓度向低浓度位置的扩散;(3)机械弥散,由于多孔介质骨架的存在,微生物的微观迁移速度无论在大小还是方向上都与平均水流速度不同,由此引起微生物在其他方向扩展;(4)化学趋向性,即微生物感知周围环境中的化学信号并对其做出反应,向着利于其生存的物质浓度较高方向的游动,趋向性增强了微生物的运动能力,有利于微生物在多孔介质中运移;(5)吸附滞留作用,通过对微生物吸附模式及影响吸附的因素进行研究发现,微生物在多孔介质中的吸附滞留机理较为复杂,主要包括筛分、架桥堵塞、界面吸附、黏附和聚集堵塞作用,在对微生物渗流过程进行定量化描述过程中,主要以吸附、脱附、滞留及不可及孔隙体积表征。

1. 对流迁移

对流作用是微生物、营养物及代谢产物在多孔介质中运移的主要动力,只要有流体的流动,就有对流作用的存在。在内源微生物激活过程中,可以根据对流情况近似估算激活剂的波及范围,从而对激活情况有一个比较直观的判断,如果考虑激活剂的吸附,那么激活剂随水流的推进速度将会变慢。

2. 分子扩散

只要流体中存在某种物质的浓度梯度,就会发生分子扩散,在静止的流体中也是如此。在多孔介质中,微生物的分子扩散远没有水中的分子扩散快,因为微生物在多孔介质中受到固体骨架的阻隔,物质需要更长的扩散距离[1]。

多孔介质中的孔径限制并且降低了微生物的运动系数。此外,孔隙结构也影响着微生物的游动和运动系数。在没有流体流动的情况下,曲折因子为τ的多孔介质中微生物的等效扩散系数为:

$$D^*=D/\tau \tag{4-1}$$

式中，D^* 为多孔介质中的分子扩散系数，称为有效扩散系数；D 为纯溶液中的分子扩散系数。

3.机械弥散

机械弥散是由于多孔介质中存在的孔隙和岩石骨架形成的孔隙中流体的微观渗流速度分布不均的现象。在假设的渗流条件下，达西流速是流体运动的宏观表示，代表单元体上的平均值，但这并不表示流体在微观尺度上的流动也是均匀的。实际上，由于受到孔隙形状和大小的影响，流体在微观尺度上的运动非常复杂。流速的微观变化造成了随流体运动的微生物场模型组分的迁移变化，进而在多孔介质中形成机械弥散现象。机械弥散在微观尺度上可以归结为三种基本机制：（1）当流体在多孔介质中流动时，受到流体与岩石表面间的摩擦阻力作用，孔隙中心处的流速会大于边界处的流速；（2）由于较大孔隙孔道比小孔隙孔道对流体运动的阻力小，流体在较大孔道中的流速会比在较小孔道中的流速大；（3）受到孔隙大小和形状的影响，流体在不同孔隙中的流动方向也不相同，从而使孔隙中的流速与平均流速方向不一致。

机械弥散作用的存在使得前缘峰面不再是突变界面，而是呈一定梯度变化的过渡带。根据机械弥散作用方向的不同，可分为纵向机械弥散和横向机械弥散。纵向机械弥散作用能够使微生物场模型组分沿着平均水流方向扩展，横向机械弥散作用能够使微生物场模型组分沿垂直于平均水流方向扩展。

三维弥散问题的弥散系数张量共有 9 个分量[2]。弥散通量分量的公式可以写为：

$$W_x = -D_{xx}\frac{\partial C}{\partial x} - D_{xy}\frac{\partial C}{\partial y} - D_{xz}\frac{\partial C}{\partial z} \tag{4-2}$$

$$W_y = -D_{yx}\frac{\partial C}{\partial x} - D_{yy}\frac{\partial C}{\partial y} - D_{yz}\frac{\partial C}{\partial z} \tag{4-3}$$

$$W_z = -D_{zx}\frac{\partial C}{\partial x} - D_{zy}\frac{\partial C}{\partial y} - D_{zz}\frac{\partial C}{\partial z} \tag{4-4}$$

采用矩阵形式：

$$\begin{bmatrix} W_x \\ W_y \\ W_z \end{bmatrix} = -\begin{bmatrix} D_{xx} & D_{xy} & D_{xx} \\ D_{yx} & D_{yy} & D_{yy} \\ D_{zx} & D_{zy} & D_{zz} \end{bmatrix} \begin{bmatrix} \dfrac{\partial C}{\partial x} \\ \dfrac{\partial C}{\partial y} \\ \dfrac{\partial C}{\partial z} \end{bmatrix} \tag{4-5}$$

假设孔隙介质中的弥散各向同性，加入有效分子扩散系数，则三维弥散系数张量的分量分别为：

$$D_{xx} = \alpha_L \frac{v_x^2}{|v|} + \alpha_T \frac{v_y^2 + v_z^2}{|v|} + D^* \qquad (4-6)$$

$$D_{yy} = \alpha_L \frac{v_y^2}{|v|} + \alpha_T \frac{v_x^2 + v_z^2}{|v|} + D^* \qquad (4-7)$$

$$D_{zz} = \alpha_L \frac{v_z^2}{|v|} + \alpha_T \frac{v_x^2 + v_y^2}{|v|} + D^* \qquad (4-8)$$

$$D_{xy} = D_{yx} = (\alpha_L - \alpha_T) \frac{v_x v_y}{|v|} \qquad (4-9)$$

$$D_{xz} = D_{zx} = (\alpha_L - \alpha_T) \frac{v_x v_z}{|v|} \qquad (4-10)$$

$$D_{yz} = D_{zy} = (\alpha_L - \alpha_T) \frac{v_y v_z}{|v|} \qquad (4-11)$$

式中，α_L 为纵向弥散系数；α_T 为横向弥散系数；v_x, v_y, v_z 分别为 x, y, z 方向的孔隙水流速，m/s；D^* 为分子弥散系数，m²/s；$|v|$ 为水相的达西速度，m/s。

4. 化学趋向性

化学趋向性，简称趋化性，是细菌对营养物浓度梯度所产生的反应。细胞表面的多种膜传感蛋白质与营养物化学因子结合，以化学信号在细胞内传递而调节细菌的运动系统，从而减少翻滚运动的频率，加强了直向推进运动，使细菌趋向营养源并聚集于高浓度区。化学趋向性增强了微生物的运动能力，有利于微生物在多孔介质中运移[3]。

描述微生物化学趋向性最基础的方程是 Keller-Segel 模型，该模型认为化学趋向性速率与吸引物的浓度梯度成正比：

$$\frac{\partial N}{\partial t} = \nabla(u_c \cdot N) = \nabla(\chi \nabla C \cdot N) \qquad (4-12)$$

式中，u_c 为化学趋向性速率；χ 为化学趋向性系数；C 为化学吸引物的浓度；t 为时间；N 为微生物浓度。

在微生物驱油数值模拟过程中，化学趋向性系数计算最常用的是指数模型，即

$$\chi = \delta/C \qquad (4-13)$$

$$u_c = \delta/C \cdot \nabla C = \delta \nabla(\ln C) \qquad (4-14)$$

式中，δ 为常数。

5. 吸附滞留作用

在矿场应用微生物采油过程中，微生物注入量多小于 0.1PV。通过对微生物吸附规律调研发现，微生物在该阶段的吸附量较大，需要考虑微生物的吸附规律及吸附在岩石表面

的菌种对提高采收率的影响。

1）理论基础

根据流体的流动速率与吸附速率之间的关系，吸附分为平衡吸附和非平衡吸附（或称动态吸附）。如果吸附速度比多孔介质中流体的流动速度快，液相中的物质与固相达到吸附平衡，这种吸附称为平衡吸附；反之，如果吸附速度比流体的流动速度慢，吸附过程就不会达到平衡，这种吸附称为非平衡吸附。平衡吸附需要液相中的物质与固体骨架有充分的接触时间。在很多情况下，吸附并不能达到平衡状态，这时必须应用非平衡吸附模式。常见吸附类型见表4-1。

表4-1 常见吸附类型

类型	吸附类型	表达式	适用条件	吸附特征
平衡吸附	Henry 吸附	$C_s=k_d C$	吸附到固相中物质与液相中浓度成正比	线性吸附；易于求解
	Freundlich 等温吸附	$C_s=k_f C^N$	适用于土壤对多种金属及有机化合物的吸附	基于Langmuir吸附的纯经验吸附，存在无限吸附量的吸附模式
	Langmuir 等温吸附	$C_s = \dfrac{\alpha\beta C}{1+\alpha C}$	固体表面均匀且吸附分子间无相互作用的单分子层吸附	特异吸附，吸附位占满后便不再吸附；存在吸附上限，更能真实地反映具有较高浓度的实际情况
动态吸附	线性不可逆动态吸附	$\dfrac{\partial C_s}{\partial t}=\lambda_1 C$	吸附速度与液相物质的浓度成正比	物质被吸附到固体表面，便不再解吸下来
	线性可逆动态吸附	$\dfrac{\partial C_s}{\partial t}=\lambda_2 C-\lambda_3 C_s$	—	吸附速度与吸附物质的量有关
	非线性可逆吸附	$\dfrac{\partial C_s}{\partial t}=\lambda_4 C^N-\lambda_5 C_s$	—	吸附反应是非线性的，而解吸反应是线性的

2）微生物吸附影响因素

在做液相吸附的影响因素分析时，通常要考虑到的因素有溶剂（储层流体）、溶质（菌体、营养物和代谢物）与吸附剂（储层多孔介质），以及它们之间的相互作用。吸附剂—吸附质亲和力越大，吸附力就越强，这是因为吸附剂—吸附质之间存在范德华力、氢键力和静电力。溶质在溶剂中的溶解性质在很大程度上影响着溶质—溶剂之间的亲和力，溶质—溶剂之间的溶解度越大，亲和力就越大，溶质在溶液中就越能稳定存在。通常，由于溶剂分子比溶质分子多得多，吸附剂首先吸附溶剂，吸附剂吸附溶质时，溶剂必须先脱落，这种亲和力对溶质吸附是负作用。溶剂分子对吸附位的占位作用，溶质在吸附剂上的吸附及溶剂对已吸附溶质的脱附作用，溶剂对溶质的溶解作用，以上作用的动态平衡决定着溶质在吸附剂上的饱和吸附量大小。因此，为了减少吸附剂吸附溶质量，图4-1中的亲和力B要尽可能小，亲

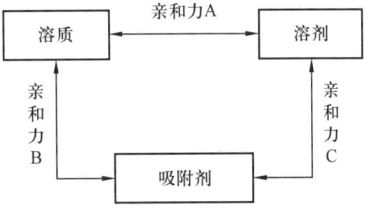

图4-1 液相吸附时的相互作用

和力 A 和亲和力 C 则要尽量大。吸附的影响因素见表 4-2。溶质、溶剂与吸附剂共同作用决定体系的吸附规律，并且菌体、营养物与代谢物之间也存在相互耦合、相互影响的关系，共同作用于岩心，改变岩心表面性质及流体流动性质，达到提高波及系数及洗油效率的效果，从而提高石油的采收率[4-8]。

表 4-2 吸附影响因素

溶剂（流体）	溶质（菌、营养物、代谢物）	吸附剂（岩心）
离子浓度、离子类型、盐度、酸碱度、流动速度、流体组成	活性、大小、浓度、分散度、运动能力、表面性质	矿物组成、表面带电性、表面粗糙度、有机质含量、黏土含量

Jongho Won 等通过填砂模型验证了微生物吸附与岩心中砂子表面的有机质含量、电解质中的离子浓度和离子类型有关。Anne 等验证了微生物吸附与菌体活性、运动能力和流体流动速率有关。Vennapusa 等验证了不同 pH 值缓冲液对微生物吸附的影响，微生物细胞的表面性质是决定其附着能力的主要因素。Knapp 等发现细菌在湿热灭菌后的贝雷砂岩岩心中比在干热灭菌后的贝雷砂岩岩心中运移快，这是由岩心中矿物组成和黏土形态变化造成的，湿热灭菌后，岩石表面负电荷增多，与细菌的静电排斥力增加。

Sarkar 等研究了驱替速度、注入菌浓、细菌分散度、盐度、温度和油相等因素对细菌在岩心毛细孔隙中运移的影响，探讨了微生物在岩石毛细孔隙中滞留的机制。Stepp 等研究了几种细菌在不同类型岩心中的运移能力。研究表明，微生物在贝雷砂岩岩心和陶瓷岩心中的运移效率高于在油层现场岩心中的运移效率。Jenneman 等研究发现，吸附在岩石表面的营养物质可以增加微生物在岩石表面的吸附量。吸附的营养物能够被微生物利用，使其局部富集和在位繁殖，从而起到降低油水界面张力、降低岩石表面原油边界层黏度、改变岩石表面润湿性、提高营养物的利用率的作用。Wiencek 等发现几种杆菌和球菌的孢子疏水性较强，较正常细胞更易附着在矿物表面上。Williams 和 Fletcher 研究了荧光假单胞菌在多孔介质中运移受产物（脂多糖）的影响。Bai 和 Brusseau 等研究了细菌代谢产物（鼠李糖脂）对微生物运移的影响。生物表面活性剂通过在菌体细胞膜外层的吸附，能够调节细胞表面的亲水亲脂性能，从而影响微生物的附着过程和对营养物的吸收过程。Cunningham 和 Sharp 等研究了处于饥饿状态微生物在多孔介质中的运移。研究发现，短时间处于饥饿状态导致细菌吸附量增加，长时间饥饿状态改变细胞吸附特性，能够提高细菌在多孔介质中的运移能力。Jang 和 Chang 等研究发现，注入的细菌悬液浓度小于 10^6 个 /mL 时能够减少菌体在入口端堵塞的可能性，当注入微生物浓度较高时，架桥和聚集堵塞是微生物在岩心中滞留的主要作用机制，微生物更易滞留在岩心入口段，形成外部或内部滤饼，并对该段岩心渗透率伤害较大。Sarkar 和 Georgiou 研究发现，细菌滞留和渗透率降低主要发生在微生物进入多孔介质的最初几厘米内；在砂管下部区域中，即使采出液菌落浓度很高（10^8 个 /mL），渗透性降低也比较小。当注入分散剂、提高注入速度、降低盐度、升高温度时，渗透性降低程度小，流出液细菌浓度较高[9-14]。

在矿场试验过程中，产出液细菌浓度监测曲线表现为大部分微生物并不是随水相一起推进的，而是比驱替相滞后，且滞后时间较长，在随后采出液中微生物浓度逐渐升高，而营养物在地层中发生吸附的同时也被微生物消耗殆尽，注入的营养物基本上无产出。

雷光伦和李希明等对菌体大小和孔喉匹配关系进行了室内实验，结果显示，随着杆菌长度的增加，采出量逐渐降低，表明菌体大小和孔喉匹配关系影响菌体在多孔介质中的运移。王代流等对渗透率小于10mD的低渗透岩心进行了微生物流动性实验，发现微生物在岩心中的吸附滞留会造成其渗透率的下降，高浓菌液短时间便会封堵岩心，对于低浓菌液，由于累计效应，同样会使岩心渗透率降低；岩心两端压差的增大会促进细菌的运移，但随着细菌在岩心运移深度的增加，压力恢复后渗透率下降得更多。程海鹰对比了不同渗透率岩心中的细菌通过率，结果表明，400mD为一分界渗透率，大于400mD的岩心，大多数微生物能顺利通过，而小于400mD的岩心中菌体滞留较多，渗透率下降幅度超过70%，同时发现，驱替速率并不是造成岩心渗透率下降的主要因素。张振鲁研究了细菌对岩心渗透率大小的影响，结果表明菌液作用后岩心渗透率都有所降低，对低渗透岩心渗透率的影响较大，23.9mD岩心的渗透率变化率达到51%，485mD岩心渗透率变化率接近22%。

二、微生物驱油机理研究进展

油藏中微生物驱提高原油采收率涉及复杂的生物化学和物理化学过程，自20世纪40年代Zobell等通过一系列研究发现了通过细菌代谢产物溶解碳酸盐岩、产生气体降低原油黏度、产生生物表面活性物质或者结合到岩石上改变润湿性而剥离附着其上的油膜等作用机理之后，大量室内研究和现场试验不断对这些机理认识进行了验证，并借助不断发展的研究手段和研究方法，进一步从系统性、深度和广度上进行了更为深入的研究，并逐步形成了微生物提高采收率机理的一些共识。

目前普遍认为微生物在油层中的主要作用表现在两个方面：微生物菌体自身的作用和微生物代谢产物的作用。前者主要包括微生物对原油的降解作用和微生物菌体的物理作用。微生物降解原油的直接结果是原油化学组分的改变，势必导致原油各种特性发生系列变化，原油物性的改变导致原油流动性的改善；微生物在油层中的生长繁殖，可使地层中菌体数量增多，细胞体积增大，对储油层的孔隙性、渗透性也会产生较大影响。早在1962年Crawford就认识到当向水波及区域注入适量微生物及营养物，菌体在以指数级的速度成倍增殖条件下，菌体细胞具有较强的封堵作用，能有效降低油层的非均质性，迫使注入水进入未波及油层。后者主要包含微生物各种代谢产物的作用。进入油层中的微生物代谢产物主要有生物表面活性剂、生物聚合物、气体（CO_2、CH_4、H_2、N_2等）、有机酸、醇、有机溶剂等物质。这些产物可作用于原油和储油层，乳化原油、降低原油黏度、降低水流度、改变岩石润湿性、改善岩石渗透率、增加地层压力和提高原油的流动性。

在微生物、油、水、气和岩石共存的复杂油藏环境中，影响微生物提高采收率的因素繁多，机理复杂多样，几乎涉及了目前对提高原油采收率的所有机理认识，通过微生物在油藏中的生长代谢作用，既能提高洗油效率，也能扩大水驱波及体积，还可以通过产生生物气提高地层压力（能量），机理的复杂性给实际应用带来不少困惑。早期认为微生物通过降解原油中的石蜡大分子，降低原油黏度或凝点，后来的研究证实这不是微生物驱油的主导机理。

以中国为代表的微生物提高采收率技术攻关团队自20世纪90年代系统开展技术研发

以来，不断深化微生物驱提高采收率机理研究，逐步实现了对驱油机理从表观到本质、从定性到定量、从单一到系统的认识提升。最近二十年的系统研究和试验结果表明，微生物提高采收率机理虽然复杂，但在具体应用时仅有一至两方面机理占主导，其他方面的机理作用贡献极小，无论是油井吞吐、油井清防蜡等单井增产或维护措施，还是微生物驱提高原油采收率，目前大家公认的主导机理是乳化降黏及产气增能，前者是通过微生物在地下产生表面活性物质实现原油乳化，启动不能流动的残余油，同时改变润湿性，降低原油流动阻力；后者是通过产气微生物产生 CO_2、N_2、CH_4 等生物气补充地层能量，同时生物气产生时对流体的扰动作用也可大幅度提高乳化效率。有关微生物在油藏中利用碳水化合物发酵生热的采油机理还没有相关的研究，在厌氧环境中，微生物通过生长产热可提高液体温度 20℃ 左右，虽然与热采相比升温幅度不大，但在有其他采油机理作用的同时，温度升高 20℃ 可能会显著提高整体驱油效率，有关微生物在油藏中生热的作用贡献还有待进一步研究。

第二节　微生物渗流规律研究

微生物、营养物质和代谢产物在油藏中的渗流机理是微生物采油机理研究的重要组成部分，也是微生物提高采收率技术的重要理论基础。在孔喉尺寸较小的油藏多孔介质中，渗流作用是影响各物质在油层中运移传质的一个重要原因。同时，随着流体的运动，各物质在油藏中的渗流也是构成油藏渗流场和生物场的重要原因，渗流场与生物场的动态耦合也是以各物质的渗流过程为基础的。

多孔介质微生物运移是影响微生物驱提高原油采收率的关键因素之一，只有通过优化注入速度或选择渗透率合理的油藏，保证微生物与营养物质进入水驱过的油藏深部并与原油、水等发生物理化学作用，这样才能够达到提高采收率的目的[15-19]。

一、微生物、营养基质与代谢产物运移规律

1. 微生物的动态运移

1）实验步骤

（1）按一定比例配制的石英砂装填岩心，称重，气测渗透率，高温灭菌；

（2）抽真空饱和灭菌地层水，水测渗透率，计算孔隙体积；

（3）用无菌水分别配制一定浓度的微生物菌液、营养液（葡萄糖、硝酸钾）、代谢产物（鼠李糖脂）；

（4）将驱替装置灭菌后放置于 37℃ 恒温箱中，以 0.5mL/min 的流速持续注入各物质至岩心中，并定期取样检测产出液中各物质的质量浓度，记录样品体积，直至产出液中的质量浓度等于或接近注入浓度并稳定一段时间；

（5）转注无菌水，并检测产出液中各物质的质量浓度，直至出口处激活剂质量浓度等于或接近 0 为止。流程如图 4-2 所示[20]。

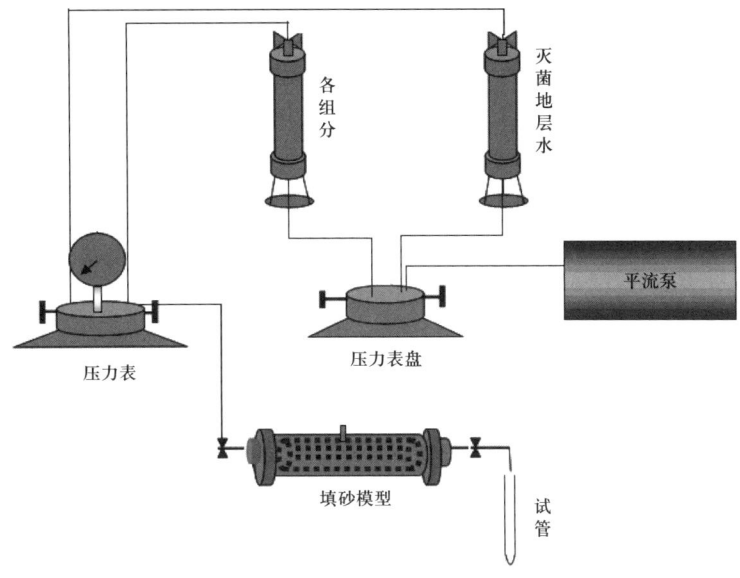

图 4-2　实验流程图

2）计算公式

动态滞留量计算公式：

$$A_r = \frac{C_0 V_f - \sum_{i=1}^{n} C_i V_i}{W} \quad (4-15)$$

式中，A_r 为滞留量，mg/g；C_0 为注入浓度，mg/L；V_f 为注入体积，L；C_i 为第 i 个流出样品中组分的浓度，mg/L；V_i 第 i 个流出样品中组分的体积，L；n 为流出液取样总个数；W 为岩心干重，g。

动态滞留率计算公式：

$$\lambda = \frac{M_0 - M_e}{M_0} \times 100\% \quad (4-16)$$

式中，M_0 和 M_e 分别为注入和流出岩心的组分质量。

3）检测方法

由于该实验待测样品较多，且各物质（菌体、葡萄糖、硝酸钾、鼠李糖脂）可通过检测其中碳、氮元素间接得到，为了检测方便，采用德国耶拿总有机碳/总氮（TOC/TN）全自动分析仪检测样品物质含量。其工作原理为：样品溶液放置在其内部高温炉内的石英管中，在 900~950℃ 高温下，以铂和三氧化钴或三氧化二铬为催化剂，使含碳物质燃烧裂解转化为 CO_2，含氮物质转化为 NO，然后用其自带的红外线气体分析仪测定 CO_2、NO 含量，从而确定水样中 TOC 与 TN 的含量。

对于菌浓的检测，可通过菌体氮元素含量反映。蛋白质是细胞的主要组成，含量也比较稳定，其中氮是蛋白质的重要组成元素，因此可通过仪器检测含氮量便可确定细胞总量。首先使用传统的活菌计数法得到一系列菌液浓度,再使用 TOC/TN 分析仪对菌液进行 TN 测量,最终得到菌浓与含氮量对应关系曲线(图 4-3),其相关系数达到 0.99 以上,说明使用菌液含氮量可很好地表示菌液浓度。该种菌浓检测新方法具有以下优势:过程简便,用时短,从原来的 48h 缩短至 10min;对于同株菌,得出的细胞总量与含氮关系式可通用;准确度高,相关系数达到 0.99 以上。同理,对葡萄糖、硝酸钾、鼠李糖脂进行以上处理,得到图 4-4 至图 4-6 对应关系曲线。

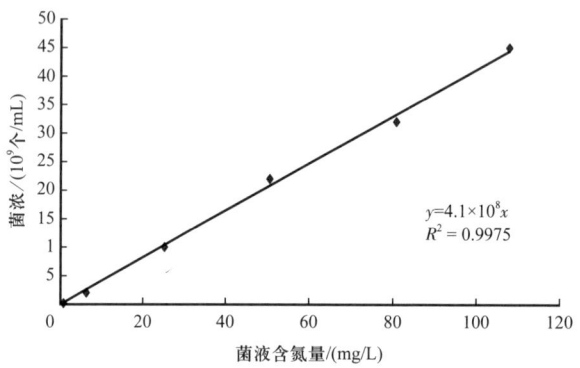

图 4-3　菌浓与菌液含氮量关系曲线

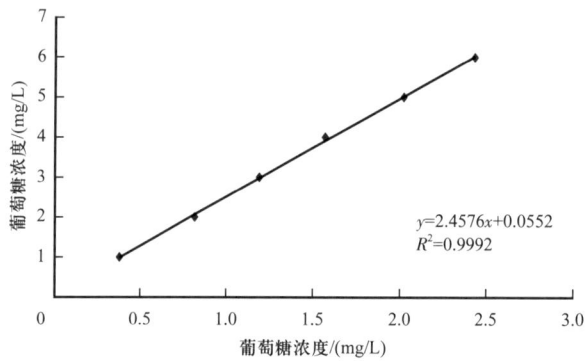

图 4-4　葡萄糖浓度与含碳量关系曲线

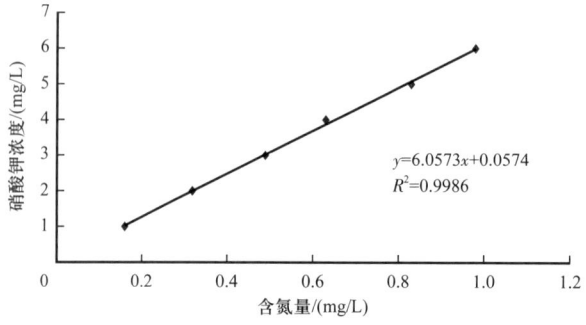

图 4-5　硝酸钾浓度与含氮量关系曲线

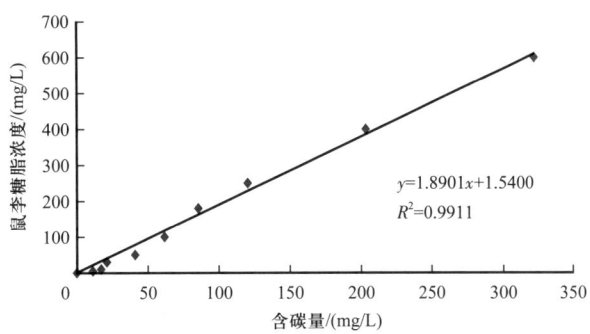

图 4-6 鼠李糖脂浓度与含碳量关系曲线

由图 4-3 至图 4-6 看出，各物质与其所含碳、氮元素有着很好的对应关系，可以使用 TOC/TN 分析仪检测各物质碳、氮元素含量，以间接得到各物质含量，既保证了检测的准确性，又提高了工作效率。

4）结果与讨论

利用装填好的岩心（岩心参数见表 4-3）研究铜绿假单胞菌的动态运移及吸附滞留情况。采用 TOC/TN 分析仪检测出口端菌浓，得到如图 4-7 所示的动态运移曲线。

表 4-3 微生物动态运移实验用岩心参数

尺寸（直径×长度）/（cm×cm）	气测渗透率/mD	水测渗透率/mD	孔隙体积/mL	孔隙度/%	干重/g
2.5×20	519	473	34.4	35.06	164.1

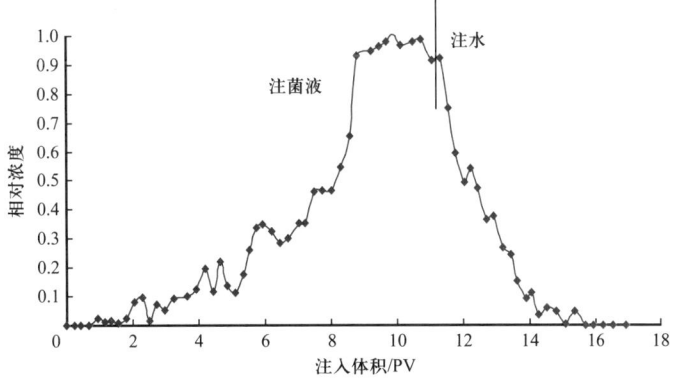

图 4-7 菌体在岩心中的动态运移曲线

如图 4-7 所示，菌浓随注入体积的变化而变化：在初始注入的 5 倍孔隙体积内，菌液相对浓度（各时刻流出菌液浓度与注入菌液浓度的比值）呈缓慢上升趋势，说明在饱和水的岩心中，注入的菌体很大程度上滞留在岩心多孔介质中，在此后注入的 4 倍孔隙体积菌液过程中，相对浓度迅速升高，说明菌体在岩心中的传质运移过程较为顺利，岩心多孔介质对菌体的吸附逐渐接近饱和；再继续注菌液，相对浓度基本稳定在 1 附近，说明菌体在岩心中吸附滞留已达到饱和状态;后期水驱过程中,出口端菌浓急剧下降,而后慢慢稳定在较低水平,可以看出,菌体在水流冲击下发生脱附、弥散扩散等作用,使得部分菌体由岩心流出。经计算,菌体在岩心多孔介质中的滞留量为 0.15mg/g,滞留率达 59.41%。

2. 营养基质的动态运移

利用装填好的岩心(岩心参数见表 4-4)分别测定葡萄糖和硝酸钾的动态运移及吸附滞留情况。采用 TOC/TN 分析仪检测出口端葡萄糖和硝酸钾的浓度,得到如图 4-8 和图 4-9 所示的动态运移曲线。

表 4-4 营养基质动态运移实验用岩心参数

尺寸(直径×长度)/ (cm×cm)	气测渗透率/ mD	水测渗透率/ mD	孔隙体积/ mL	孔隙度/ %	干重/ g
2.5×20	473	424	33.06	33.69	163.4

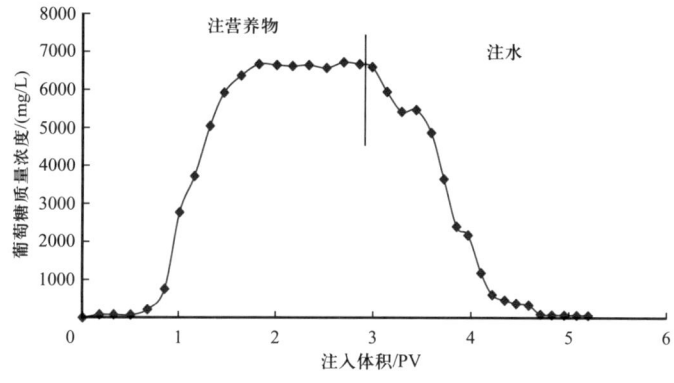

图 4-8 葡萄糖在岩心中的动态运移曲线

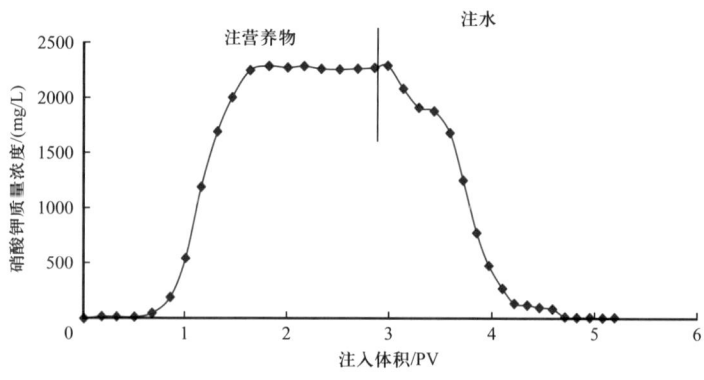

图 4-9 硝酸钾在岩心中的动态运移曲线

由图 4-8 和图 4-9 可以看出,注入营养液约 1.5PV 时,出口端检测到其浓度达到最大值,基本等于初始注入浓度;注入营养液达 2.85PV 后改注无菌水,注水达 2.3PV 后,各组分出口浓度接近 0。两种营养液组分具有相似的动态吸附规律，根据式（4-15）和式（4-16）计算得到营养基质各组分的吸附参数，见表 4-5。

表 4-5　营养基质运移吸附参数对比

组分	初始浓度 /（g/L）	动态滞留量 /（mg/g）	动态滞留率 /%	静态吸附量 /（mg/g）	静态吸附率 /%
葡萄糖	6.8	0.1133	3.07	0.7142	0.53
硝酸钾	2.4	0.0674	5.36	0.3463	0.72

由表 4-5 可知，在静态吸附和动态吸附中，葡萄糖的静态吸附量或动态滞留量均比硝酸钾高。这可能是由于液体在多孔介质中流动时，复杂的孔喉结构和岩心固体介质的性质对溶质产生的捕集作用存在差异。葡萄糖在岩心中易被捕集；硝酸钾与岩心的吸附作用较弱。同时，由于静态吸附时溶液与吸附剂经长时间恒温恒速摇动而达到充分接触，吸附剂的吸附位被溶质充分占据，最终达到动态吸附平衡状态；而动态吸附中单位质量岩心比表面积比静态吸附中石英砂小，导致吸附位减少，加上水体弥散扩散作用和溶质解脱附作用，使得静态吸附量比动态滞留量要大。

营养剂的不同营养组分在流经油藏多孔介质时，由于化学剂本身结构和性质的差异、地层流体性质、岩石表面性质及其孔隙结构等因素的影响，会导致营养剂体系组分间发生不同程度的色谱分离，其结果是改变原有体系的最佳配方，使其协同作用降低或消失，甚至不能达到激活油藏微生物的效果，影响最终驱油效果。图 4-10 为营养剂各组分在岩心出口端的相对浓度与注入体积的关系曲线，可以看到：两种组分达到相对浓度峰值时的 PV 数基本相同，且曲线趋势基本吻合，说明在这种物理模型中的实验结果没有发生色谱分离，或者所用岩心太短，暂未见色谱分离现象。

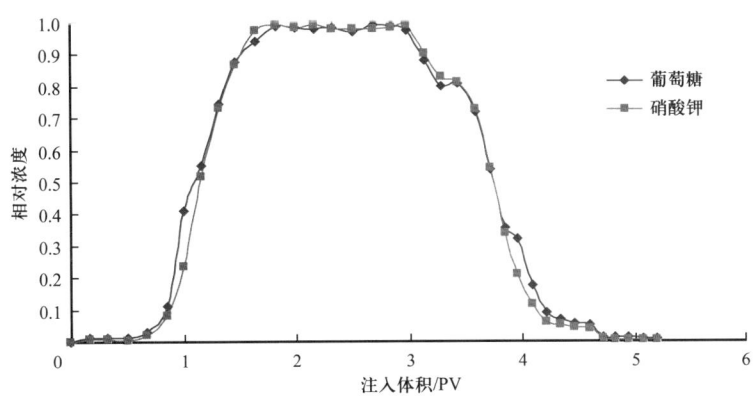

图 4-10　营养剂在岩心中的动态运移曲线

3. 代谢产物的动态运移

利用装填好的岩心（岩心参数见表 4-6）分别测定鼠李糖脂的动态运移及吸附滞留情况，采用 TOC/TN 分析仪检测出口端鼠李糖脂的浓度[21]。

表 4-6　鼠李糖脂动态运移实验用岩心参数

尺寸（直径 × 长度）/（cm×cm）	气测渗透率/mD	水测渗透率/mD	孔隙体积/mL	孔隙度/%	干重/g
2.5×20	531	497	37.8	38.52	161.5

鼠李糖脂在多孔介质中的运移过程可用以下对流扩散方程表示：

$$D\frac{\partial^2 c}{\partial x^2} - v\frac{\partial c}{\partial x} = \left[1 + \frac{(1-\phi)s}{\phi}Kt\mathrm{e}^{-Kct/c_{\mathrm{m}}}\right]\frac{\partial c}{\partial t} \qquad (4-17)$$

式中，D 为扩散弥散系数，cm^2/s；ϕ 为孔隙度；c 为鼠李糖脂浓度，mg/L；c_{m} 为鼠李糖脂最大吸附浓度，mg/L；s 为鼠李糖脂波及系数；K 为吸附常数；t 为时间，s。

经计算，得到驱替出的鼠李糖脂相对浓度可表示为：

$$\frac{c}{c_0} = \begin{cases} \dfrac{1}{2}\left[1 - \mathrm{erf}\dfrac{L(\theta-n)}{2\sqrt{D\theta Tn}}\right], & n \leqslant n_0 \\ \dfrac{1}{2}\left[1 - \mathrm{erf}\dfrac{L(\theta-n)}{2\sqrt{D\theta Tn}}\right] - \dfrac{1}{2}\left[1 - \mathrm{erf}\dfrac{L[\theta-(n-n_0)]}{2\sqrt{D\theta T(n-n_0)}}\right], & n > n_0 \end{cases} \qquad (4-18)$$

式中，L 为岩心长度，cm；θ 为运移滞后系数；n 为孔隙体积倍数；n_0 为鼠李糖脂注入孔隙体积倍数；T 为 1 倍孔隙体积注入量所需时间，s。

方程中参数部分可由实验数据获得，通过 MATLAB 软件拟合得到两未知参数 θ 和 D，运移滞后系数 θ 为 3.15，扩散弥散系数 D 为 $0.0037\mathrm{cm}^2/\mathrm{s}$，最终得到鼠李糖脂在多孔介质中运移的模拟计算曲线。图 4-11 为计算值与实测值的对照曲线。

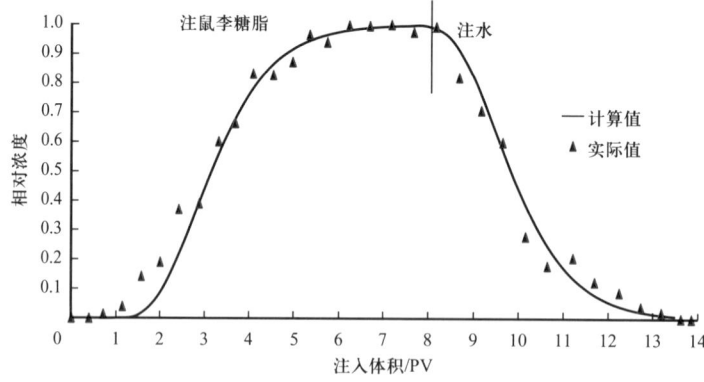

图 4-11　鼠李糖脂在岩心中的动态运移曲线

由图 4-11 看出，计算值与实测值相关性很好，该方程能较好地描述鼠李糖脂在岩心多孔介质中的运移规律；注入鼠李糖脂 5PV 时，出口端检测到其浓度达到最大值，基本等于初始注入浓度，注入鼠李糖脂达 7.6PV 后改注无菌水，注水量达 6.2PV 后，各组分出口浓度接近 0；经计算，得到鼠李糖脂的吸附滞留量为 0.2088mg/g，滞留率为 11.64%。

4. 微生物、营养基质及代谢产物动态运移特征对比

通过营养基质、微生物与代谢产物在岩心多孔介质中运移过程的物理模拟实验，分别得到了微生物采油各组分在孔隙度、渗透率等物性参数相当的岩心中的运移参数（表4-7）和运移规律（图4-12）。由吸附滞留参数看出，对于滞留量，代谢产物最高，菌体次之，营养基质最低，说明代谢产物在流动中更易吸附在多孔介质中，而菌体由于自身结构特点，不易进入较小孔道中，滞留量稍低，但在其进入的孔道中，由于菌体本身的特性，使得滞留率在较高水平。由运移曲线看出，营养基质和代谢产物运移趋势相同，说明它们遵循着相似的运移规律，它们与菌体的运移规律差别较大，菌体更难达到饱和吸附，达到吸附平衡和解吸附相对滞后。

表4-7 微生物采油各物质组分在多孔介质中的动态运移参数比较

组分		岩心模型参数				吸附滞留参数		
		渗透率/mD	孔隙体积/mL	孔隙度/%	砂体干重/g	初始注入浓度	滞留量/(mg/g)	滞留率/%
菌体		473	34.4	34.05	164.1	4×10^7 个/mL	0.1522	59.41
营养基质	葡萄糖	424	33.06	33.69	163.4	6.8g/L	0.1133	3.07
	硝酸钾					2.4g/L	0.0674	5.36
代谢产物		497	37.8	38.52	161.5	1.0g/L	0.2088	11.64

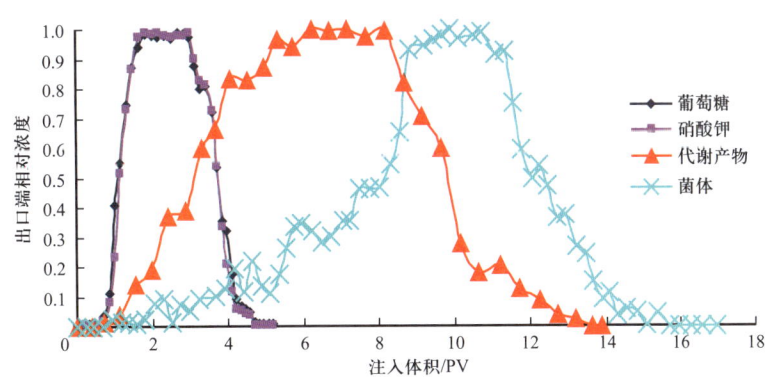

图4-12 微生物采油各组分在岩心多孔介质中的动态运移曲线

二、菌体的吸附、筛分及不可及孔隙体积求取

菌体吸附是影响微生物驱油提高原油采收率的关键因素，关系着各组分在油藏中的分布，只有通过优化注入速度或选择渗透率合理的油藏，保证微生物与营养物质能顺利进入油藏深部并与原油、水等发生物理化学作用，这样才能够达到提高采收率的目的。

1. 微生物吸附特征与吸附模型确立

基于填砂模型考虑，不同大小的颗粒配比对应不同的渗透率，建立了不同颗粒分布的

A 砂和 B 砂在不同配比下和渗透率的对应关系（表 4-8）。随着 A 砂比例的提高，粗砂所占比例增大，渗透率随之变大。

表 4-8 吸附颗粒配比和渗透率的对应关系

A 砂：B 砂	气测渗透率 /mD
0.5：1	94
2：1	400
3：1	850
4：1	1221

针对这四种配比颗粒进行了等温吸附实验，研究发现：随着菌浓的提高，吸附量逐渐增大，但吸附量并未达到最大值（图 4-13）。而文献报道的油藏条件下激活微生物的最大菌浓一般不超过 3.5×10^8 个 /mL，吸附实验中设置的最大菌浓在该范围内，说明在油藏条件下，微生物菌体的吸附量不能达到最大值；A 砂和 B 砂的比例越大，渗透率越高，吸附量越小，说明在相同质量条件下，粗砂所占的比例越大，比表面积越小，吸附位点相对较少，吸附量随之减少[22]。

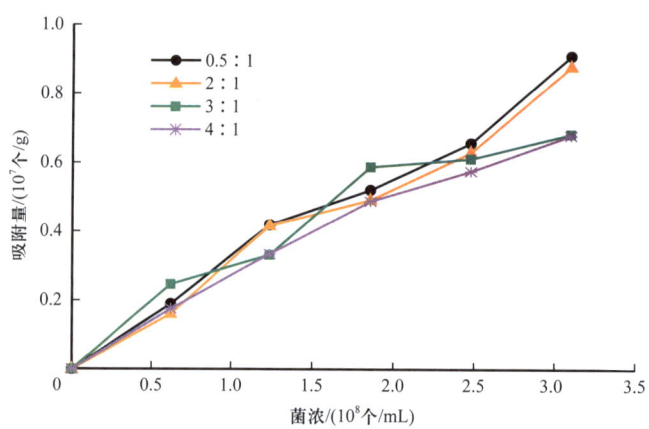

图 4-13 不同配比吸附颗粒对 WJ-1 菌的等温吸附

1）铜绿假单胞菌静态吸附模型拟合

常见的等温吸附模型主要划分为 Linear 平衡吸附、Langmuir 平衡吸附、Freundlich 平衡吸附和 Temkin 平衡吸附四种类型。通过这四种吸附模型对吸附实验结果进行拟合，获得相关参数（表 4-9）。对比相关系数 R^2 即可发现，相对于其他平衡吸附模型，Freundlich 平衡吸附模型拟合的 R^2 介于 0.9608～0.9937，拟合度最高。因此，微生物在多孔介质表面的吸附符合 Freundlich 吸附模型，该结果与 Huysman 等和 Burge 等的研究结果相同。另外还发现，菌体在多孔介质表面的吸附用 Langmuir 拟合效果最差，这是由于 Langmuir 吸附模式是建立在固体表面吸附位点有限这一概念上的，当所有的吸附位点均被占满时，固体表面不再具备吸附能力。而在油藏环境下，整体菌浓一般低于 3.5×10^8 个 /mL，不会完全占据吸附位点。因此，不适合应用 Langmuir 吸附模型拟合采油微生物在油藏多孔介质中的吸附。

表 4-9 吸附颗粒对 WJ-1 菌等温吸附拟合的相关参数

吸附模型	拟合参数	参数取值			
		0.5∶1	2∶1	3∶1	4∶1
Linear	K_{lin}	0.0287	0.0276	0.0259	0.0236
	R^2	0.9730	0.9657	0.8281	0.9501
Langmuir	S_{max}	5.0×10^7	2.0×10^8	2.0×10^7	2.5×10^7
	K_{lan}	6.5276×10^{-10}	1.4277×10^{-10}	1.7490×10^{-9}	1.2600×10^{-9}
	R^2	0.3107	0.0187	0.6485	0.9461
Freundlich	K_{fre}	0.1316	0.0354	0.6783	0.4875
	n	1.0858	1.0128	1.2055	1.1855
	R^2	0.9826	0.9686	0.9608	0.9937
Temkin	K_{tem}	4×10^6	4×10^6	3×10^6	3×10^6
	a	-7×10^7	-7×10^7	-6×10^7	-5×10^7
	R^2	0.9239	0.9250	0.9530	0.9846

2）枯草芽孢杆菌静态模型验证

在吸附颗粒 A 砂∶B 砂为 4∶1 条件下，对两株采油微生物进行了静态吸附实验对比研究，并应用 Freundlich 吸附模型进行拟合。研究发现，Freundlich 吸附模型很好地拟合了菌株 SLY-3 的吸附实验结果（图 4-14），说明 Freundlich 吸附模型同样适用于其他采油微生物。

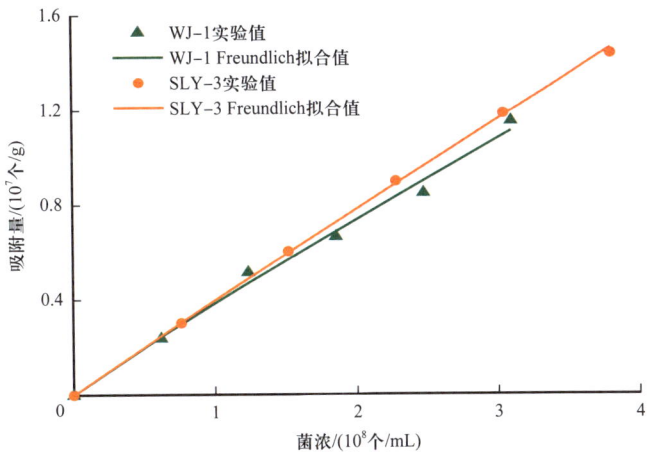

图 4-14　WJ-1 和 SLY-3 的等温吸附曲线

另外，还发现 SLY-3 的吸附量略高于 WJ-1。经测定，SLY-3 的水相接触角为 43.87°，WJ-1 的水相接触角为 68.69°，WJ-1 的疏水性强于 SLY-3，而岩心的水相接触角为 61.15°，弱亲水，在颗粒表面会形成一层水膜，菌体的亲水性越弱，颗粒表面的菌体吸附量越少。因此，菌体和多孔介质表面的疏水性关系影响菌体在多孔介质表面的吸附量。

2. 微孔对典型功能菌筛分作用

微孔对菌体有筛分作用，而这种作用又受到菌浓和注入速度的影响。通过滤膜实验分别研究了铜绿假单胞菌 WJ-1 和枯草芽孢杆菌 SLY-3 在不同注入速度和不同菌浓条件下的筛分通过率 C/C_0，从而分析注入速度和注入菌浓对筛分作用的影响[5]。

1）微孔对铜绿假单胞菌 WJ-1 的筛分作用

（1）注入速度的影响。

从图 4-15 可以看出，不同的注入速度条件下，通过率明显不同，注入速度影响筛分通过率。其中，当菌浓为 1.85×10^4 个 /mL 和 1.85×10^6 个 /mL 时，注入速度越大，通过率越低。说明注入速度越快，菌体越容易在孔喉处聚集，造成通过率降低；而当菌浓为 1.85×10^8 个 /mL 时，0.25mL/min 条件下的通过率出现偏差，说明在高菌浓条件下菌浓的作用占据了主导作用。

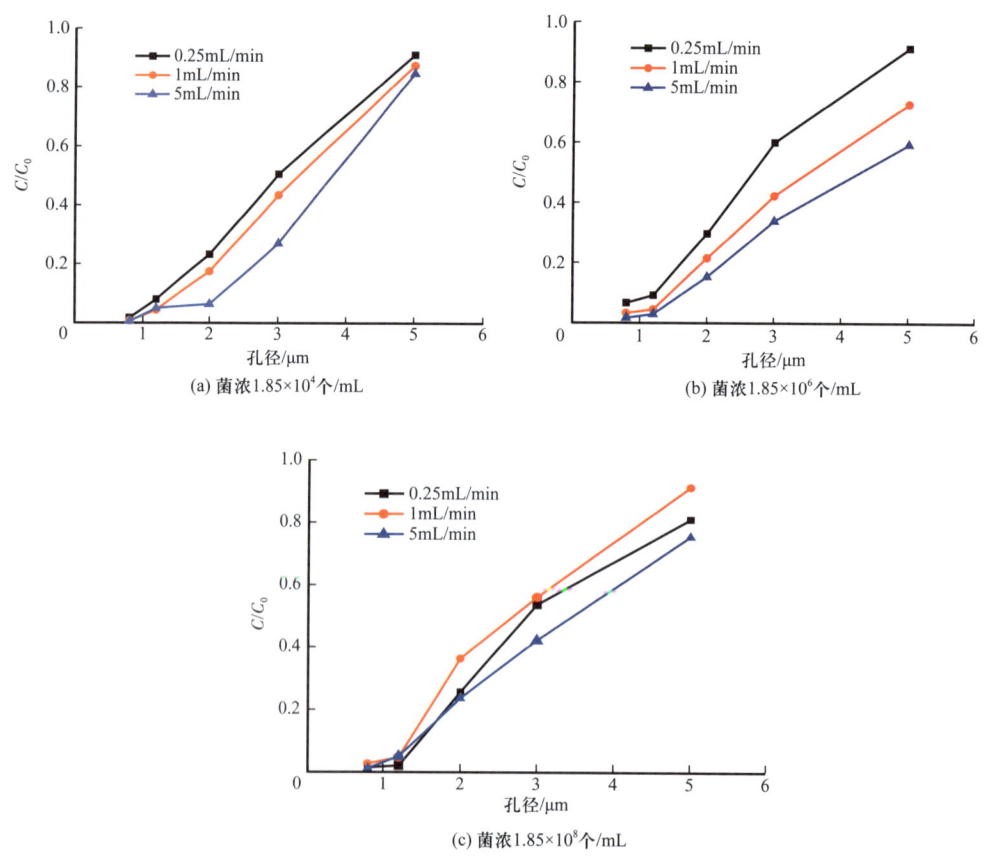

图 4-15 WJ-1 不同注入速度下的通过率

（2）注入菌浓的影响。

在相同注入速度下考察注入菌浓对筛分通过率的影响，从图4-16可以看出，注入菌浓的影响规律并没有像注入速度影响那么有规律，且注入菌浓变化造成筛分通过率的变化幅度小于注入速度变化造成的筛分通过率变化幅度，说明WJ-1在通过滤膜微孔时，注入速度的影响要大于注入菌浓的影响。

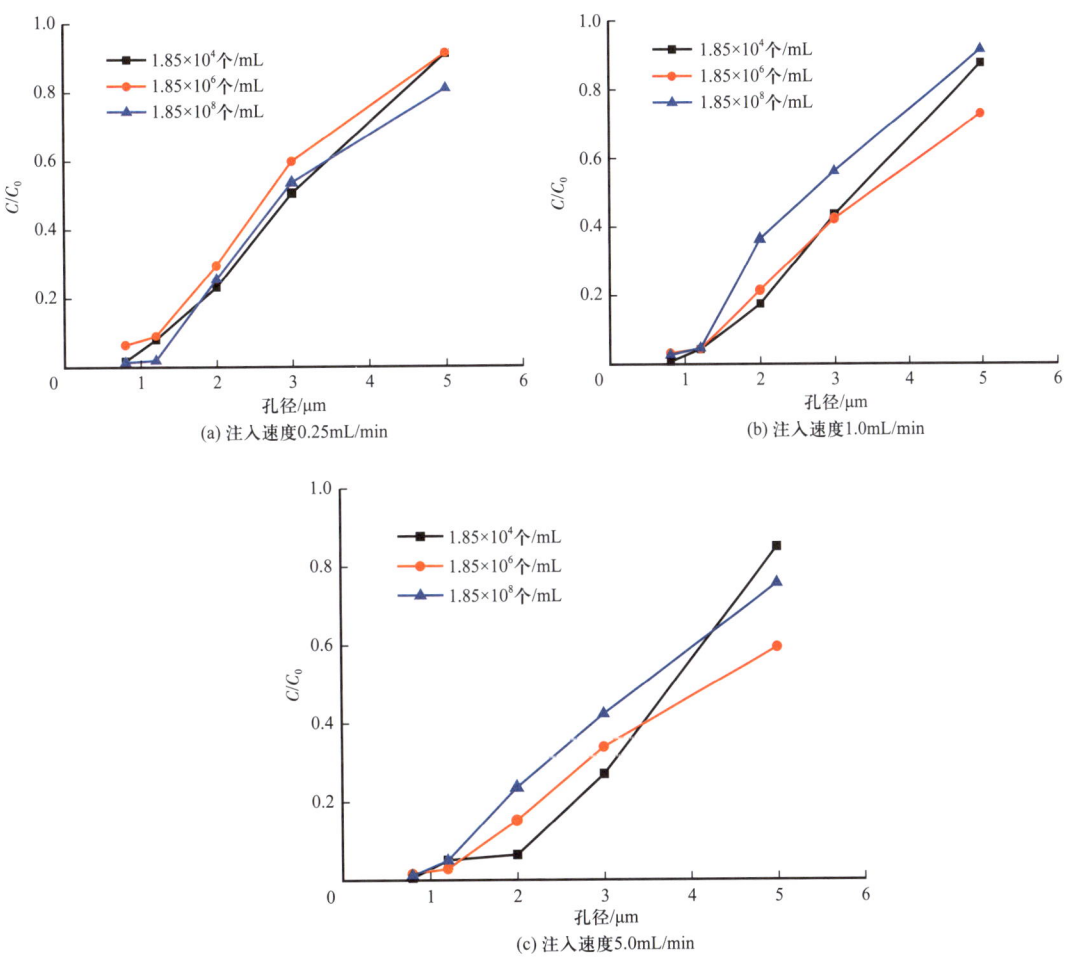

图4-16　WJ-1不同菌浓的通过率

2）微孔对枯草芽孢杆菌SLY-3的筛分作用

（1）注入速度的影响。

在相同注入菌浓条件下考察注入速度对枯草芽孢杆菌SLY-3筛分通过率的影响，通过图4-17可以看出，整体呈现注入速度越快通过率越低的趋势，当菌浓为5.30×10^7个/mL时，三条曲线基本重合，说明此时注入速度的影响不大，此时菌浓的作用占主导地位；对比发现，菌浓越高，通过率越低。

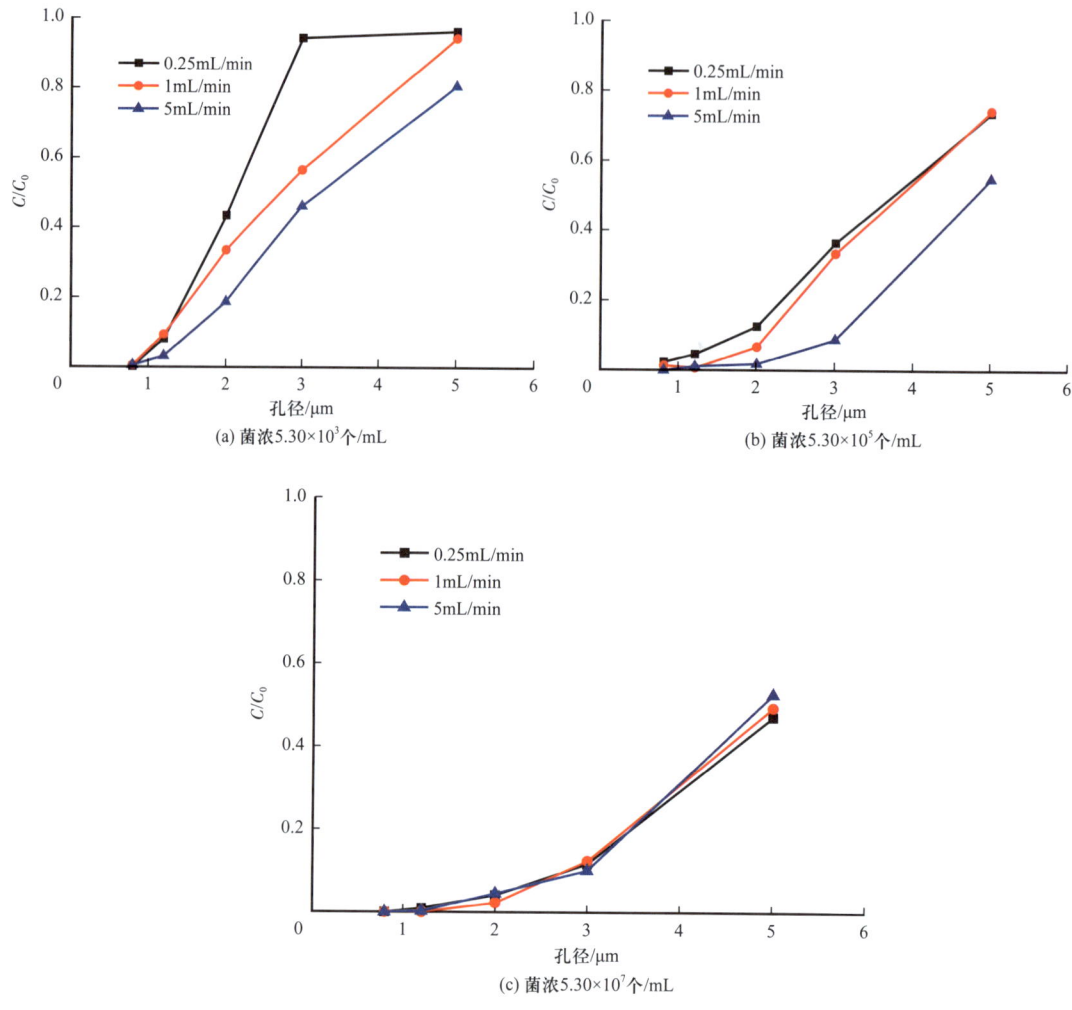

图 4-17 SLY-3 不同注入速度下的通过率

（2）注入菌浓的影响。

在相同注入速度条件下考察注入菌浓的影响，通过图 4-18 可以发现，菌浓的影响相对于之前研究的注入速度的影响要显著很多，明显呈现注入菌浓越高通过率越低的趋势，说明枯草芽孢杆菌 SLY-3 在通过滤膜微孔时，注入菌浓的作用要强于注入速度的作用。

3. 不可及孔隙体积

微生物具有一定的个体尺寸，一般菌体长度为 0.5~10μm，宽度（直径）为 0.5~2μm，微生物菌体的大小与胶体分子大小相近，在研究菌体运移过程中，通常将其等效成胶体颗粒。胶体颗粒具有水动力学尺寸，研究微生物的水动力学尺寸有助于研究菌体和孔喉的匹配关系，确定菌体的不可及孔隙体积，有利于驱油体系的筛选及研究菌体在地层中的运移分布。

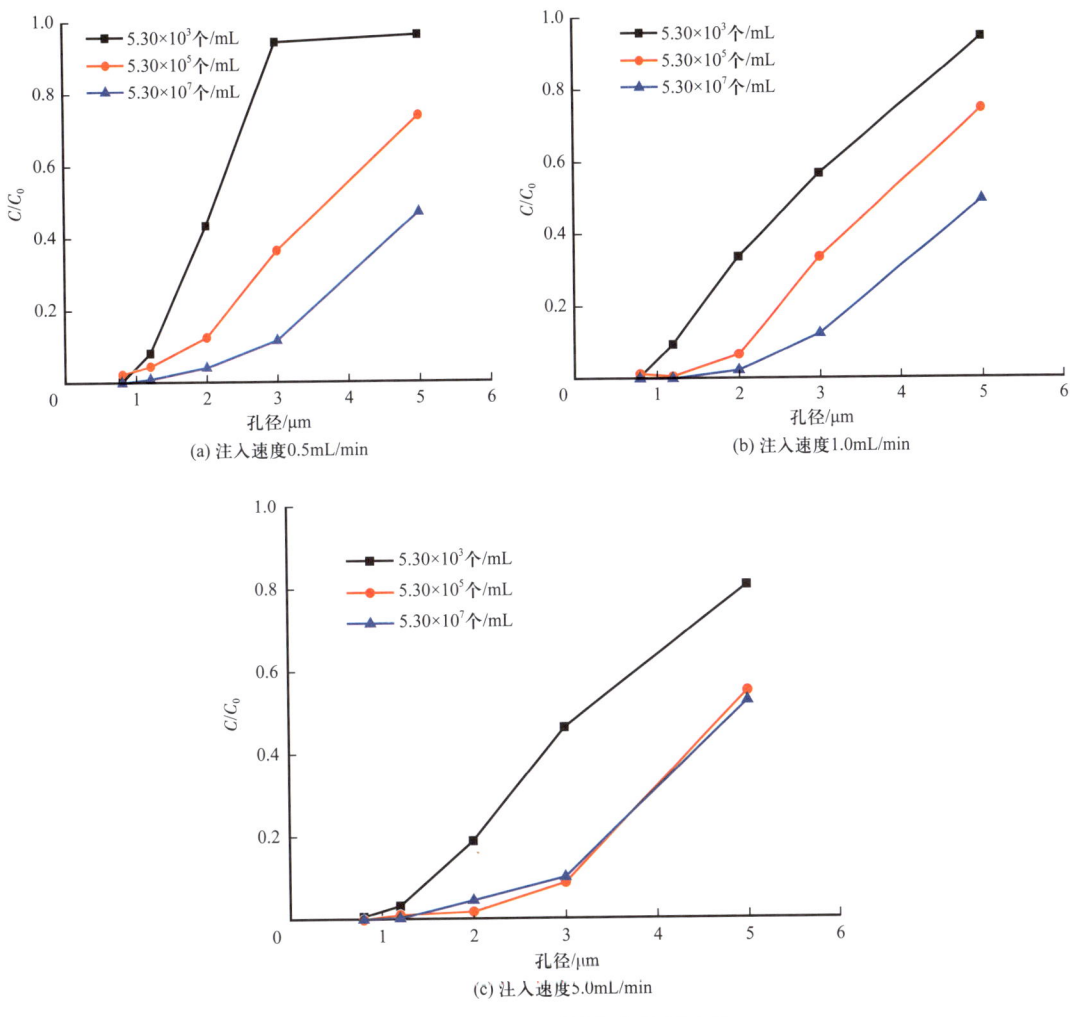

图 4-18 SLY-3 不同菌浓的通过率

张瑞玲根据菌体的体积计算菌体的平均体积水力学当量半径，忽略了菌体的运动特征。另有研究发现，杆状细菌的有效粒径与其进入孔隙入口的方向有关，忽略了菌体的柔性变形。因此，这些研究描述了单个菌体的等效尺寸，不能体现微生物在油藏运移过程中的宏观大小。为了能够直观体现菌体在随水流运动通过孔喉过程中所呈现的大小，建立了微生物在多孔介质运移过程中的水动力学尺寸的求取方法，并对其进行深入研究。基于架桥理论，建立了微生物水动力学尺寸的确定方法，研究了菌浓和注入速度对微生物水动力学尺寸的影响，通过水动力学尺寸研究了不同渗透率岩心的不可及孔隙体积。实验结论可为研究微生物在多孔介质中的运移规律、完善微生物采油机理提供参考。

1）微生物不可及孔隙体积求取方法的建立

（1）微生物水动力学尺寸求取。

聚合物溶液有固定的浓度，而菌悬液由于菌体的生长繁殖，菌浓会随之发生变化。当菌体在多孔介质中运移时，只要有菌体能够通过喉道进入孔隙，哪怕量很少，只要生长条件适宜，即可通过生长繁殖形成大量分布。因此，在建立微生物水动力学尺寸的求取方法时，必须考虑其分散特征和生长特性。

在一定注入速度下，让微生物悬浮液通过不同孔径的微孔滤膜，测定初始滤出液中微生物浓度，绘制相对浓度（C/C_0）与滤膜孔径的关系曲线，并将关系曲线中呈线性的点拟合成直线，如图 4-19 所示。借鉴聚合物水动力学尺寸求取方法，取 C/C_0 值为 0 时直线与坐标轴的交点，即为微生物的水动力学尺寸 D_h，而直线与 $C/C_0=1.0$ 这条直线的交点则表示允许菌体能够完全通过的孔径最小尺寸 D_p。

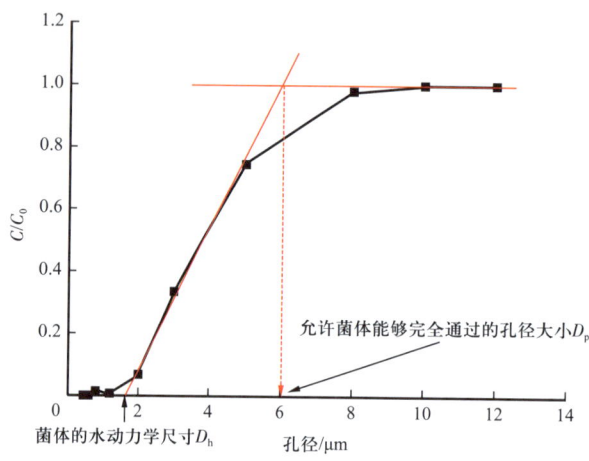

图 4-19　微生物水动力学尺寸求取示意图

（2）不可及孔隙体积的获取方法。

由于驱油功能菌在多孔介质运移过程中存在筛分滞留，不易获得菌体运移过程曲线和示踪剂运移曲线的包络面积，不适合采用包络面积的方法求取不可及孔隙体积［图 4-20（a）］，因此选通过微生物的水动力学尺寸和孔隙体积累积分布曲线获得不同渗透率岩心的不可及孔隙体积的方法［图 4-20（b）］。

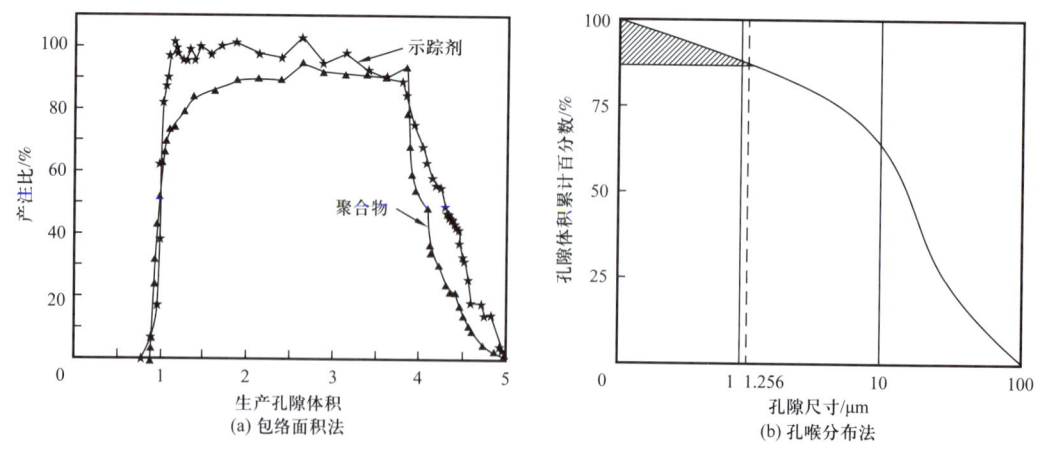

图 4-20　两种求取不可及孔隙体积的方法

2）不同微生物水动力学尺寸求取

（1）铜绿假单胞菌在运移过程中的水动力学尺寸。

铜绿假单胞菌 WJ-1 在运移过程中的水动力学尺寸受到运移速度和菌浓的影响，从而呈现不同的大小。水动力学尺寸处于 0.597~1.406μm（表4-10）。而铜绿假单胞菌 WJ-1 的菌体长度主要集中在 0.9~1.2μm 之间。最小水动力学尺寸小于菌体大小，说明在运动过程中菌体存在收缩变形；最大水动力学尺寸大于菌体尺寸，说明菌体在运移过程中存在聚集堵塞。

表 4-10　WJ-1 不同注入速度和菌浓条件下对应的水动力学尺寸

注入速度/ (mL/min)	水动力学尺寸/μm		
	1.85×10^4 个/mL	1.85×10^6 个/mL	1.85×10^8 个/mL
0.25	0.851	0.597	0.811
1	1.084	0.816	0.627
5	1.406	0.923	0.79

（2）枯草芽孢杆菌在运移过程中的水动力学尺寸。

通过微孔滤膜实验测定枯草芽孢杆菌 SLY-3 在不同注入速度和菌浓条件下的水动力学尺寸，见表4-11。菌体的水动力学尺寸受到注入速度和菌浓的共同影响，大小范围在 0.308~2.617μm 之间，而枯草芽孢杆菌 SLY-3 菌体长度主要集中在 1.3~2.5μm 之间，可见 SLY-3 可以通过小于自身大小的微孔，说明菌体在通过微孔过程中存在收缩变形。该结论和雷光伦的研究结论相符，认为微生物是有机柔性体，在喉道处压力作用下，可以通过收缩变形通过喉道。而最大水动力学尺寸大于菌体尺寸，进一步说明了菌体在运移过程中存在聚集堵塞现象。

表 4-11　SLY-3 不同注入速度和菌浓条件下对应的水动力学尺寸

注入速度/ (mL/min)	水动力学尺寸/μm		
	5.30×10^3 个/mL	5.30×10^5 个/mL	5.30×10^7 个/mL
0.25	1.054	1.299	2.340
1	0.585	1.614	2.327
5	0.308	2.617	2.520

3）不可及孔隙体积的求取

由于微生物在油藏深部为低速渗流，因此，利用微生物的水动力学尺寸和新疆七中区储层岩心孔喉大小累积分布概率曲线，求取微生物在注入速度为 0.25mL/min 条件下的不可及孔隙体积（表4-12 和表4-13）。

数据显示，当渗透率为 0.23mD 时，不可及孔隙体积近乎 100%，微生物无法进入，不适合微生物采油；当渗透率处于 8.97~792mD 时，微生物能够通过孔喉，不可及孔隙体积随着渗透率的增大而减少。

表 4-12 WJ-1 在注入速度 0.25mL/min 条件下的不可及孔隙体积

渗透率 / mD	不可及孔隙体积 /%		
	1.85×10^4 个 /mL	1.85×10^6 个 /mL	1.85×10^8 个 /mL
0.23	97.37	63.16	96.79
8.97	32.94	19.24	30.61
66.5	31.49	20.41	30.61
410	5.54	2.92	4.96
792	13.12	7.87	11.95

表 4-13 SLY-3 在注入速度 0.25mL/min 条件下的不可及孔隙体积

渗透率 / mD	不可及孔隙体积 /%		
	5.30×10^3 个 /mL	5.30×10^5 个 /mL	5.30×10^7 个 /mL
0.23	98.96	99.48	100.00
8.97	41.25	45.69	66.32
66.5	39.95	44.13	64.49
410	20.10	16.45	50.91
792	8.09	26.89	45.95

因此，在不同渗透率油藏，应用不同的注入菌浓，微生物的分布范围不同。在现场应用微生物采油技术，选择合适的采油方法，扩大驱油功能菌的作用范围，油藏渗透率条件的筛选和菌浓的优化尤为重要。

三、菌体迁移变化特征及影响因素

1. 多孔介质菌体迁移变化特征

选取产糖脂类生物表面活性剂的铜绿假单胞菌 WJ-1 和产脂肽类生物表面活性剂的枯草芽孢杆菌 SLY-3 为实验用菌。

菌体在多孔介质中迁移滞留，主要体现在相对浓度的变化和阻力系数（压力）变化这两个参数上（图 4-21 和图 4-22）。在初始注入阶段，WJ-1 和 SLY-3 的相对浓度均出现大幅抬升，压力上升明显，说明部分菌体在通过岩心过程中会形成滞留，从而造成流动压力的上升。部分菌体克服多孔介质的滞留作用通过岩心主流通道，使得相对菌浓大幅上升。SLY-3 相对浓度的上升速度大于 WJ-1，这是由于 SLY-3 的菌体明显大于 WJ-1，使其在岩心流动时的不可及孔隙体积较大，流动空间小，流出速度快；随着注入体积增大，两株菌在多孔介质中的运移趋势出现明显差异。WJ-1 的相对菌浓稳中有升，压力上升一定幅度后又趋于平缓，这可能是由于部分菌体在岩心中通过筛分形成滞留，部分菌体形成的架桥堵塞在压力作用下解除,在这两种作用下,压力呈现出一种波动的平衡。SLY-3的相对菌浓出现明显下降趋势,压力大幅上升,说明 SLY-3 菌体较大,更加容易在岩心中形成滞留,使菌体通过能力变差;转注水后,相对浓度在最初阶段骤降,这是由于菌体在水流携带作用下发生脱附、解堵、弥散扩散等作用,使得岩心主流通道中的菌体被大量驱出。之后相对浓度变化是一个很长的拖尾,而且最终稳定的压力高于注水时压力,这是由于注菌时存在的压力上升,使得部分菌体进入了相对较小的孔隙,这部分菌体的驱出需要一个较长的过程,而且部分菌体在较高压力下通过较小喉道进入孔隙,之后又受到其他更小喉道的阻塞作用无法被水驱出,形成不可逆的滞留。

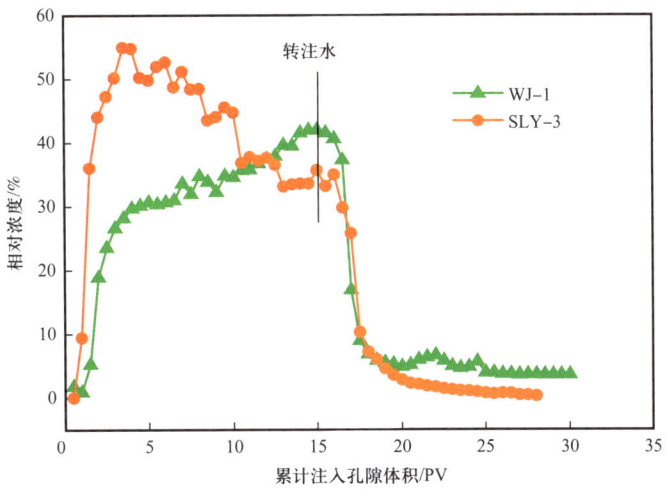

图 4-21　WJ-1 和 SLY-3 的相对浓度变化

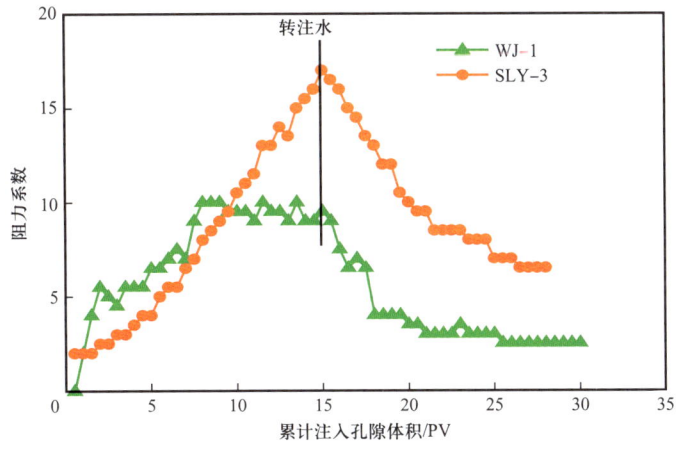

图 4-22　WJ-1 和 SLY-3 在岩心迁移过程中的阻力系数变化

2. 菌体迁移滞留影响因素分析

菌体在多孔介质中运移时,都会通过一系列相互交替连通的孔隙和喉道。对于中高渗透油藏，一般孔隙半径为100～200μm，喉道半径一般小于10μm，且主要集中在1～4μm，因此，菌体在运移过程中，主要受到喉道的筛分作用，架桥堵塞作用的存在使得这种滤除作用更加明显。通过对WJ-1菌体注入前和注入过程中不同阶段采出端菌体的大小分布进行分析，发现菌体的大小分布发生明显变化（图4-23），采出端菌体小于注入前菌体，说明岩心确实对菌体有筛分作用，相对较小的菌体才能通过喉道并在岩心中顺利迁移。在注入菌体的4PV和8PV阶段，菌体通过筛分聚集，形成架桥堵塞，使得喉道变小，菌体大小分布曲线向左偏移。随着压力增大到一定幅度，一些不稳定的架桥堵塞优先被解除，相对较大的菌体又通过了岩心，因此，在12PV阶段又发生了菌体大小分布曲线向右偏移的现象。

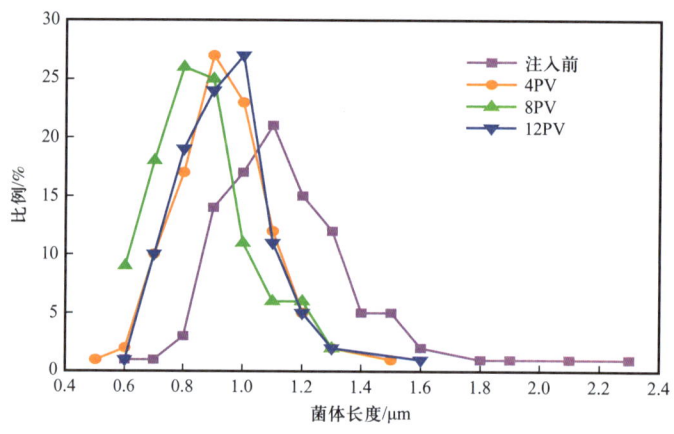

图4-23　WJ-1菌体注入前后的大小分布

由于整个实验时间约为8h，菌体在磷酸盐缓冲液中的生长死亡可以忽略。菌体在岩心中的滞留主要是由于多孔介质表面吸附和喉道筛分形成的。菌体流经岩心后，主要分为三部分，包括通过岩心的菌体、吸附滞留的菌体和筛分滞留的菌体，这三部分所占比例的动态变化曲线如图4-24和图4-25所示。注菌阶段，随着筛分滞留和吸附滞留逐渐减少并趋于稳定，通过率逐渐增加并趋于平衡。筛分滞留率明显高于吸附滞留率，因此，筛分滞留作用相比于吸附滞留作用更加突出。注水阶段，吸附滞留率趋于0，而筛分滞留率却趋于稳定，说明吸附是可逆的，而且存在不可逆的滞留，这部分的滞留是由于筛分作用形成的。

3. 菌体运移影响因素

1）渗透率对菌体运移能力的影响

在驱替速度相同的情况下，岩心渗透率越小，其喉道半径也会越小，菌体大小和喉道半径制约了菌株在小喉道中的运移，同时菌体间或岩石表面存在界面相互吸附作用的可能性更大，使菌株在多孔介质中的滞留率高，则其运移到深部油藏的可能性就小。实验结果见表4-14和图4-26。对于渗透率高的岩心，菌体通过岩心能力明显增强。在大孔道中，菌体通过孔喉的阻力主要有菌体间相互作用或岩石表面存在的界面吸附相互作用，并且此作用阻力随着菌体之间的距离及菌体与孔喉道壁间的距离增加而变小。当渗透率在 100mD 以下时，融合菌在人工岩心的通过率最高也就 7%。实验所用的只是长度为 7～8cm 的人工岩心，那么这种人工融合的菌体作为调剖菌用于现场施工时，对于 100mD 的地层，菌株只能停留在近井地带，对近井地带进行封堵，起不到深部调剖的作用。而对于渗透率高于 2.5D 的地层，菌体通过率达到 40% 以上，滞留在地层中的菌体相对减少。

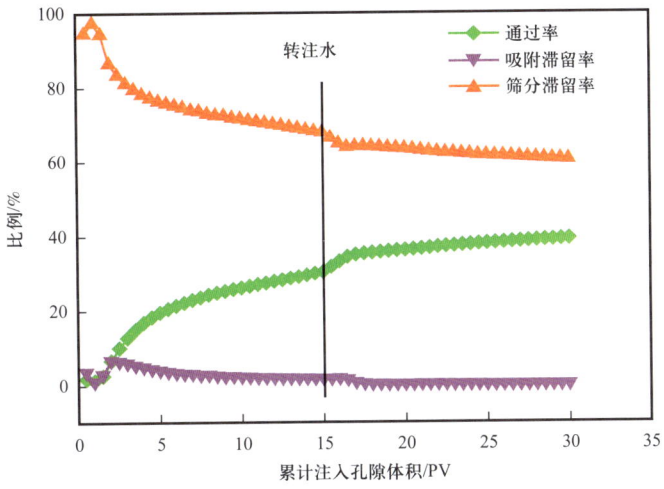

图 4-24　WJ-1 的迁移滞留变化

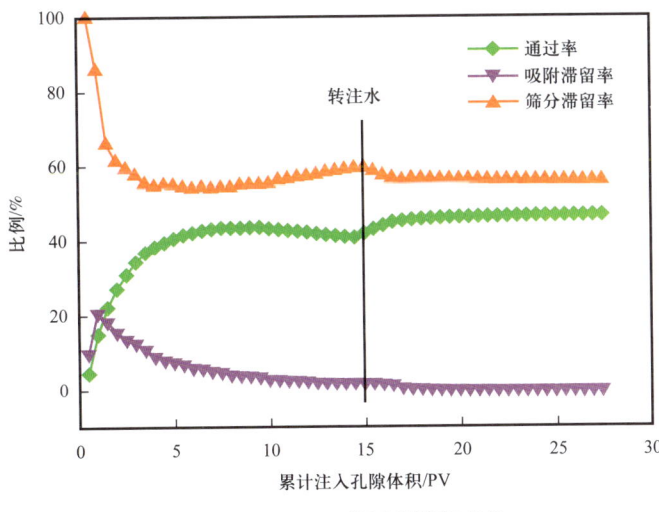

图 4-25　SLY-3 的迁移滞留变化

2）培养基对菌体运移能力的影响

培养基作为菌体生长不可或缺的成分，必须要注入油层，为微生物的生长提供足够的营养，一般来说，培养基的注入有三种方式：先注入菌液再注入培养基；先注入培养基再注入菌液；菌液和培养基混合注入。如何选择合适的注入方式，最大限度地提高菌株深部调剖的作用，是实验室研究中比较重要的一个方面[23]。

表 4-14 菌株在岩心中的运移能力对照表

岩心编号	气测渗透率/mD	注入菌液孔隙体积/PV	培养基	注入细胞/个	注入无菌盐水孔隙体积/PV	回收细胞/个	通过率/%
A17	35.24	1.03	①	1.52×10^{10}	3.07	1.51×10^{8}	0.99
A17-1	34.96	1.12	②	1.62×10^{10}	3.04	1.20×10^{9}	7.40
A13	49.11	1.05	①	1.42×10^{10}	3.07	1.40×10^{8}	0.98
A13-1	49.23	1.12	②	1.00×10^{10}	3.02	2.51×10^{8}	2.51
B24	99.58	1.02	①	1.56×10^{10}	3.09	5.78×10^{8}	3.71
B24-1	99.93	1.24	②	9.42×10^{9}	3.27	5.84×10^{8}	6.20
D17	249.75	1.01	①	1.37×10^{10}	3.07	1.78×10^{9}	13.02
D17-1	248.78	1.02	②	1.23×10^{10}	3.04	1.55×10^{9}	12.68
F3	745.25	1.01	①	1.86×10^{10}	3.03	4.16×10^{9}	22.38
F3-1	745.96	1.17	②	1.92×10^{9}	3.35	4.48×10^{8}	23.34
G4	999.39	1.08	①	1.87×10^{10}	3.20	5.59×10^{9}	29.92
G4-1	1001.14	1.17	②	2.44×10^{10}	3.03	1.03×10^{10}	42.40
H9	1489.75	1.03	①	1.58×10^{10}	3.01	5.63×10^{9}	35.54
H9-1	1490.53	1.44	②	1.29×10^{10}	3.03	6.58×10^{9}	51.03
J10	2485.20	1.00	①	1.63×10^{10}	3.00	7.08×10^{9}	43.49
J10-1	2486.12	1.07	②	1.90×10^{10}	3.04	1.07×10^{10}	56.35

注：① 为 500mg/L NaCl 溶液；② 为 4% 淀粉水解液 +2% 豆粕粉水解液。

图 4-26 表明，伴有培养基的菌体细胞通过岩心的能力明显大于只有无菌盐水的菌体。其原因是培养基很好地保护了菌株，减少了菌株之间的吸附作用，或者培养基与岩心表面充分接触，减小了岩心壁对菌株的吸附滞留作用，这样就使得更多的菌体能够运移通过岩心。

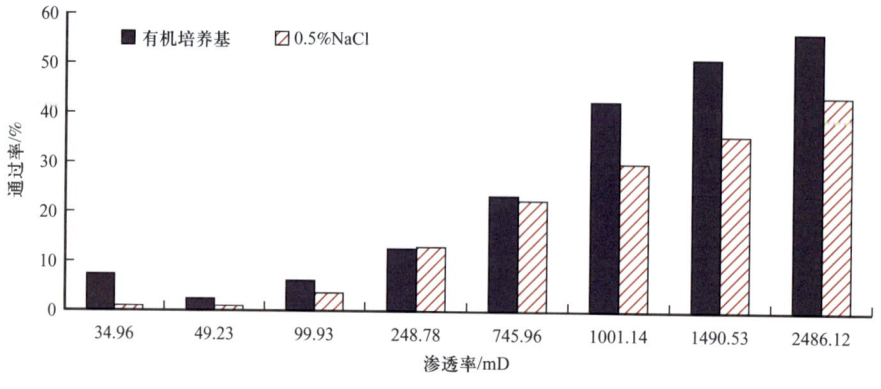

图 4-26 微生物通过岩心的能力

3）注入量对菌体运移能力的影响

从表4-15可以看出，随着注入段塞增加，菌体在岩心中的通过率明显增加。这是由于岩心孔隙表面积是一定的，当注入大量的菌株后，一部分菌株吸附滞留在岩心孔隙表面以后，在促生长的培养基保护下，其他菌株受到岩心孔隙的吸附力和菌株间静电或疏水作用变小，后续菌株通过能力增强。到油田现场试验时，可以通过增加注入量使微生物有效地进入油藏深部，起到很好的驱油效果。但是注入量的增加随即会带来注入成本的增加，所以菌株应用于现场之前，必须根据调剖达到的提高采收率的效果及注入成本优化注入段塞的大小。

表4-15 注入不同段塞菌液在岩心中的运移效率对照表

岩心编号	气测渗透率/mD	注入菌液孔隙体积/PV	注入细胞/个	注入无菌盐水孔隙体积/PV	回收细胞/个	通过率/%
J1	2513.24	0.10	1.17×10^{10}	1.01	2.50×10^{9}	21.39
J2	2523.54	0.50	6.91×10^{10}	2.06	2.91×10^{10}	42.12
J10-1	2486.12	1.07	1.90×10^{10}	3.04	1.07×10^{10}	56.35
J9	2437.14	3.05	5.23×10^{10}	12.77	3.39×10^{10}	64.80

4）油藏压力对菌体运移能力的影响

微生物在多孔介质中的运移受到多种因素影响，将这些影响因素概括起来，无非包括运移环境因素和微生物自身特征因素两个主要方面。其中，运移环境因素包括水动力因子、多孔介质结构类型与表面特征、pH值和离子强度等。微生物自身特征因素包括微生物的生长繁殖与衰亡、微生物的生理状态、微生物的运动性和趋化性等。然而，油藏是一个高压环境，显然这里没有明确提到油藏压力对微生物在油藏多孔介质中运移的影响。关于油藏压力对微生物在多孔介质中运移的影响研究相对较少。王登庆等的研究表明，油藏压力不仅会影响微生物的生长代谢，还会影响微生物的群落结构，而且影响微生物生长代谢的活性和速度，以及整体群落结构的代谢方式。与高压相比，常压下微生物的种类较多，丰度较高，代谢高峰提前，变化周期较短。在此，重点研究油藏压力对采油微生物在油藏多孔介质中运移的影响。

由图4-27和图4-28可以看出，在不同压力条件下，WJ-1和SLY-3的运移状态呈现显著差异性。在0～3PV阶段，WJ-1的相对浓度迅速上升；在3～8PV阶段趋于缓慢上升；在8～15PV阶段，高压下的相对浓度出现跳跃式的上升，分析认为是高压条件下，随着菌体在运移过程中的架桥筛分滞留而形成聚集，压差逐渐升高，当达到一定程度后，一些不稳定的架桥被打破，受菌体变形等因素影响喉道筛分作用减弱，因此，菌体开始大量流出，出现了相对浓度上升的现象。而对于SLY-3菌，同样在0～3PV阶段出现相对浓度的迅速上升，但是随后出现了相对浓度的下降。已知SLY-3菌体大小为（0.6～0.7）μm×（2.2～3.0）μm，呈现长杆状，因此该菌更加容易聚集，在多孔介质中形成稳定的滞留，从而堵塞喉道，造成相对浓度的下降。在整个下降过程中，常压下的相对浓度要高于高压 8MPa 下的相对浓度，说明在高压条件下，SLY-3 菌更容易造成堵塞。因此，压力对微生物在多孔介质中的运移对于不同大小的微生物有不同的影响。在较低的压差条件下，高压会增大菌体在多孔介质中的滞留堵塞；在较高的压差条件下，高压会使短杆菌部分不稳定的架桥堵塞解除，从而使菌体通过率增大，但却加剧了长杆菌在多孔介质中的滞留堵塞。

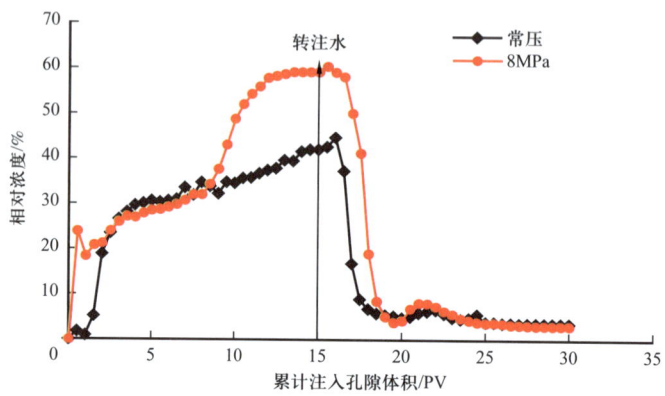

图 4-27　WJ-1 在不同压力下的运移特征

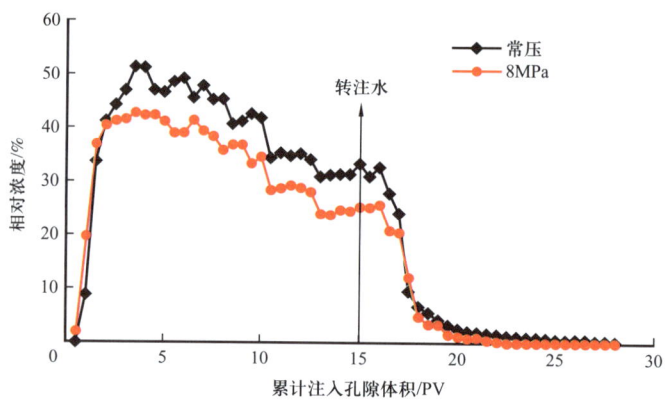

图 4-28　SLY-3 在不同压力下的运移特征

第三节　微生物提高石油采收率机理研究

油层中微生物提高原油采收率的机理涉及复杂的生物、生化、化学和物理过程，随着微生物驱技术不断发展并借助不断发展的研究手段和方法，依托逐渐扩大规模的现场试验与应用，正进一步从系统性、深度和广度上进行了更为深入的研究，逐步实现对驱油机理从表观到本质、从定性到定量、从单一到系统的认识提升。

一、微生物乳化

从微生物提高采收率技术在国内外室内研究和现场取得的应用效果看，生物表面活性剂及其产生菌（烃氧化型微生物）对原油的乳化是驱油过程中重要的作用方式。通过对原油的乳化，降低油水界面张力，改善残余油的流动性，被认为是微生物驱油的主导机理之一。

1. 乳化活性及表征

将 Rhodococcus ruber Z-25 菌在烃类或原油作为底物情况下培养，可以观察到强烈的乳化活性，烃类或石油被分散于水相（矿物盐培养基）中并以水包油型的乳状液形式存在（图 4-29）。

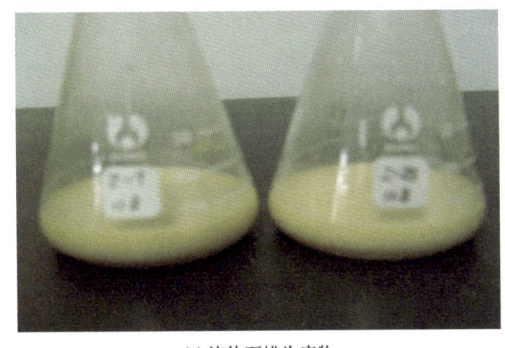 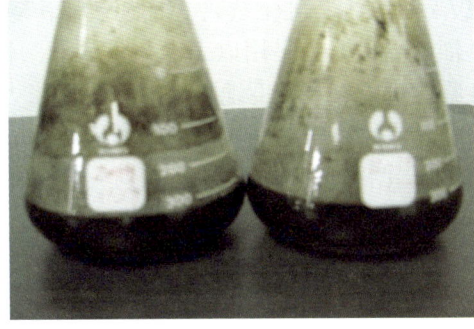

(a) 液体石蜡为底物　　　　　　　　　(b) 原油为底物

图 4-29　微生物的乳化效果（Rhodococcus ruber Z-25）

为进一步研究微生物的乳化活性，将 Rhodococcus ruber Z-25 接种于不同底物中进行培养，检测培养物中微生物的生物量（即细胞干重）、乳化系数（EI_{24}）和细胞疏水率[24]。

当烃氧化型微生物在疏水性底物（液体石蜡、煤油、柴油、正十六烷、甲苯、二甲苯）中培养时，其细胞疏水率较高，而在亲水性底物（葡萄糖、乙醇和甘油）中生长的细胞疏水率较低（图 4-30）。

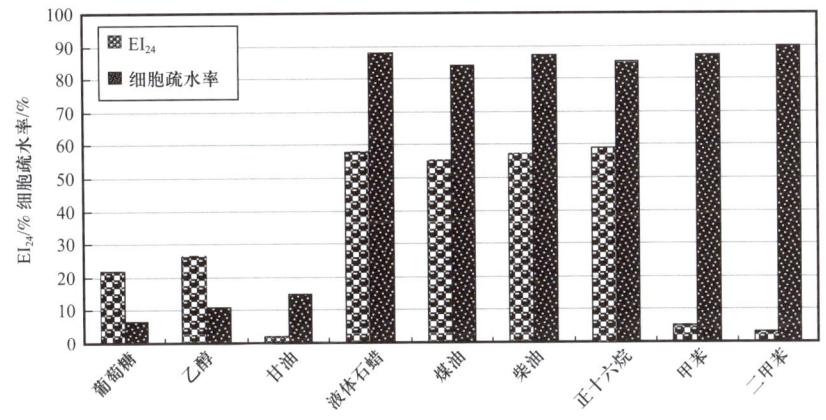

图 4-30　Rhodococcus ruber Z-25 在不同底物上的乳化系数和细胞疏水率

结果表明，微生物菌体表面活性存在着显著的趋化性和诱导性——当微生物以疏水性物质作为底物生长过程中，为了实现底物的摄取，微生物会主动地改变菌体表面活性，菌体表面由亲水性转变为疏水性，从而实现与底物的结合。在液体石蜡、煤油、柴油、正十六烷作为底物时，培养物的乳化系数较高，说明培养物有较强的乳化活性，而同为疏水性底物的甲苯、二甲苯底物获得的培养物乳化系数较低。通过比较发现，在以甲苯和二甲苯作为底物培养时，生物量分别仅有 0.13g/L 和 0.11g/L，远远低于其他疏水性培养物中的生物量（约 1.5g/L），生物量的差异也会对微生物培养物的乳化能力造成影响。可以看出，烃氧化型微生物的乳化性能不仅与细胞疏水性有关，同时还与微生物的生物量有关。

微生物乳化性能的评价参数一直是乳化现象研究的重要问题，可供人们选择的参数包括表／界面张力、乳化系数、细胞疏水率等。

油水界面张力是用以表征化学表面活性剂性能的重要参数，微生物产生的生物表面活性物质可以一定程度地降低油水界面张力，但尚未达到超低界面张力（10^{-3}mN/m），拥有较强乳化活性的微生物（*Acinetobacter calcoaceticus* RAG-1）甚至并不降低油水界面张力，然而微生物的培养物却能起到显著的乳化效果，显然由于乳化机理的差异，油水界面张力并不适用于评价微生物的乳化性能。

乳化系数可直观反映油水两相在微生物培养物作用下的乳化情况，一定程度定量地反映微生物的乳化性能，但是乳化现象受到多种因素的影响。

由前述实验可以发现，微生物的疏水性能不但需要诱导，同时还受到微生物生长情况（生物量）的影响。

越来越多的研究认为疏水性细胞在微生物介导烃类物质乳化中起着至关重要的作用。发现微生物首先定向附着于油相表面，继而将油相表面与微生物接触的部分分散乳化成小油珠，并且疏水性细胞占据在油珠表面，形成一层保护层，并且有效地防止油珠的再次聚并，起到了稳定乳状液的作用，并且这种稳定的乳状液能稳定数月以上。

实验现象表明，当 *Rhodococcus ruber* Z-25 接种于不同底物中（葡萄糖、乙醇、甘油、液体石蜡、煤油、柴油、正十六烷、甲苯和二甲苯）和在液体石蜡上进行培养时，发现微生物的乳化性能（EI_{24}）与生物量和细胞疏水率的乘积呈现明显的正相关性（图 4-31 和图 4-32）。

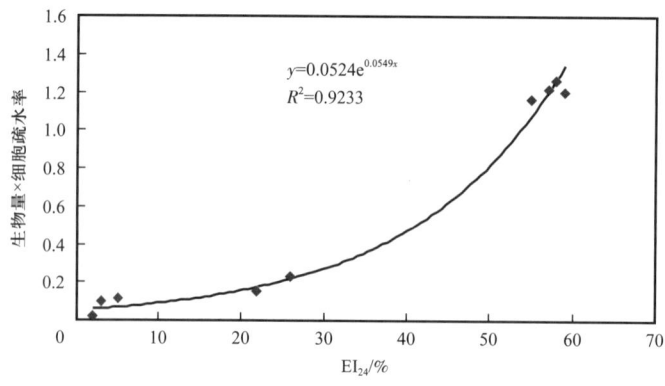

图 4-31　微生物乳化能力与生物量 × 细胞疏水率（不同碳源）

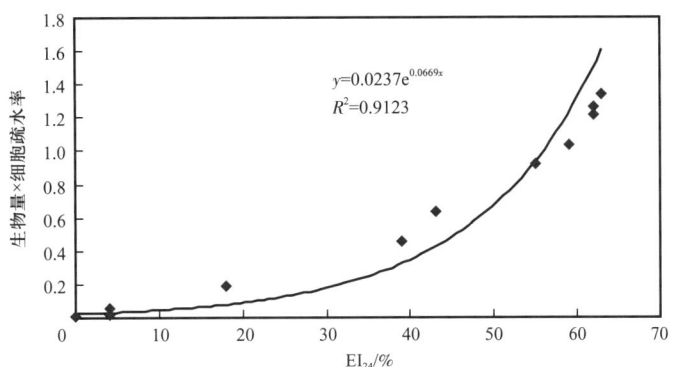

图 4-32　微生物乳化能力与生物量 × 细胞疏水率（连续培养）

上述研究说明疏水性细胞是稳定生物乳化体系的介质，微生物培养物的乳化性能明显地与疏水性细胞的浓度相关，因此提出用疏水生物量（Hydrophobic Biomass，HB）表征微生物的乳化活性，单位为 g/L 或 mg/L，其计算方法如下：

$$HB = 细胞疏水性 \times 生物量 \quad (4-19)$$

同时，定义疏水性生物量的临界胶束浓度（Critical Micelle Concentration for Hydrophobic Biomass，CMCHB）为当疏水生物量浓度不断增大时，其乳化系数（EI_{24}）不再随疏水生物量增大时的浓度。

通过疏水生物量的临界胶束浓度曲线（图 4-33）可以发现，随着疏水生物量的增大，乳化系数出现两个拐点，结合疏水生物量的定义和实验中的观察，首先做如下假设：（1）疏水菌体个体之间完全相同，无体积、质量差异，且单个菌体带有相同数量的负电荷；（2）为了实现乳化油珠的稳定，油珠表面的疏水细胞应有一个最低密度，同时，由于菌体的空间位阻和同种电荷引起的排斥力，油珠表面的疏水细胞有一个最高密度，乳化油珠表面的疏水细胞密度应介于最高密度和最低密度之间。

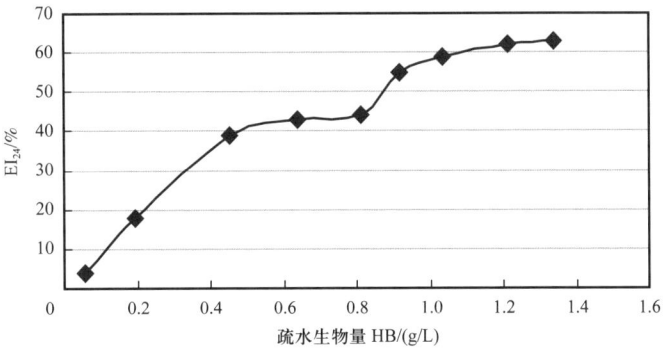

图 4-33　乳化系数随疏水生物量的临界胶束浓度变化曲线

根据以上假设，可以得出以下推论：（1）随着疏水生物量的增大，乳化相体积增加，此时乳化的油珠半径较大，疏水细胞在油珠表面以较低密度存在；（2）当全部油相被乳化分散成乳化相后，更高浓度的疏水生物量只是增加了油珠表面的疏水细胞密度，而对油珠的分散程度（油珠直径）影响较小；（3）随着疏水生物量的进一步增大，油珠的乳化分散程度增加（油珠半径变小），由于油珠分散程度的增加，使得乳化相体积进一步增大。

在实际油藏环境下，原油分布并不总是连续的，特别是在注水井的近井地带，由于高水洗倍数而使得孔隙介质中的残余油饱和度极低，且不连续存在，上述乳化系数（EI_{24}）测定实验中的油相含量为40%。同时，不同种属微生物的菌体个体差异很大，同种微生物菌体细胞也不会完全一致，并且由于油相并非在乳化系数实验中连续存在，因此，疏水性的微生物细胞在油藏中的空间分布也不是均匀的，而是呈现局部富集的特点。上述关于疏水生物量的临界胶束浓度的讨论主要是为了研究微生物的微观乳化机制，而且并不是意味着烃氧化型微生物在提高原油采收率应用时的浓度需要大于临界胶束浓度，而只是能够满足通过微生物的乳化作用启动残余油的疏水生物量即可。

2. 生物乳化特征研究

1）菌体

细胞表面亲水亲油性测定：分别从种子液、以原油为碳源培养过程中提取菌体，配制菌体悬浊液，用分光光度计在波长600nm下测定光密度值OD_1，该菌悬液与等体积液体石蜡混合后充分振荡，然后静置分层，取出下层水相，测定水相光密度值OD_2，则此时细胞表面亲油性值为：

$$CSL = \frac{OD_1 - OD_2}{OD_1} \times 100\% \qquad (4-20)$$

式中，CSL为细胞表面亲油性值；OD_1为菌悬液光密度值；OD_2为下层水相光密度值。

菌体与乳状液液滴的比较：用透射电镜测量菌体长度，荧光显微镜下测量乳状液液滴的直径，比较两者的尺寸。

铜绿假单胞菌WJ-1细胞亲油性值由培养初期的36.8%（由LB培养基中生长的菌体测得）增加到72.4%，而后趋于平缓（图4-34）。可见，菌体在以新疆原油为碳源生长的过程中，不断地调节亲水亲油性，使自身表面的亲油性增大，与原油接触，有利于菌体和代谢产物乳化原油。在变化过程中，细胞的亲油性值一直控制在30%~75%之间（0为细胞完全亲水，100%为细胞完全亲油），此阶段的细胞亲水亲油性较温和，既没有强亲水性，也没有强亲油性。这说明菌体细胞在自身调节的过程中不仅可以趋向于接触原油，还能继续维持细胞表面的亲水性，使菌体细胞可以同时被两相润湿，稳定地吸附在油水界面处。

WJ-1的投射电镜照片显示，菌体呈圆柱杆状，长约1.8μm，直径约0.5μm。而乳状液液滴的平均半径约为20μm，菌体的尺寸远远小于乳状液液滴的尺寸（图4-35）。

分别称取脱水原油注入菌悬液中及去离子水中，手动摇晃1min后，静置1min，两瓶样品对照观察。空白样品中原油呈片状存在，黏度较大，摇晃后原油挂壁现象严重，静置后油水界面明显，下层水相清澈；菌体作用后的原油分散成细小颗粒状，摇晃后原油无挂壁现象，下层水相中有小油滴分散，水相变浑浊（图4-36）。

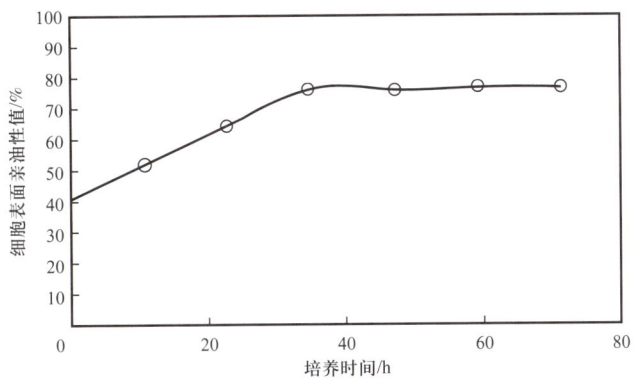

图 4-34 培养过程中细胞表面亲油性值的变化

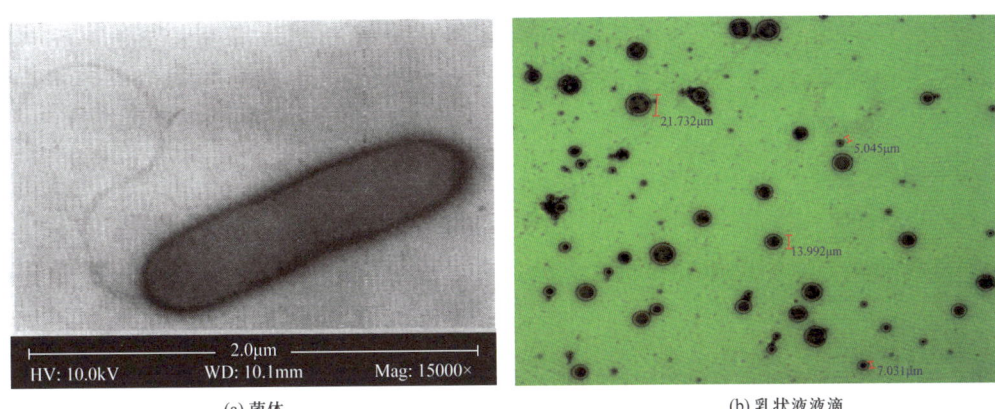

(a) 菌体　　　　　　　　　　　　　　(b) 乳状液液滴

图 4-35 菌体透射电镜及生物乳状液液滴荧光显微照片

图 4-36 菌体细胞作用前后的原油

将菌体作用后的油滴在荧光显微镜下观察（图 4-37），原油分散成油滴，表面有大量菌体存在。手动摇晃的过程中菌悬液中的菌体与原油接触，由于菌体细胞的亲油亲水两性，使得菌体稳定地吸附在油滴表面，对液珠之间的聚并起到机械阻碍作用，一定程度上稳定了原油乳状液。

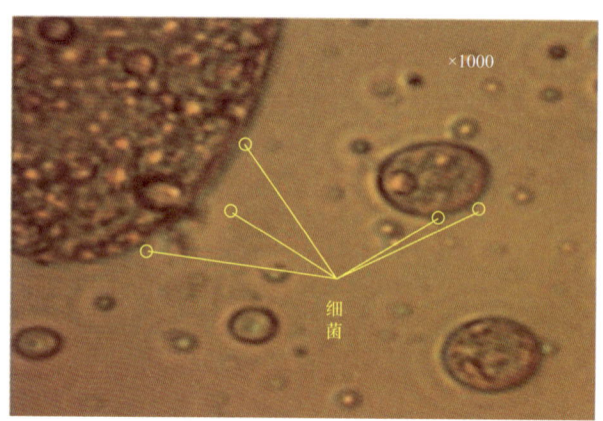

图 4-37　菌体细胞作用后的油滴

菌体在油水界面上吸附，通过自身生长的需求降解原油，产生表面活性剂，降低油水界面张力，启动原油乳化；菌体在油滴表面的吸附乳状液液滴的空间距离变大，阻碍液滴的靠近和聚并，从而增加乳状液的稳定性；菌浓的增加使乳状液液滴的平均体积变小，乳状液总表面积增大，停留于界面的菌体细胞数增多，使乳状液的稳定性增大。

2）生物表面活性剂

鼠李糖脂是微生物驱油过程中非常重要的生物表面活性剂（图 4-38），不仅具有乳化、增溶、降低界面张力的功能，而且易于生物降解，在石油开采中具有极大的应用潜力。鼠李糖脂是集亲水亲油基团为一体的两亲化合物，这使得鼠李糖脂可以定向吸附在油水表面，从而控制细胞表面的疏水性或亲水性，降低了单位面积上的油水界面能（即界面张力，降至 10^{-3} mN/m），克服毛细管压力束缚，启动残余油乳化。

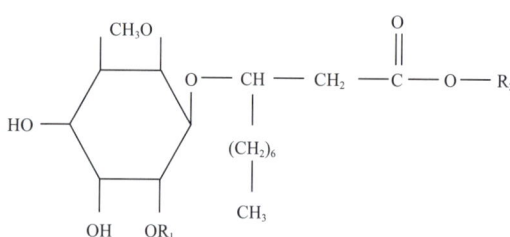

图 4-38　由假单胞菌产生的鼠李糖脂分子结构通式

取完全乳化的乳状液，用高速离心机在 10000r/min 转速下离心 30min。收集中间乳化层到 5mL 离心管中，加入超纯水定容至 5mL，用振荡器摇 5min，使离心管中乳状液和超纯水充分接触，混合均匀。用 10000r/min 转速离心 10min。离心管中混合液再次分层，上层为乳状液，用 1mL 针管吸出下层超纯水，标记为超纯水①号。取出乳化层重复以上步骤继续清洗，分别得到①~⑥号水相。采用蒽酮—硫酸比色法检测水相①~⑥号中鼠李糖脂的含量，用悬滴法测表面张力[25]。

实验结果：（1）乳状液中的原油以油滴形式均匀分散在体系中，由于原油、水、乳状液液滴的密度不同，经过离心作用，被乳化的油滴形成乳化层带。分为上层油相、下层水相和中间层乳化层带（最底部少量粉色黏稠物为菌体细胞），油层与乳化层的颜色接近且呈深色，较难分辨，水相呈浅黄绿色，清澈透明（图4-39）。

(a) 乳状液离心前　　　　　　(b) 乳状液离心后

图4-39　乳状液离心前后对照

（2）超纯水清洗乳化层后离心，上层为乳状液，下层为超纯水，经过六次清洗之后，分别得到①～⑥号超纯水，实验清洗至第六次，乳化层上方有少量的深色油相析出（图4-40）。

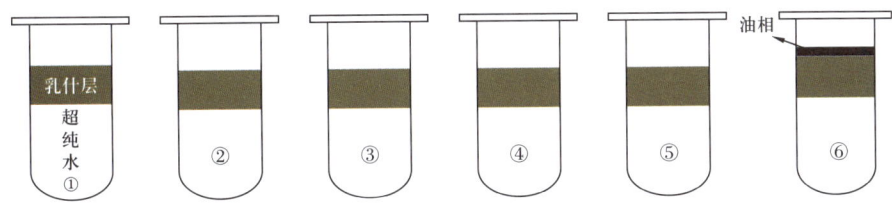

图4-40　离心后乳状液示意图

用表面张力仪测超纯水①～⑥号表面张力，用蒽酮—硫酸比色法测量鼠李糖脂含量（图4-41）。

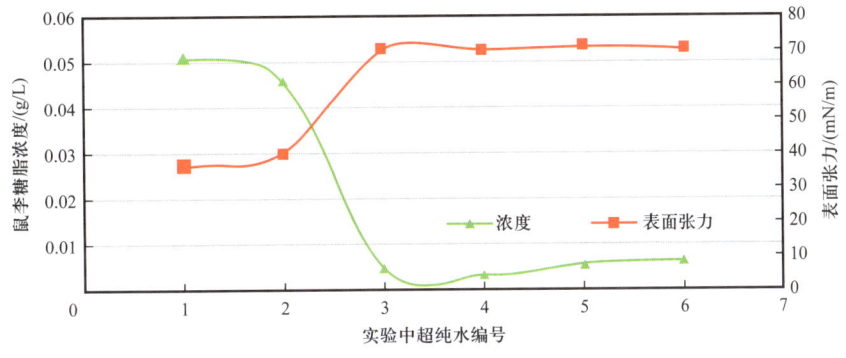

图4-41　实验超纯水参数测量

①②号超纯水表面张力为35～40mN/m，测得鼠李糖脂含量在0.05g/L左右，因为经过超纯水的振荡混合清洗，乳化层中定向吸附在液滴表面的鼠李糖分子被释放到超纯水

中，导致①②号超纯水表面张力下降；当乳化层中鼠李糖脂逐渐被清洗干净，水相中表面张力也升高至纯水的表面张力，测得③④⑤⑥号超纯水表面张力为70mN/m，鼠李糖脂含量极少（0.005g/L左右）。

这说明，原油乳化层中存在表面活性剂鼠李糖脂，鼠李糖脂分子定向吸附在油滴表面形成稳定的胶束，通过外围的亲水基团，在水相中增溶原油，达到形成稳定水包油乳状液的目的（图4-42）。实验过程中，乳化层中鼠李糖脂分子被超纯水带走，单位面积上表面活性剂浓度降低，形成的表面活性剂胶束稳定性下降，油滴发生聚并，导致乳化层上方有油相析出（图4-42）。

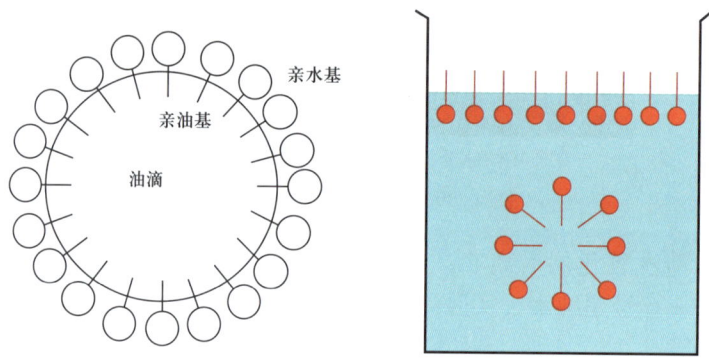

图4-42　生物表面活性剂作用形成的胶束

3）乳状液中菌体及表面活性剂分布特征

取生物乳状液100mL移至分液管中静置48h后拧开下端的阀门，使乳状液缓慢流出，每5mL作为一个取样层，自下向上分别取18个样品（图4-43）。

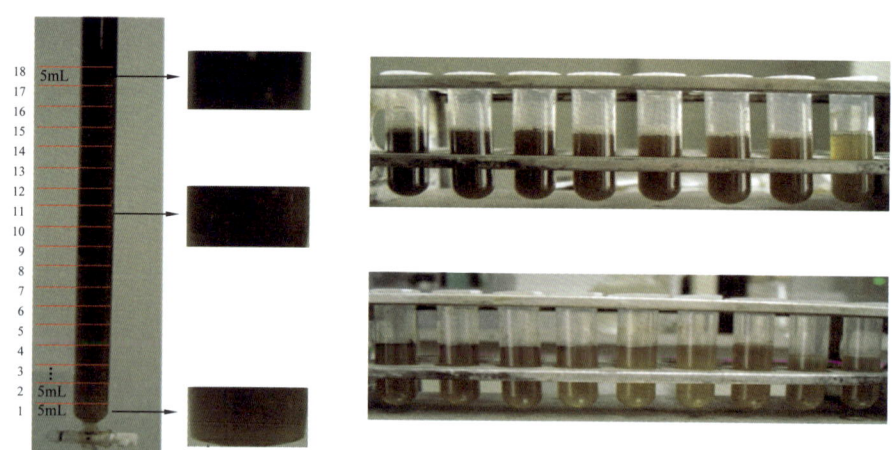

图4-43　乳状液静置分层取样示意图

实验结果显示，摇匀后乳状液三个随机取样处鼠李糖脂含量分别为3.247g/L、3.401g/L和3.322g/L；菌浓分别为3.62×10^7个/mL、6.27×10^7个/mL和5.98×10^7个/mL。完全乳化并混合均匀的原油乳状液中菌浓及鼠李糖脂的分布是均匀的。

分层取样后，油水界面在第 18 号位置，用平板计数法测量第 1～18 号样品的菌浓（图 4-44）。

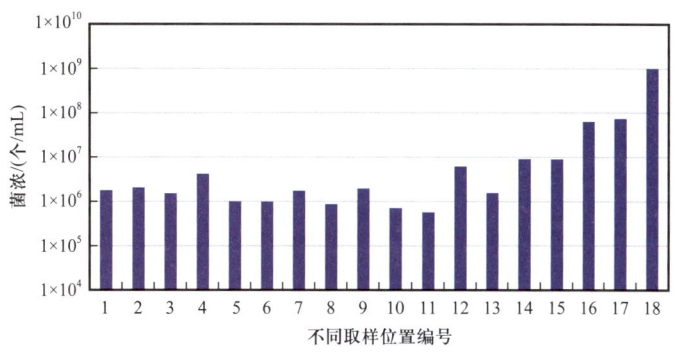

图 4-44　不同位置菌浓分布

从菌浓分布结果可以看出，离油水界面较远的第 1～5 号位置菌浓较低，在 10^6 个 /mL 范围内，越靠近油水界面的位置，菌浓越高，第 18 号界面处菌浓高达 10^9 个 /mL。第 9～10 号处于中部位置，菌浓略低。说明微生物在生长过程中，既要摄取油相中的烃类物质作为碳源，同时还要摄取水相中的氮源和磷源等其他营养元素，因此，微生物总是趋向于有利于自身生长的油水界面处（即化学趋向性），富集在油水界面处的菌体利用丰富的营养元素生长繁殖速度加快，累计菌浓增加，而生长在离油水界面较远的第 1～5 号位置的菌体由于营养元素相对匮乏，菌体生长速度较低，菌浓增长相对缓慢。菌体自身重力使菌体有沉降的动力，中部既没有充足的营养物质使菌体繁殖，还因沉降作用使菌体下沉，导致菌浓略低。

用蒽酮—硫酸比色法分别测量第 1～18 号样品的鼠李糖脂含量，结果如图 4-45 所示。

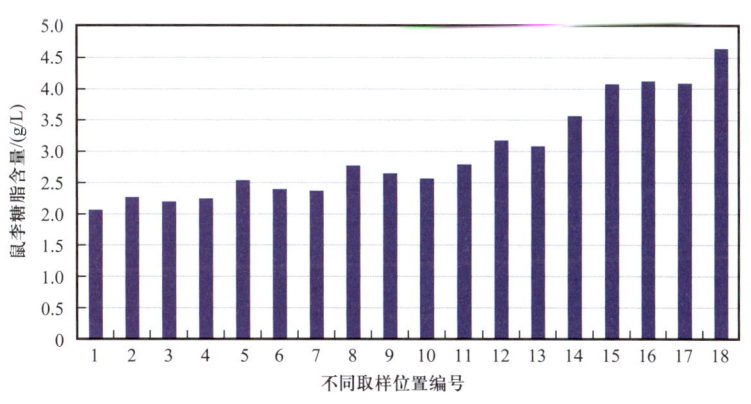

图 4-45　不同位置鼠李糖脂含量

由于菌体上述趋向性引起的空间分布特征及菌体的在位繁殖效应，使代谢产出的生物表面活性剂也具有类似的分布特征，首先在油水界面处富集，形成局部浓度优势，越靠近油水界面处，鼠李糖脂的含量也相应地随着菌浓的升高而升高（即在位繁殖效应）。在离油水界面较远的第 1～5 号位置，鼠李糖脂含量维持在 2g/L 左右，离油水界面越近的位置鼠李糖脂含量越高，油水界面第 18 号位置鼠李糖脂含量达到 4.6g/L。

实验说明静置后的乳状液中离油水界面较远的菌体会自动向碳源（油水界面处）方向运移，以及菌体利用营养优势在位繁殖速度加快，经过一段时间的运移和繁殖，乳状液体系中出现菌浓分布梯度，即离油水界面越近菌浓越大；菌体在生长过程中代谢产生鼠李糖脂，其分布类似于菌体的分布规律，油水界面处的代谢产物浓度最高。实验结果同时也说明，乳状液中菌体细胞和生物表面活性剂鼠李糖脂的作用位置在油水界面处。

4）相体积与生物乳状液类型

通过大量研究发现在油藏条件下，因微生物降解引起的原油黏度变化可忽略不计，原油黏度主要表现为乳状液的黏度。实验发现疏水性细胞对原油有很强的乳化活性，特别是在较高含水饱和度情况下，疏水性细胞能够介导产生水包油型的乳状液（图 4-46），这种乳状液表现出良好的流动性。

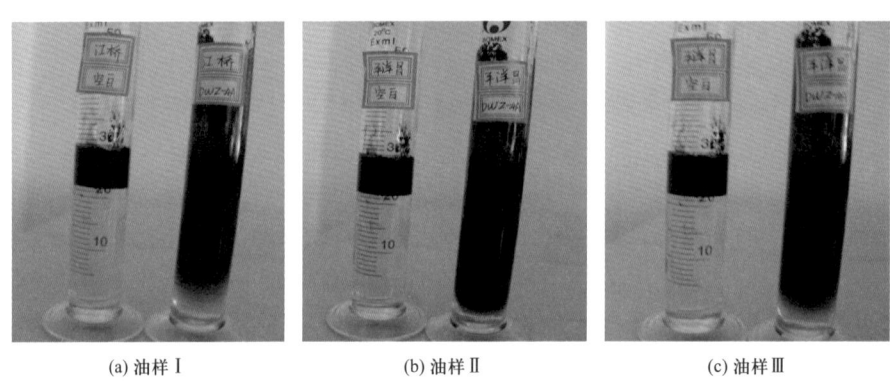

(a) 油样Ⅰ　　　　(b) 油样Ⅱ　　　　(c) 油样Ⅲ

图 4-46　疏水微生物菌体对原油的乳化

在油水体积比为 1∶3 的情况下，研究了不同疏水生物量浓度下，原油及其乳状液黏度的变化规律（图 4-47）。三个油样的地面脱气原油黏度分别为 678mPa·s、160mPa·s 和 217.8mPa·s，经过微生物乳化后，三个油样形成的水包油型乳状液的黏度极低（约 1mPa·s），极大改善了原油的流动性。此实验说明，水包油型乳状液的动力学黏度主要表现为外相即水相的黏度。

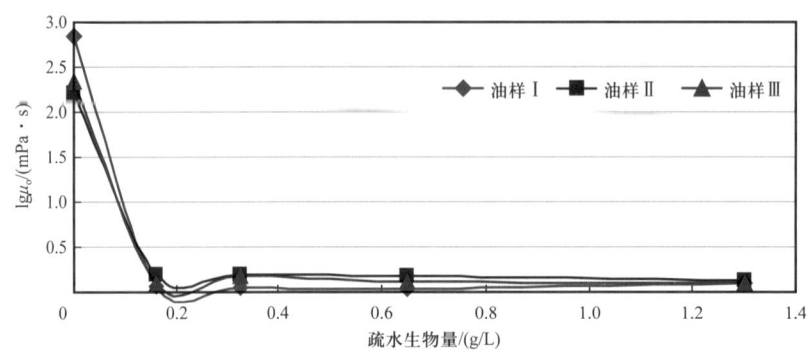

图 4-47　原油乳状液黏度的测定

为研究疏水生物量的乳化特征及其相行为，分别配制不同油水比例（体积比为50∶50，60∶40，70∶30，80∶20，90∶10）的体系（油相为液体石蜡），在不同浓度的疏水生物量下观察微生物的乳化效果（图4-48）。

图4-48　不同油水比下的乳状液类型

微生物介导的乳化同样符合Winsor乳化规律，即在不互溶两相中有一相含量大于76%时必为连续相（外相），而其含量介于24%~76%时，乳液形式取决于两相的性质、乳化剂的类型和浓度等因素。该实验中，在较高的油相比例条件下乳状液为油包水型乳状液，随着疏水生物量的增加，部分乳状液会从油包水型变为水包油型，这个乳状液反转点介于油水比50∶50~30∶70（图4-49）；不同乳状液类型的黏度差异很大，水包油型乳状液黏度较低，与其外相即水相相当，为1mPa·s左右，流动性很好，而油包水型乳状液有明显的增黏效果（大于2000mPa·s），实验中液体石蜡的黏度为120mPa·s。另外，乳状液的体积往往要大于其内相的体积，特别是油包水型乳状液体积往往比乳状液的分散相（内相即油相）体积大数倍。

3. 微观驱油机理

在微生物对原油的生物作用和化学作用下，被降解的原油边缘变得凹凸不平，发生不同程度的乳化，形成油珠大小不等的水包油型乳状液［图4-50（b）］。乳化油珠直径较小，能够顺利通过孔隙，使得恢复水驱后残余油被重新启动，注入水携带油珠渗流，缓慢地被排出孔隙［图4-50（c）］。另外，形成的乳状液在孔隙中流动的阻力相对较低，加之孔隙表面沉积的菌液仍然有一定活性，以及菌的在位繁殖效应，渗流阻力进一步下降；由于发酵液与原油的界面张力比油水界面张力低，使得乳化油珠不易重新黏附回孔隙表面或再次聚并滞留[26]。

乳化油珠被注入水携带渗流的过程中会不断地碰撞聚并，使得被封堵的原油体积不断增大，局部含油饱和度增加，存在形态发生变化，前端突出［图4-51（b）］，被注入水剪切携带［图4-51（c）］。

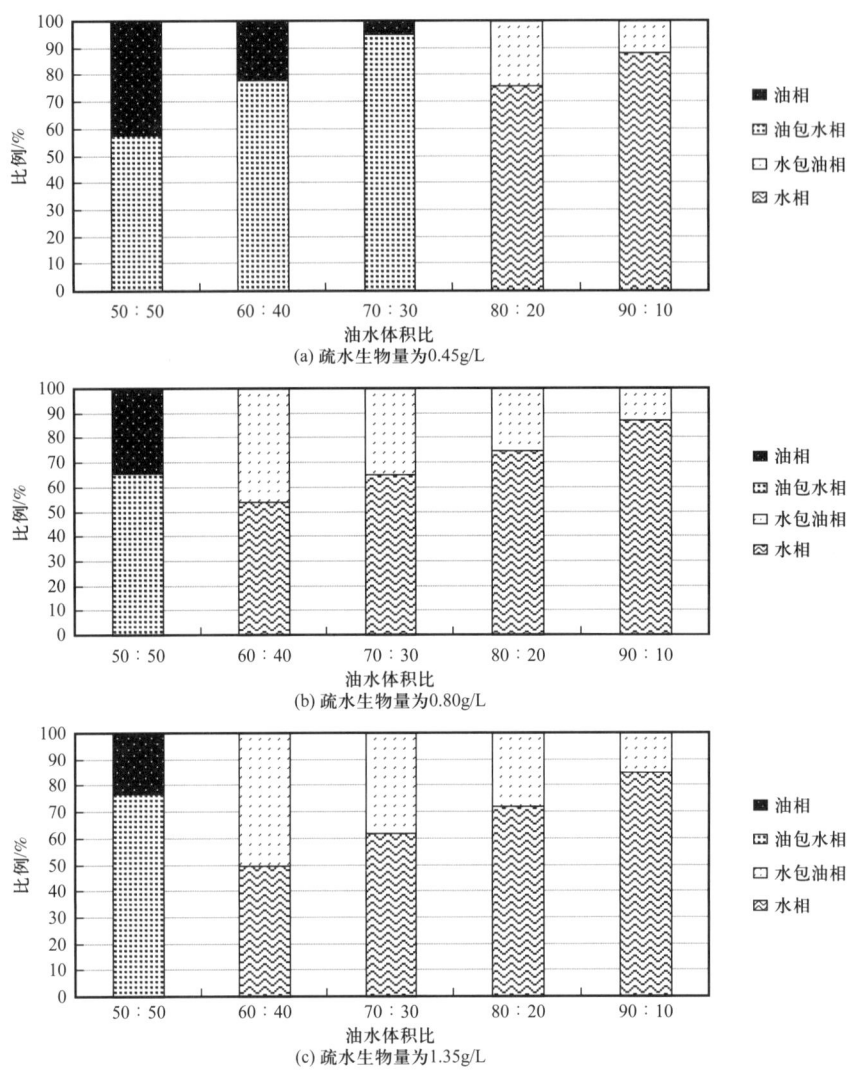

图 4-49 不同疏水生物量的乳状液相行为

二、微生物产气

微生物的代谢活动会产生各种气体,主要有二氧化碳(CO_2)、氢气(H_2)、氮气(N_2)和甲烷(CH_4)等。生物气提高原油采收率的机理主要表现为:CO_2、CH_4等气体溶于原油,降低油相黏度,提高原油的流动性;气体溶于原油后使原油体积膨胀,增加毛细管压力,释放喉道中的原油;增加油藏压力,补充地层能量。

微生物的厌氧发酵作用会产生大量的气体产物(如 CO_2 和 H_2),尤其是在混合酸发酵和丁酸发酵情况下。在油藏条件下,生物气主要产生自水相中,微生物代谢产生的气体产量通常尚不足以形成游离气,而主要以溶解气的形式存在,CO_2、CH_4等气体在油相中有更大的溶解度,因此,CO_2、CH_4等气体在油水相接触时会优先进入油相。此时,原油黏度会发生改变,原油黏度取决于溶解气油比。

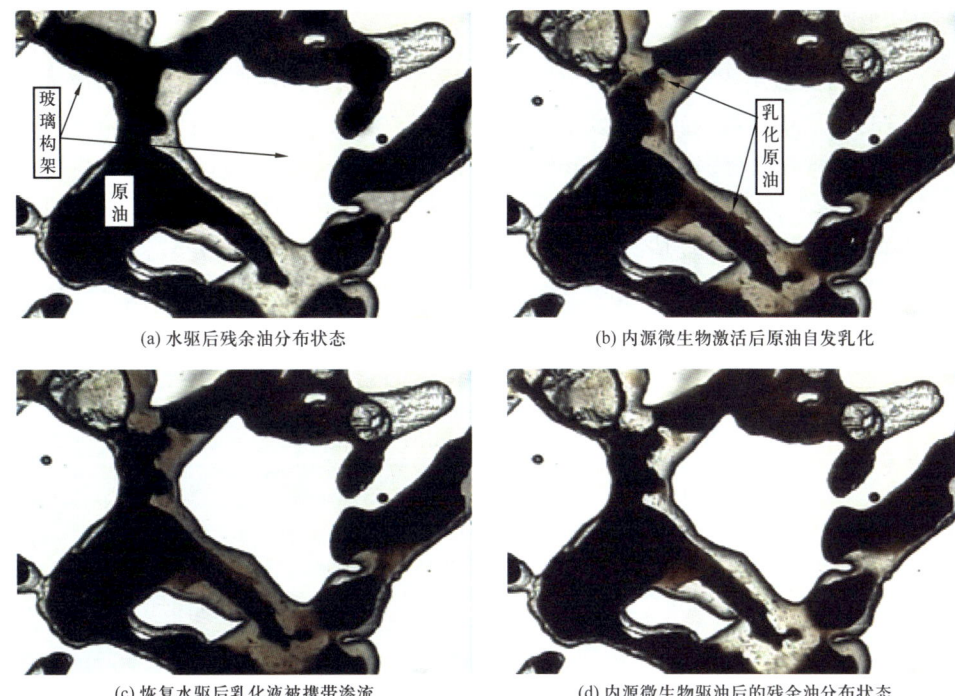

图 4-50　内源微生物作用前后残余油"乳化—启动—携带"全过程

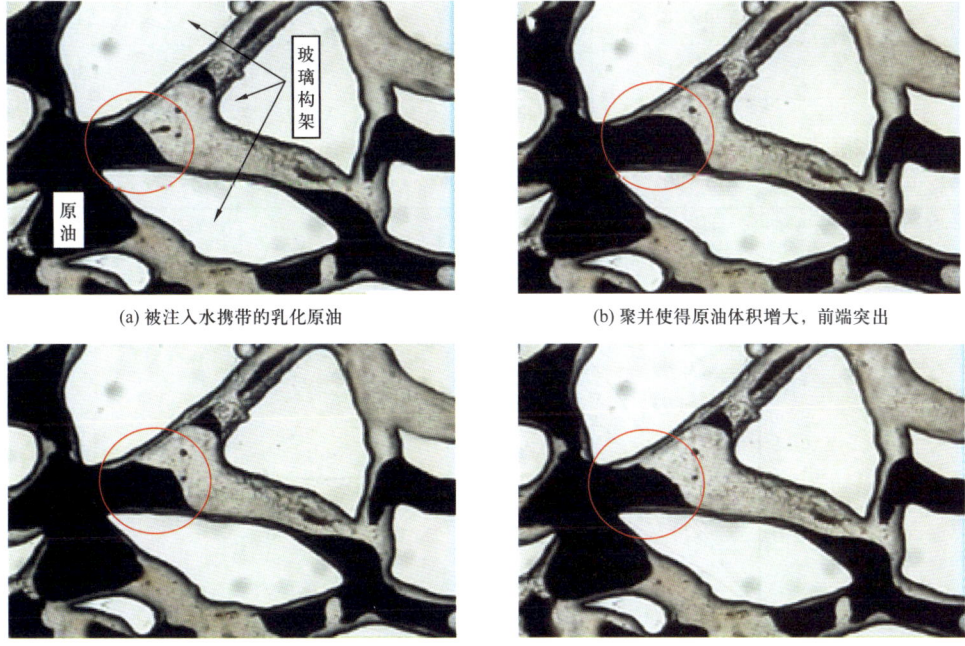

图 4-51　原油聚并剪切过程

1. 微生物产气实验

用采自油田的地层水,按照不同配方配制成营养液后再分别加入10%的原油,装入不同的封口的三角瓶中置于油藏温度下的恒温振荡器中,定期测定各样品培养液中的活菌总数,同时将各营养液分别装满到20mL厌氧管内,定期记录产气量[27]。

结果发现,除空白样外,含糖蜜或不含糖蜜样品中的菌浓均能达到较高值;但含有糖蜜的样品中菌浓上升较快,产气量较多,不含糖蜜的菌浓上升较慢,产气量较少(表4-16、图4-52和图4-53)。对产生的气体进行气相色谱定性分析,发现气体成分以CO_2为主,其含量高达97%左右。

表4-16 各样品中的菌浓数据

时间/d	菌浓/(个/mL)			
	空白	配方1	配方2	配方3
0	2.75×10^5	2.75×10^5	2.75×10^5	2.75×10^5
3	1.03×10^7	3.55×10^8	1.55×10^8	9.50×10^8
4	2.35×10^7	7.28×10^8	2.00×10^8	1.68×10^9
5	2.33×10^7	5.78×10^8	1.98×10^9	1.35×10^9
6	2.43×10^7	4.20×10^8	2.05×10^9	4.35×10^9
7	2.40×10^7	3.66×10^8	2.45×10^9	2.43×10^9
8	2.13×10^7	6.23×10^8	2.70×10^9	1.30×10^9
9	2.65×10^7	1.83×10^8	3.00×10^9	8.48×10^8
10	2.93×10^7	1.60×10^8	5.05×10^9	1.40×10^9

注:配方1至配方3糖蜜含量依次减少。

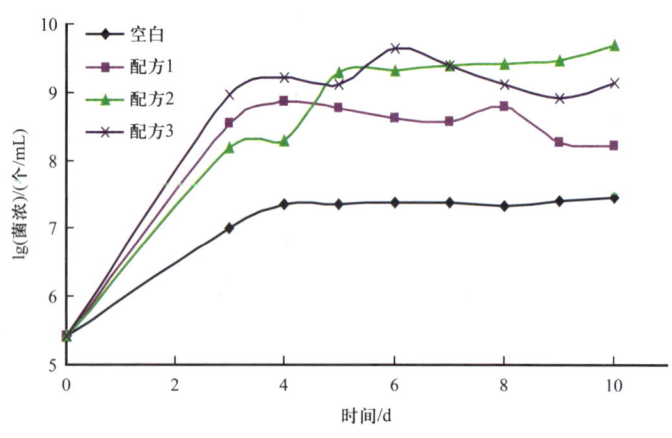

图4-52 不同配方营养液的菌浓变化

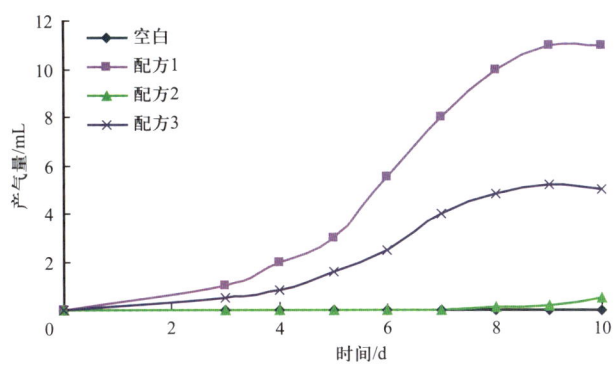

图 4-53 不同配方的营养液产气量曲线

2. 产气微生物驱油实验

用一定比例的石英砂装填模型,按照常规物理模拟实验步骤将岩心抽真空饱和水,然后饱和油、建立束缚水,并计算岩心的孔隙度、水测渗透率;油藏温度下以 0.5mL/min 的泵速水驱岩心至含水率 98% 后,以 0.5mL/min 的泵速向不同的岩心中分别注入配制好的激活配方溶液 1PV(空白组不注入激活剂),并封闭模型,将岩心置于地层温度下,培养 15 天后进行后续水驱,水驱至含水率 98% 时停止驱替(表 4-17)。

表 4-17 模型基本参数及物模实验参数

岩心编号	气测渗透率/mD	水测渗透率/mD	孔隙度/%	水驱采收率/%	后续水驱采收率/%	采收率提高值/%
0#(空白)	491	368	37.89	55.51	57.04	1.53
1#(配方1)	479	352	37.48	60.02	66.64	6.62
2#(配方2)	460	385	36.87	56.55	61.91	5.36
3#(配方3)	472	365	36.77	60.64	62.87	2.23
4#(配方4)	480	372	37.56	58.64	62.94	2.30

注:配方 1 至配方 4 糖蜜含量依次减少。

结果显示,糖蜜含量高的激活配方注入填砂管后,经过培养产生了较多的气体,岩心的最终采收率高于其他配方(图 4-54)。分析认为,岩心中的微生物激活后,代谢产生的气体溶于原油,使原油黏度降低,增强了油相的渗流能力,提高了岩心的采收率。

3. 生物气微观驱油机理

1)气体贾敏效应及气水夹带渗流

产生的生物成因气有两种类型,即可动气和不动气。可动气是形成气泡并与渗流液体一同流动的气体,流动能力受孔隙结构影响较大,在孔喉比大的孔隙中流动能力相对较弱,易聚集,而在孔喉比小的孔隙中流动性强(图 4-55),在亲水模型中由于气体对岩石的润湿性介于原油与水之间，因此气体占据孔隙的中间部位，将原来滞留于孔隙中间部位的原油排驱到气水界面上，气水夹带原油渗流。

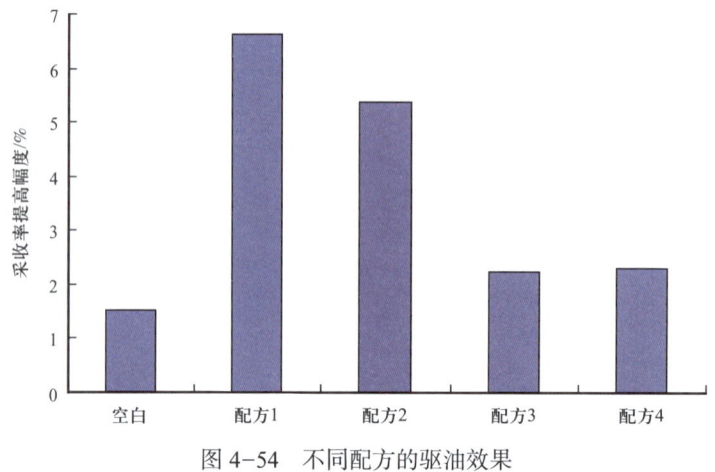

图 4-54　不同配方的驱油效果

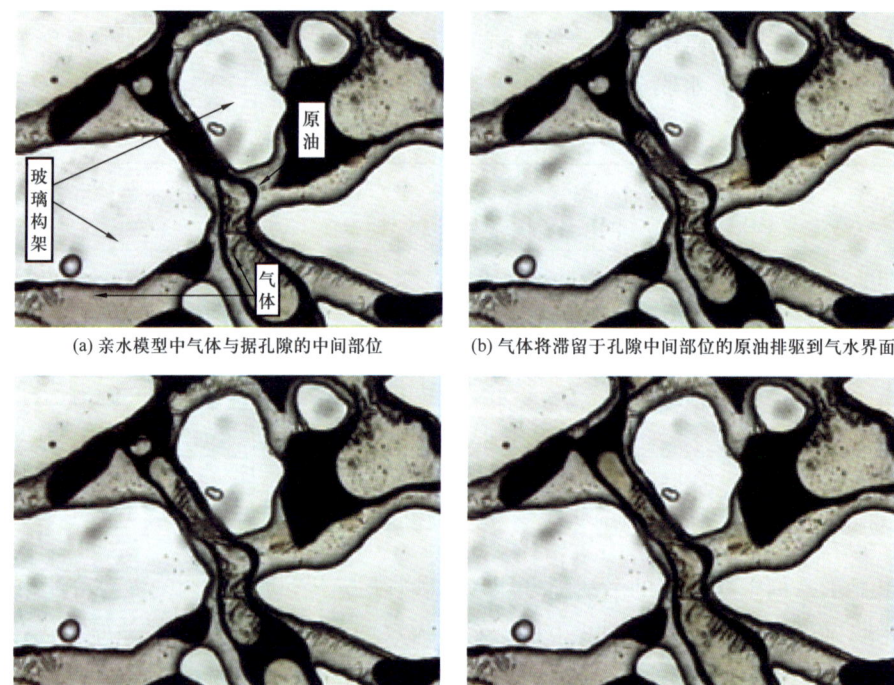

(a) 亲水模型中气体与据孔隙的中间部位　　(b) 气体将滞留于孔隙中间部位的原油排驱到气水界面

(c) 气体不断通过膨胀将原油排挤到气水界面　　(d) 气水夹带原油渗流

图 4-55　可动生物气驱油过程

不动气是不与孔隙中渗流液体一同流动的气体，它因贾敏效应构成阻力，可产生使流体改向渗流的作用，迫使水和发酵液向中低渗透区分流，改变微观波及面积，具有一定的微观调剖作用（图 4-56）。

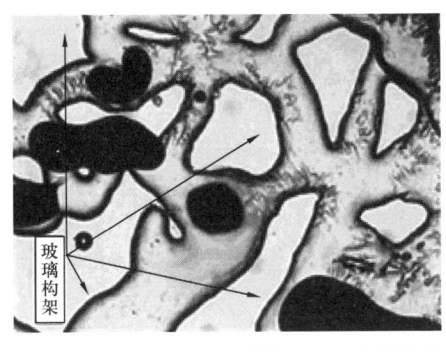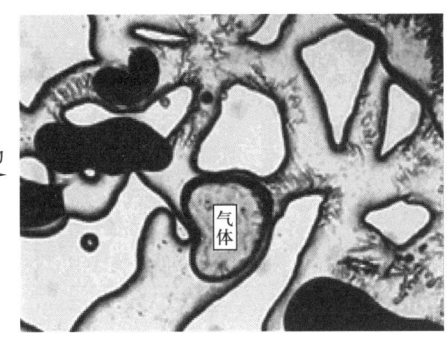

图 4-56　内源微生物代谢的生物气的不可动部分

如果形成的气泡尺寸小于孔隙尺寸，气泡则被注入水携带渗流，途中不断地聚并，体积增大，当遇到尺寸较小的孔隙时便滞留下来形成不动气，后续气泡不断聚并，由于气泡体积增大受到限制使得气泡内压力逐渐增大，当气泡内压力增大到一定程度时，便瞬间突破孔隙，此时形成的瞬间压力波动也能起到启动残余油的作用。

2）启动盲端残余油

在亲水模型中由于气体对岩石的润湿性介于原油与水之间，因此气体占据孔隙的中间部位。内源微生物激活过程中在盲孔中形成的气体占据盲孔中间部位，排挤原油进入渗流通道（图 4-57）。

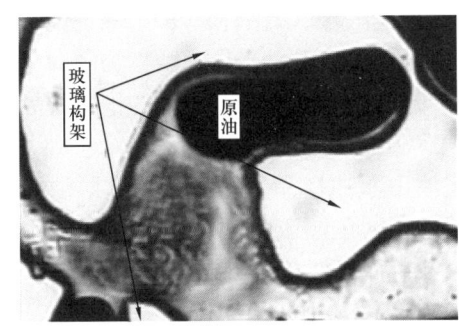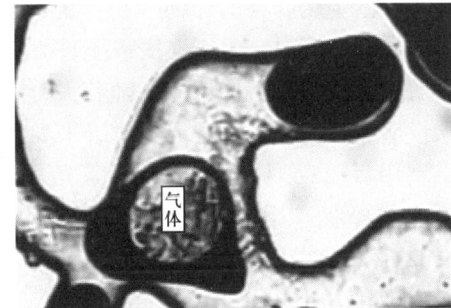

图 4-57　内源微生物对盲孔中残余油的启动

三、原油生物降解

烃氧化菌能够在好氧或者兼性好氧情况下降解原油中的烃类物质，这种降解作用涉及复杂的生物化学机理，与原油物性、菌株的底物特异性和环境条件等因素有关。

通过实验研究了烃氧化菌 Z-25 和 DWZ-4A 对大庆油田第九采油厂三个原油样品降解前后的原油物性变化（表 4-18）。经菌株 DWZ-4A 和 Z-25 作用后，三个原油样品的含蜡量和胶质沥青质含量都有所变化，链烷烃是微生物最容易利用的石油组分，解烃微生物主要是通过降解蜡质组分获取能量生长，然而对链烷烃过度的氧化作用亦可使原油的物性变差；对于大分子胶质沥青质，微生物并无法将其彻底降解，而是通过氧化开环，切断稠环来降低其分子量，并将其中一些大分子转变为小分子，这种降解作用可以改善原油品质。在好氧条件下，原油经微生物降解后，轻烃组分会相对减少，原油物性有所下降，显然原油发生较严重的好氧降解，对原油的物性改善不利。

表 4-18 微生物作用前后原油组分变化

原油样品	菌株	含蜡量/%	胶质沥青质含量/%	原油凝点/℃
样品Ⅰ	空白	11.38	38.76	13.5
	DWZ-4A	12.17	44.61	8.5
	Z-25	8.23	36.55	8.0
样品Ⅱ	空白	3.47	33.25	-5.0
	DWZ-4A	5.27	33.77	-8.5
	Z-25	5.60	30.31	-12.0
样品Ⅲ	空白	7.75	35.38	3.3
	DWZ-4A	10.85	34.17	3.0
	Z-25	10.91	33.73	1.0

2008 年，Head 等对烷烃的厌氧降解机制进行了研究。人们发现，在厌氧和兼性厌氧条件下，微生物介导的原油降解作用也会发生，但需要硝酸根、硫酸根、Fe^{3+} 等替代电子受体的参与。同时，由于在厌氧条件下缺乏足够的末端厌氧的电子受体，微生物倾向于利用碳数相对较长的烷烃组分，随着大分子饱和烷烃的降解，会使中低分子量的饱和烷烃相对含量增加，这个过程客观上改善了油品性质，对于微生物采油有益。

利用 Z-25 菌株在好氧和厌氧条件下处理大庆油田原油样品，结果显示：原油样品经微生物降解作用后，Pr/nC_{17} 和 Ph/nC_{18} 值都有所提高，在好氧降解情况下，Pr/nC_{17} 和 Ph/nC_{18} 值增加得更高，说明好氧条件下原油降解作用更加强烈（表 4-19）。

表 4-19 *Rhodococcus ruber* Z-25 菌株对饱和烷烃的降解

参数	空白	好氧降解	厌氧降解
MAX-PEAK	C_{23}	C_{23}	C_{23}
Pr/nC_{17}	0.22	0.26	0.24
Ph/nC_{18}	0.16	0.19	0.17
C_{21-}/C_{22+}	0.71	0.61	0.75
$(C_{21}+C_{22})/(C_{28}+C_{29})$	1.18	1.28	1.63
C_6—C_{16} 含量/%	26.79	17.13	20.92
C_{17}—C_{34} 含量/%	70.05	77.38	76.91
C_{35}—C_{45} 含量/%	3.16	5.49	2.17

原油样品经微生物降解作用后,样品的($C_{21}+C_{22}$)/($C_{28}+C_{29}$)值都有所增加,说明原油中的重质组分减少,轻质组分增多。然而,好氧和厌氧条件下原油降解的模式又存在差异:在好氧条件下,Z-25菌主要降解C_6—C_{16}组分,而对C_{35}—C_{45}组分降解比较微弱;而在厌氧条件下,Z-25菌在降解了C_6—C_{16}组分的同时,C_{35}—C_{45}组分也被大量降解,因此,厌氧条件下,微生物对原油的降解作用使得原油色谱曲线显著地向轻烃组分方向移动(图4-58)。烃类物质的好氧/厌氧降解机制尚在研究中,好氧条件下,微生物总是优先利用更易被降解的轻烃组分;厌氧条件下,由于能量水平的限制,烃类物质末端氧化过程变得相对困难,因而对重烃组分的降解作用变得更加经济,因此,重烃组分在厌氧降解过程中被优先利用。

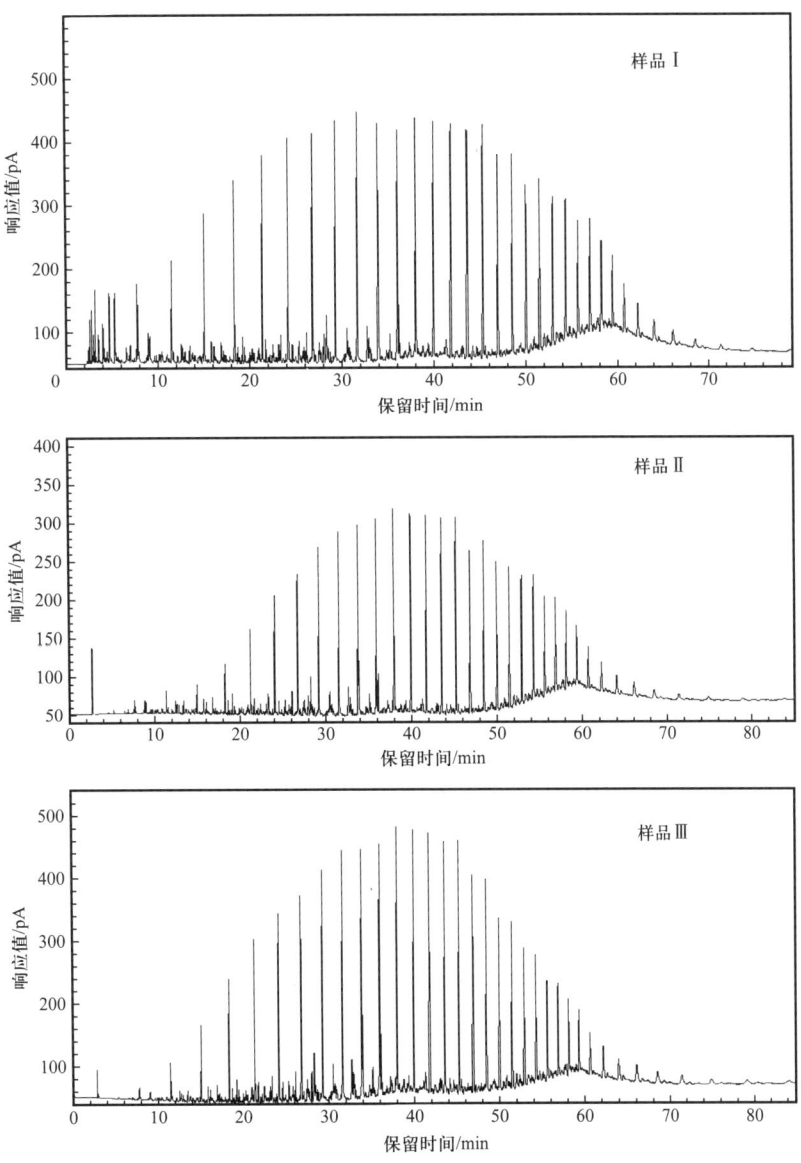

图4-58　Z-25菌株降解原油样品饱和烷烃组分分析

事实上，在油藏条件下，无论原油发生好氧降解还是厌氧降解，降解作用也主要发生在与微生物发生直接接触的油珠上，而对油藏整体原油物性影响很小，通过微生物作用改善原油物性的效果比较有限，甚至可能因为微生物的降解作用而使原油物性变差。微生物提高采收率技术中主要是利用烃氧化菌在烃摄取机制方面来实现对原油的乳化作用。

四、生物调驱作用

1. 微生物菌体作用

驱油功能菌在油藏多孔介质运移过程中会受到吸附作用和筛分作用而产生滞留，从而形成一定的调剖作用。菌体的调剖效果受到储层渗透率级差和渗透率高低的影响。通过实验研究了不同渗透率级差条件下的菌体调剖驱油效果和相同渗透率级差不同渗透率条件下的菌体调剖驱油效果[28-29]。

1）渗透率级差对菌体调剖作用的影响

由于非均质性的存在，菌体随流体优先进入高渗透带，经过筛分滞留在岩心内部，从而形成对高渗透带的封堵，有一定的调剖作用。在水驱至含水率98%之后转菌悬液驱，注入压力均有不同程度的上升。当渗透级差为1.03时，压力上升幅度最大；而当渗透率级差增大到7.28时，压力上升不明显（图4-59）。

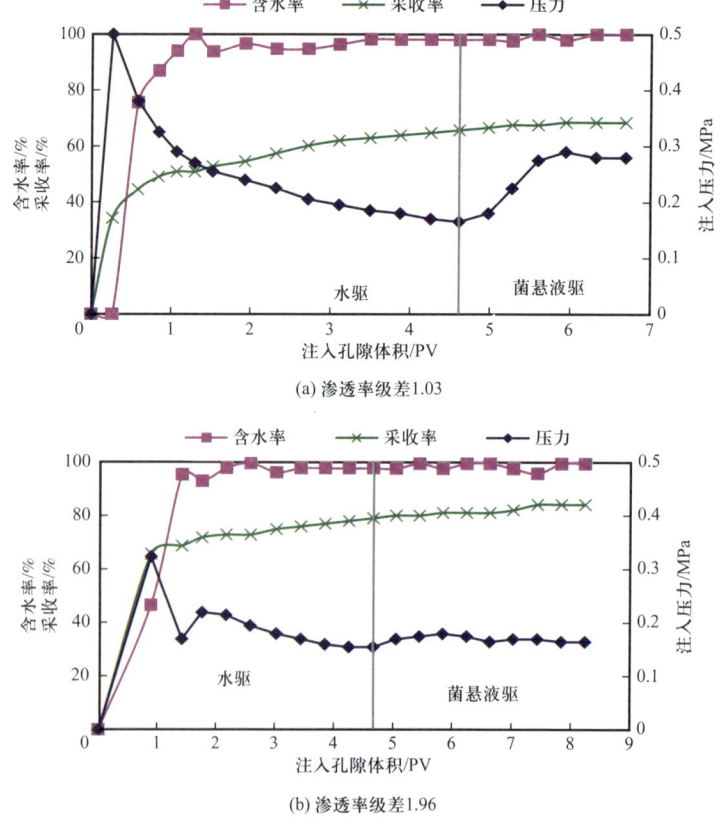

(a) 渗透率级差1.03

(b) 渗透率级差1.96

图4-59 渗透率级差对菌体调剖作用的影响

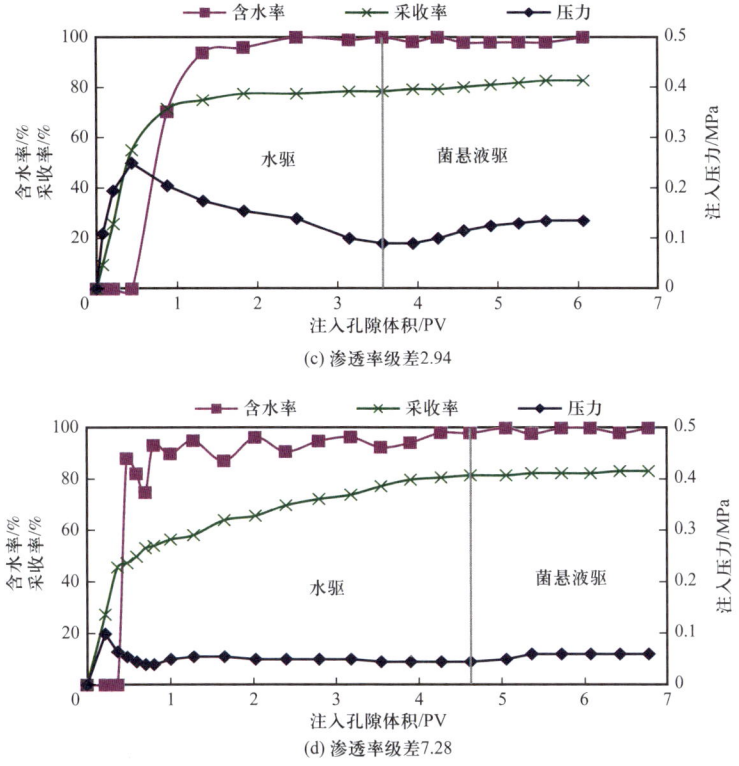

图 4-59 渗透率级差对菌体调剖作用的影响（续图）

菌体调剖驱油作用的能力随渗透率级差的增大呈先升高后降低的趋势，且当渗透率级差为 2.94 时，提高采收率最大，说明菌体的调剖作用使低渗透带的大量残余原油得以开发，从而提高了原油采收率。但是当级差增大到 7.28 时，通过菌体调剖提高的原油采收率反而降低，说明此时菌体滞留在高渗透带提高的压力无法达到低渗透层的启动压力梯度，从而无法形成调剖驱油作用（表 4-20）。因此，菌体调剖作用的实现是在一定的级差范围内，在该范围内级差越大，低渗透带的剩余油越多，提高采收率能力越强。

表 4-20 不同渗透率级差下的菌体调剖实验结果

岩心编号	渗透率 /mD	渗透率级差	提高采收率 /%
1	138.96	1.03	2.54
2	134.87		
3	280.80	1.96	3.09
4	143.30		
5	395.65	2.94	4.72
6	134.64		
7	741.87	7.28	1.67
8	101.84		

2）渗透率高低对菌体调剖作用的影响

在渗透率级差约为 2 的条件下，研究了渗透率高低对菌体调剖驱油能力的影响（图 4-60）。在实施菌悬液驱后，注入压力随着并联岩心渗透率的升高而降低，说明菌体的调剖作用随着渗透率的升高而减弱。

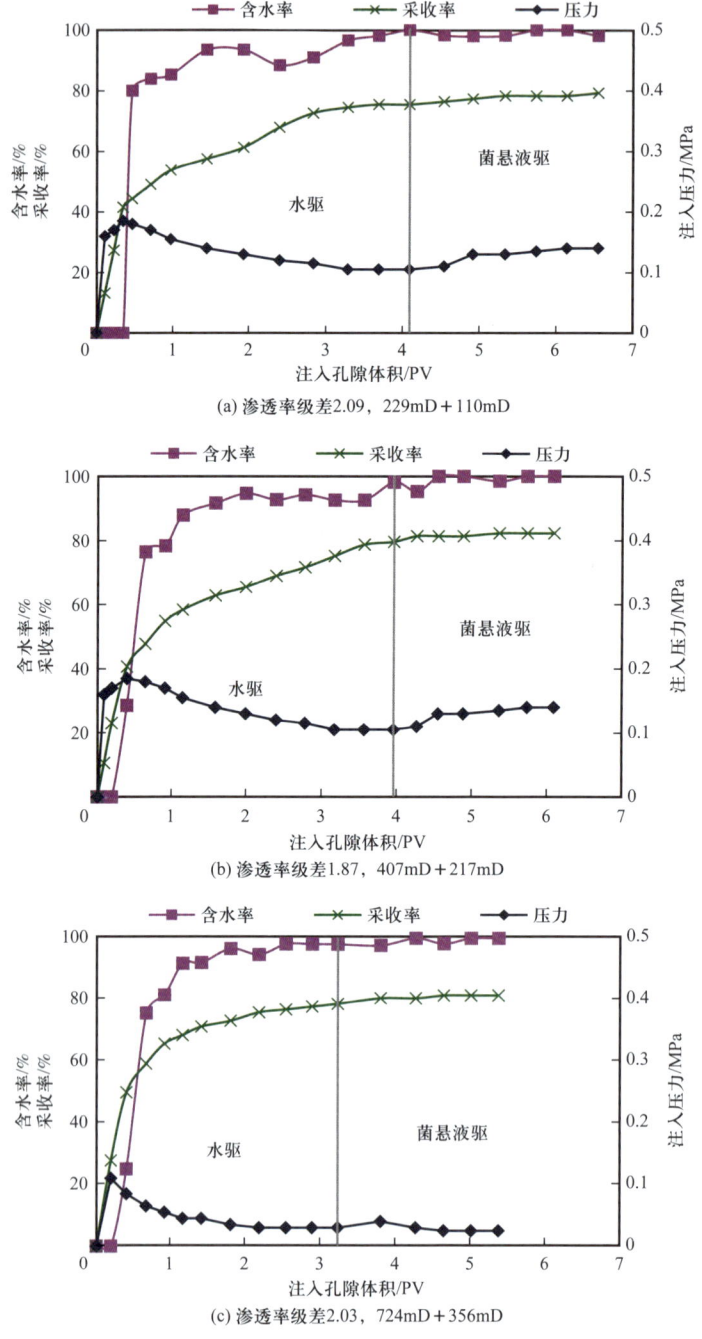

(a) 渗透率级差 2.09，229mD+110mD

(b) 渗透率级差 1.87，407mD+217mD

(c) 渗透率级差 2.03，724mD+356mD

图 4-60　渗透率高低对菌体调剖作用的影响

通过采收率分析菌体的调剖作用（表4-21）。研究发现，提高采收率随着岩心渗透率的增大而减小。这是由于岩心的渗透率越大，其孔隙大小相对越大，菌体在岩心中的筛分滞留率越低，封堵能力越弱，其调剖作用效果越差。

表4-21 相同级差不同渗透率下的菌体调剖实验结果

岩心编号	渗透率/mD	岩心渗透率特征	渗透率级差	提高采收率/%
9	229.04	低	2.09	3.49
10	109.57			
11	406.81	中	1.87	2.91
12	216.98			
13	724.28	高	2.03	1.85
14	356.06			

2. 生物聚合物

微生物在代谢过程中会产生大量的大分子物质，这些物质在微生物采油技术中也被称作生物聚合物。微生物产生的生物聚合物按照其与细胞的分布状态可分为胞内聚合物和胞外聚合物。

胞内聚合物通常是一些作为微生物碳源和能源物质贮存的脂溶性的大分子颗粒，如聚羟基脂肪酸酯（Polyhydroxyalkanoate，PHA），主要产生于营养期的细胞，作为微生物的碳源和能源物质在营养匮乏环境中使用，这类聚合物的存在会使得细胞膨大、充实，增大菌体个体，从而增加了微生物菌体物理封堵作用。

胞外聚合物（Extracellular Polymeric Substances，EPS）是在一定环境条件下由微生物（主要是细菌）分泌体外的一些高分子聚合物。主要成分与微生物的胞内成分相似，是一些高分子物质，如多糖、蛋白质和核酸等。胞外聚合物按其溶解性可分为可溶性的胞外聚合物和不可溶性的胞外聚合物：可溶性胞外聚合物（如黄原胶、聚谷氨酸等）能够增加水相的黏度，起到调节油水流度比、提高波及效率的作用；不可溶的胞外聚合物的功能与胞内聚合物类似，作为微生物的碳源和能源物质在微生物胞外积累，还可以对菌体起到支撑和保护的作用。这种由菌体和不溶性的胞外聚合物组成的物质又被称为胞外复合物，胞外复合物除本身含有的生物组分外，还会从环境中吸附一定量的重金属离子和无机矿物质组分，形成具有较大强度的生物凝胶状物质，能够在油藏高渗透区选择性地封堵大孔道，起到调整注水剖面、通过改善波及效率而提高采收率的作用。

选取聚合物产生菌FY-7为研究对象，利用微观仿真透明模型研究了生物聚合物在多孔介质中的生成、分布及调剖特征；通过物理模拟流动实验考察了微生物调剖机理、调剖性能和提高采收率的能力。

FY-7菌在LB平板上的菌落呈圆形，边缘整齐，表面光滑不透明［图4-61（a）］。单个菌体呈短杆状，大小为（0.5～0.6）μm×（1.3～1.6）μm［图4-61（b）］。在24～39℃下，FY-7能通过生长代谢生成大量生物纤维聚合物。代谢生成的生物聚合物能够交联在一起，呈冻胶状［图4-61（c）］。

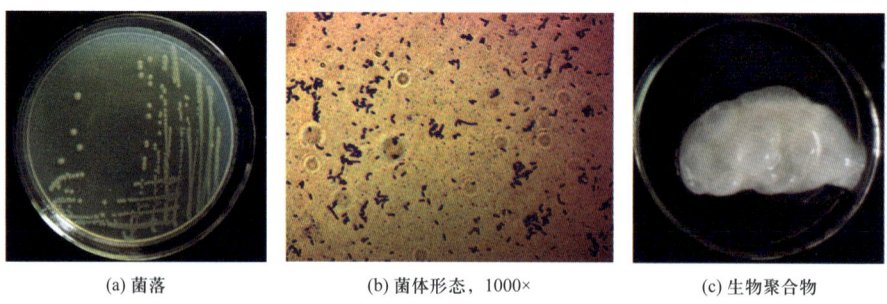

(a) 菌落　　　　　(b) 菌体形态，1000×　　　　(c) 生物聚合物

图 4-61　菌株 FY-7 及生物聚合物表观特征

1) FY-7 的微观调剖作用

实验中采用尺寸为 40.0mm×40.0mm×2.4mm 的微观仿真透明模型。一次水驱后，由于大孔隙的驱替阻力小于小孔隙，注入水优先流经大孔隙，从而使大孔隙中的原油被大量采出，残余油主要以膜状形式存在，而小孔隙中的残余油较多，主要以柱状和簇状形式存在 [图 4-62 (a)]。由于残余油和多孔介质间的相互作用，导致水驱无法有效驱替剩余原油，造成无效水驱循环。注入调剖功能菌 FY-7 段塞后，微观模型剩余油的分布状态发生变化 [图 4-62 (b)]，在微生物段塞的作用下，微观模型其他部位（以小孔隙残余油为主）的残余油被驱赶至大孔隙，并形成新的残存状态，此时微生物菌体主要分布在多孔介质水相和油水界面处。7 天后，因为大孔隙为 FY-7 提供了足够的生长空间，降低了菌内竞争，从而使生物聚合物优先在大孔道生成聚集，从而形成对大孔隙的封堵 [图 4-62 (c)]，表明菌及产物具有选择性调剖的作用。后续水驱使得大量残余油被采出 [图 4-62 (d)]。通

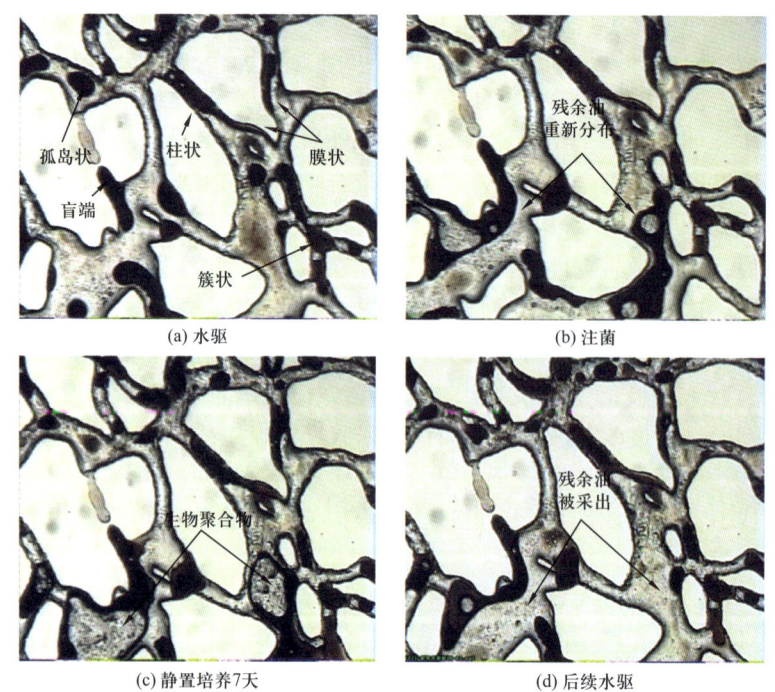

(a) 水驱　　　　　　　　　　(b) 注菌

(c) 静置培养7天　　　　　　　(d) 后续水驱

图 4-62　不同微生物调驱阶段的油水分布状态

过微观驱油实验证实,由于生物聚合物的封堵作用,整体上调整了吸水剖面,改善了水驱效果,从而提高了注水波及体积和原油采收率。

2）FY-7的宏观调驱实验

实验采用了不同渗透率的均质胶结岩心,以 4 号和 5 号并联的方式来模拟非均质油藏环境。岩心参数见表 4-22。

表 4-22 均质胶结岩心参数

岩心编号	直径/cm	长度/cm	空气渗透率/mD	孔隙体积/mL	孔隙度/%
4	3.8	30	1726	79.7	23.42
5	3.8	30	669	76.8	22.57

在水驱阶段,高渗透岩心分流率高于低渗透岩心,注入水优先进入高渗透岩心,因此,高渗透岩心相比于低渗透岩心提前注水突破；随着注水过程的深入,高渗透岩心和低渗透岩心的分流率分别稳定在 80% 和 20%；在注菌阶段,高渗透岩心的分流率增大,而低渗透岩心分流率减小,说明调剖微生物 FY-7 优先进入高渗透层,对其进行封堵；后续水驱阶段高渗透岩心分流率明显降低,低渗透岩心分流率显著升高,说明 FY-7 能够明显改善油藏非均质性,发挥调剖作用（图 4-63）。

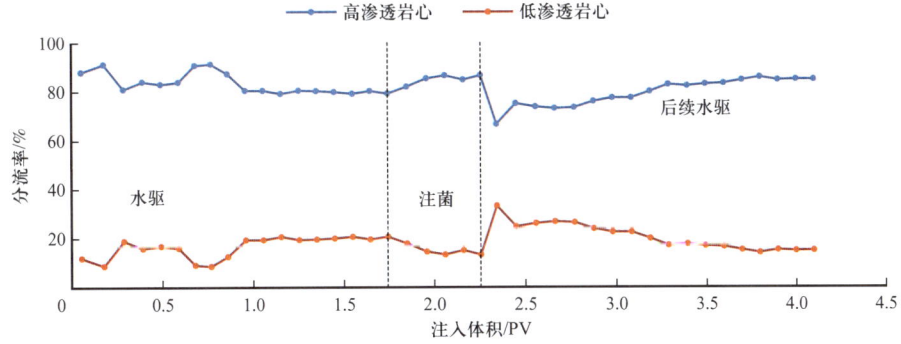

图 4-63 不同渗透率岩心的分流率变化情况

注水突破后,压力逐渐下降,并趋于平稳；在注入调剖功能菌液过程中,由于菌体优先进入大孔隙,菌液主要流经高渗透岩心,因此,造成压力有一定下降；后续水驱前段,压力呈跳跃式升高,说明由于菌体的生长代谢和生物聚合物的生成对高渗透带形成了封堵；在后续水驱后段,随着菌体的解吸附和驱出、残余油的大量采出,压力逐渐降低（图 4-64）。

通过驱替过程中的含水率和采收率变化曲线分析可知,FY-7 通过调剖提高了原油采收率（表 4-23）。水驱阶段,当驱替至综合含水率为 98% 时,综合采收率为 39.42%,高渗透岩心的累计注入孔隙体积倍数为 2.84,累计采收率为 40.58%,低渗透岩心的累计注入孔隙体积倍数仅为 0.60,累计采收率却达到了 38.17%,略低于高渗透岩心,说明高渗透岩心的无效水驱循环现象明显；注入微生物段塞 0.5 倍孔隙体积,并恒温培养 7 天后,高渗透岩心和低渗透岩心的含水率均有一定下降（图4-64），FY-7使高渗透岩心、低渗透岩心的采收率分别提高6.68个百分点、14.67个百分点（表4-23），说明FY-7不仅可封堵高渗透层，还可封堵高渗透层的高渗透部位，从而提高低渗透层的波及效率，提高原油采收率；FY-7综合采收率提高10.54个百分点，说明FY-7能够通过生长代谢生成生物聚合物发挥调剖作用，显著提高原油采收率，具有应用于油田现场的潜力。

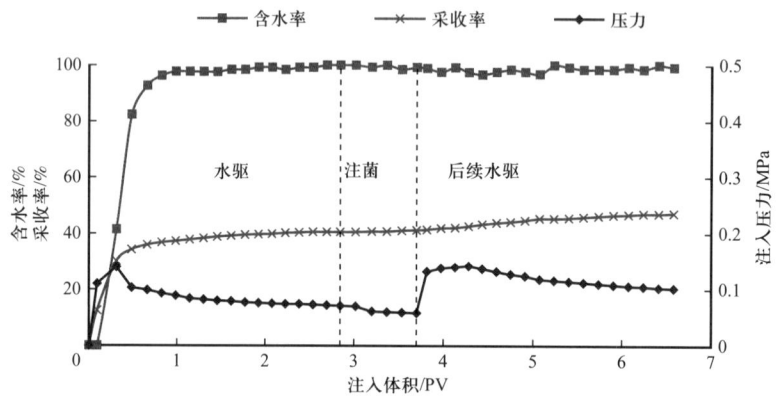

图4-64 含水率、采收率及驱替压力变化情况

表4-23 物理模拟调驱实验结果

岩心编号	岩心特征	水驱采收率/%	注菌采收率/%	后续水驱采收率/%	微生物驱提高采收率/%
4	高渗透	40.58	41.27	47.26	6.68
5	低渗透	38.17	40.18	52.84	14.67
4+5	非均质	39.42	40.74	49.96	10.54

参 考 文 献

[1] Deshpande P A, Shonnard D R. An improved spectrophotometric method to study the transport, attachment, and breakthrough of bacteria through porous media [J]. Applied and Environmental Microbiology, 2000 (2): 763-768.

[2] Zheng C M, Bennett G D. 地下水污染物迁移模拟 [M]. 孙晋玉, 卢国平, 译. 北京: 高等教育出版社, 2009.

[3] 刚洪泽, 刘金峰, 牟伯中. 多孔介质中微生物生长行为和传输过冲的数学模型研究进展 [J]. 化学与生物工程, 2009, 26 (4): 1-6.

[4] Camper A K, Hayes J T, Sturman P J, et al. Effects of motility and adsorption rate coefficient on transport of bacteria through saturated torous media [J]. Applied and Environmental Microbiology, 1993 (10): 3455-3462.

[5] Vennapusa R R, Tari C, Cabrera R, et al. Surface energetics to assess biomass attachment onto hydrophobic interaction adsorbents in expanded beds [J]. Biochemical Engineering Journal, 2009, 43 (1): 16-26.

[6] Knapp R M, McInerney M J, Menzie D E. Microbial strains and products for mobility control and oil displacement [R]. Norman, Oklahoma, U.S.A.: DOE/BC/10300-45, No. AS19-80BC10300, 1987.

[7] Sarkar A K, Georgiou G, Sharma M M. Transport of bacteria in porous media: I. an experimental investigation [J]. Biotechnology and Bioengineering, 1994, 44 (4): 489-497.

[8] Stepp A K, Evans D B. Single well MEOR treatment [R]. Bartlesville, Oklahoma, U.S.A.: NIPER/BDM-0331, DOE/DE-AC22-94PC91008, 1997.

[9] Jenneman G E, Mcinerney M J, Knapp R M. Microbial penetration through nutrient-saturated bereasandstone [J]. Applied and Environmental Microbiology, 1985, 50 (2): 383-391.

[10] Wiencek, K M, Klapes N A, Foegeding P M. Hydrophobicity of bacillus and clostridium spores [J]. Applied and Environmental Microbiology, 1990, 56 (9): 2600-2605.

[11] Williams V, Fletcher M. Pseudoumonas fluorescens adhesion and transport through porous media are affected by lipopolysaccharide composition [J]. Applied and Environmental Microbiology, 1996, 62 (1): 100-104.

[12] Bai G Y, Brusseau M, Miller R M. Influence of a rhamnolipid biosurfactant on the transport of bacteria through a sandy soil [J]. Applied and Environmental Microbiology, 1997, 63 (5): 1866-1873.

[13] Cunningham A B, Sharp R R, Caccavo F. Effects of starvation on bacterial transport through porous media [J]. Advances in Water Resources, 2007 (30): 1583-1592.

[14] Sarkar A K, Georgiou G, Sharma M M. Transport of bacteria in porous media: II. A model for convective transport and growth [J]. Biotechnology and Bioengineering, 1994, 44: 499-508.

[15] 雷光伦, 李希明, 陈月明, 等. 微生物在油层中的运移能力及规律 [J]. 石油勘探与开发, 2001, 28 (5): 75-78.

[16] 冯庆贤, 窦松江, 杨怀军, 等. 采油微生物在多孔介质中的运移与生长实验研究 [J]. 南开大学学报 (自然科学版), 2003 (1): 126-128.

[17] 程海鹰. 油藏微生物在多孔介质中的运移过程研究 [D]. 青岛: 中国海洋大学, 2006.

[18] 孔祥平. 一株地芽孢杆菌 (*Geobacillus* sp.) 在模拟油藏环境下的生长与运移实验研究 [D]. 青岛: 中国海洋大学, 2007.

[19] 柯从玉, 吴刚, 游靖, 等. 采油微生物在微驱过程中的生长、迁移及分布规律 [J]. 微生物学通报, 2013 (5): 849-856.

[20] 谢坤. 微生物采油数值模拟参数研究 [D]. 廊坊: 中国科学院渗流流体力学研究所, 2013.

[21] 于登飞. 生物表面活性剂与驱油效率关系研究 [D]. 廊坊: 中国科学院渗流流体力学研究所, 2012.

[22] 毕永强, 修建龙, 丛拯民, 等. 采油微生物的水动力学尺寸研究及应用 [J]. 科学技术与工程, 2016, 16 (10): 12-16.

[23] 杨鹏. 原生质体融合菌的调剖驱油机理研究 [D]. 廊坊: 中国科学院渗流流体力学研究所, 2006.

[24] 郑承纲. 微生物提高采收率技术研究 [D]. 廊坊: 中国科学院渗流流体力学研究所, 2010.

[25] 王萍. 微生物乳化原油的机理及影响因素研究 [D]. 廊坊: 中国科学院渗流流体力学研究所, 2013.

[26] 吴超. 内源微生物激活体系筛选、优化及评价方法研究 [D]. 廊坊: 中国科学院渗流流体力学研究所, 2008.

[27] 王俊. 油藏产气微生物代谢机理研究 [D]. 廊坊: 中国科学院渗流流体力学研究所, 2011.

[28] 毕永强, 高煜婷, 王春友, 等. 渗透率对菌体调剖驱油效果的影响 [J]. 断块油气田, 2020, 27 (4): 493-497.

[29] 刘保磊, 董汉平, 俞理, 等. 储层中菌体微观调剖驱油效果分析 [J]. 深圳大学学报 (理工版), 2011, 28 (4): 356-361.

第五章　微生物驱数值模拟及方案优化

随着 MEOR 室内研究的深入和矿场试验的推广，微生物数值模拟技术作为二者关联的一个桥梁，也成为一项亟待突破的技术。微生物驱油数值模拟涉及很多非常复杂的物理化学和生化现象，由此带来了比较多的技术难题。对这些过程、现象和本质进行数学描述，并建立数学模型，有利于从理论上对这些问题进行研究，进一步认识微生物的驱油机理。

微生物驱油过程中，微生物、营养物及代谢产物除受到对流—弥散作用外，还受到油藏系统的筛分、架桥堵塞、界面吸附、黏附和聚集堵塞等作用的影响，同时，渗流场中的岩石、流体物性参数也受到微生物及其代谢产物的作用，这个复杂的过程与水流污染及活性污泥处理相似，属于渗流场—生物场耦合问题。因此，运用渗流场—生物场耦合理论对微生物驱油机理进行了定量描述，并阐述油藏微生物生态系统的整个代谢过程，建立微生物驱油数值模拟技术，可以降低微生物采油现场实施的风险，确定科学合理的实施方案，从而使现场试验达到良好的效果。

第一节　微生物驱数值模拟研究进展

数值模拟是确定微生物驱油矿场试验方案的重要依据。随着近年来微生物采油技术在世界范围内的飞速发展，国内外在微生物数值模拟方面的研究也取得了长足的进步。中国石油勘探开发研究院经十余年攻关研究，在内源微生物级联代谢规程模拟、外源微生物与内源微生物相互作用关系模拟及微生物渗流规律、驱油机理及软件研制等方面均取得了长足的进步。

油藏数值模拟工作将集成上游多学科成果、认识于一身，以现代计算机技术为依托，帮助油藏工程师完成油藏产能评价、剩余油分布研究、开发方案制订与调整工作，并承担向钻采工程及经济评价环节提供基础数据的任务。

20 世纪 80 年代末，在微生物采油机理研究的基础上，开展了微生物采油数值模拟研究，它是对其作用机理的定量分析和描述。因为数值模拟具有费用低和可重复进行的优点，所以数值模拟是确定微生物提高采收率现场实施方案和提供科学决策的一个重要手段。在油田开发过程中，通过开展数值模拟研究可以建立一套合理的开发方案，降低微生物采油现场实施的风险，确定科学合理的工作制度。

一、微生物驱油数学模型研究进展

通过对国内外典型模型进行分析，可将微生物驱油数学模型研究分为四个阶段：
第一阶段，考虑油、气、水、微生物和营养物五组分的微生物驱油数学模型，微生物生长动力学建立在确定论非结构模型基础上，假设产物生成与菌体生长符合相关模型，微生物增产原理与菌浓直接相关[1-3]；

第二阶段，详细考虑了产物生成动力学，考虑了代谢产物组分，模型反映出了产物生成速率与菌体生长速率之间的关系，能够分别体现出菌体及代谢产物的增产原理[4-7]；

第三阶段，详细考虑了多种限制性底物、诱导物、阻遏物等对微生物生长的影响，加强了微生物生长动力学的研究，同时也增加了菌体及代谢产物的协同作用研究[8-9]；

第四阶段，实现了微生物间相互作用及级联代谢过程定量化表征，深化了微生物运移规模研究，能够模拟内源微生物从好氧到厌氧、严格厌氧过程及注入与油藏微生物相互作用关系，深化了微生物在油藏多孔介质中的渗流规律，定量化表征了微生物吸附滞留、筛分滞留及不可及孔隙对微生物运移的影响[10-11]。

各个阶段的微生物驱油数学模型除组分发生明显变化外，还体现在微生物、营养基质和代谢产物的对流扩散、吸附与运移机理的描述，各模型间存在一定差异。多数模型都对微生物增产机理进行了阐述，不同模型适用于不同种类菌种及不同施工工艺，包括微生物级联代谢（内源）、微生物间相互作用等。

1. 内源微生物好氧—厌氧级联代谢过程

内源微生物采油是利用地层中原有的微生物群落，通过向地层中添加激活剂，并附加注入一定量的空气，直接激活地下的有益微生物群落，利用这些微生物及其代谢产物来提高原油采收率。国内外微生物驱油数学模型主要是在黑油和组分模型基础上发展起来的，主要研究了微生物及其代谢产物对渗流场中物性参数的影响，侧重于渗流场的研究，对于微生物场的阐述较为简单，多用于外源微生物驱油数值模拟，无法体现出本源（内源）微生物驱油的两步激活理论。本源微生物驱油数值模拟的研究核心是油藏内渗流场—生物场之间的耦合关系。因此，笔者首次运用了渗流场—生物场耦合理论对本源微生物驱油机理进行了定量描述，同时，针对油藏微生物生态系统的代谢过程建立了相应的方程。

2. 内源微生物厌氧激活级联代谢过程模拟

Bryant 提出的典型厌氧消化过程三阶段理论把微生物区系划分为水解发酵菌、产氢产乙酸菌和产甲烷菌，体现出了厌氧消化过程三种群系统的生态规律。由于油田注入水中含有硫酸根，为减少硫酸盐还原菌对油田生产和周围环境的危害，油田注入水应控制硫酸盐还原菌数量，为此很多学者提出了通过反硝化抑制硫酸盐还原菌的设想，即在激活剂中加入适量的硝酸盐。因此，在该模型所依据的实验研究中除厌氧消化过程的三个基本微生物种群外，硫（硝）酸盐还原菌将成为影响微生物生态平衡的重要种群。

为了不使生态模型过于复杂，减少模型中的微生物组分，未将产氢产乙酸菌单独作为一个组分，只是定量描述其代谢产物乙酸的变化，其主要原因是油藏环境中 pH 值的变化较小，且该类微生物并不是厌氧消化过程微生物驱油的主要功能菌群。基于上述分析，将本源微生物驱油厌氧消化过程中的四个微生物菌群系统分为三个阶段：水解发酵菌（组分1）处于第一阶段，可以把各种复杂的有机物转化为溶解性小分子有机物，为下一阶段细菌提供生长繁殖的底物；硝酸盐还原菌（组分2）和硫酸盐还原菌（组分3）处于第二阶段，它们生存环境极为相似，当基质有限时，它们之间存在着对基质和生存空间的竞争；产甲烷菌（组分4）处于第三阶段，乙酸为限制性基质，与硫（硝）酸盐还原菌之间存在竞争抑制关系。

3. 外源微生物与内源微生物的相互作用关系

油藏环境经过长期水驱后，含有种类丰富的内源微生物资源，可形成较为稳定的微生物群落，无论是内源微生物驱油还是外源微生物驱油，油藏固有微生物均会起到非常重要的作用，内源菌种类丰度高，会对注入的外源菌产生作用。外源微生物驱油过程中，随着外源菌和营养物的注入，原有的油藏微生物群落组成及结构可能会被打破，外源菌和内源菌可能存在偏利共生、互惠共生或群体感应等相关关系。油藏研究方面，目前研究较多的是硝酸盐还原菌对油藏中硫酸盐还原菌的竞争性抑制作用，常用的主要功能菌如铜绿假单胞菌、芽孢杆菌等在疾病防治及生物防治等方面研究较多，与油藏内源微生物的相互作用研究较少。王大威等实验证明了培养基与外源菌同时添加的情况优于只添加营养物的效果，说明外源菌具有很好的配伍性，并能起到驱油促进作用。张忠智等通过竞争试验得出外源菌与油层本源微生物之间存在竞争关系。马子健等通过现场试验发现，外源单菌注入后很难被检测出来，而内源菌被大量激活，外源菌对内源菌起到了激活作用。伊丽娜利用T-RFLP方法证明了功能单菌与驯化菌群间存在竞争及抑制作用。因此，外源菌与油藏内源菌间的竞争关系与微生物驱油效果密切相关，微生物驱油数值模拟过程中，外源菌与内源菌的营养竞争关系研究至关重要。

国外比较典型的外源微生物驱数学模型有Islam模型、Zhang模型和Chang模型。前两种模型主要用于理论模型和岩石模型研究，难以用于现场的微生物驱油模拟，而Chang模型对微生物和营养物在油藏中的生长、死亡、吸附、趋化性、营养物利用进行了详细描述，反应动力学模型方程阐述较为简单。国内的微生物驱数学模型多是在国外模型基础上进行的改进和提高，其中朱维耀提出了适合于两种微生物的多组分数学模型，该模型阐述了诱导物及阻遏物对微生物生长的影响，重点阐述了两个微生物组分受营养物的限制性影响，但未阐述两个微生物组分间的相互作用。所有外源微生物驱油数学模型均未涉及注入功能菌与油藏内源菌的配伍性。注入功能菌的油藏配伍性主要体现微生物的活性，是能否成功提高采收率的决定性因素。因此，修建龙等对注入外源菌与内源菌的相互作用进行了详细阐述，并建立了相应的模型方程。

二、微生物驱油数值模拟软件研究进展

目前广泛应用的MEOR数值模拟软件主要有：

由得克萨斯大学开发的UTCHEM模块基于组分化学驱模型，将微生物降解与多相流相结合，主要描述了功能菌的生长、吸附、好氧生化反应及质量传递，适合MEOR的吞吐及强化水驱机理方面的分析和预测。

美国能源部开发的DOE-MTS模型是在虚拟DOS界面下运行的数值模拟软件，无需前后处理程序。该模型着重描述了微生物作用前后孔隙度、渗透率和渗流阻力的变化，并

且对各种 MEOR 机理考虑较为全面，计算参数繁多，商业化程度较低。

CMG 公司提供的 STARS 模拟器具有如下优点：（1）前、后处理完善，计算能力强，能够满足现场需求；（2）提高采收率原理较全面，不但能够反映菌体本身的作用机理，同时还能够反映一种或几种代谢产物的增产原理；（3）通过与室内激活剂筛选实验相结合，能够实现矿场培养基优化；（4）能够实现以原油为碳源的微生物生长，并能够模拟产气过程；（5）能够模拟好氧和厌氧微生物生长过程；（6）内源微生物场的形成可以通过前期注水过程实现；（7）能够模拟水气交替注入过程。

Eclipse 是斯伦贝谢公司开发的一套数值模拟软件，它具有界面友好、图形输出功能强大等优点，可输出二维和三维视图，并可进行角度变换，能够很好处理断层，并能半自动进行敏感性分析。Eclipse 软件可为各种复杂程度（构造、地质、流体和开发方案）的油藏提供准确、计算快速的多项选择，而且还提供了全隐式、IMPES、AIM 和 IMPSAT 求解方法。Spirov 等使用 Eclipse 软件模拟了 MEOR 中菌体的产气行为。通过对嗜热厌氧菌的实验研究，在高温、矿化度为 70~100g/L 条件下，菌体产生气体是 MEOR 的主要机制。将实验结果应用到挪威的 Snorre 油田中，并使用 Eclipse 软件连续模拟 27 个月。结果表明，MEOR 技术提高原油采收率 17.8%~21%。

MRST（MATLAB Reservoir Simulation Toolbox）是由挪威科技工业研究所（SINTEF）应用数学系研发的开源油藏模拟软件，是基于 MATLAB 语言编写的。MRST 是主要用作快速原型设计、新模拟方法和建模概念演示的工具箱。为此，该工具箱提供了广泛的数据结构和计算方法，油藏工作者和研究人员可以轻松地将它们组合在一起，以制作各自需要的定制建模和仿真工具。同时，MRST 还提供了一个非常全面的黑油和组分油藏模拟器，以及友好的图形用户界面，可用于后处理模拟。Amundsen 基于 MRST 软件描述了一个含表面活性剂、聚合物生成及生物膜形成的流动模型，并将由于生物表面活性剂生成导致油水界面张力降低和由于生物聚合物生成引起的水相黏度增加的效果与 Nielsen 和 Lacerda 的计算结果进行比较。结果表明，尽管与 Nielsen 和 Lacerda 等的成果不大一致，但能够描述这些机理对提高原油采收率的预期影响。Akindipe 等使用 MRST 软件研究了诸如通过生物表面活性剂作用的油水界面张力降低和导致生物膜形成的组分（微生物和营养物）吸附机制。研究表明，当生物膜形成堵塞和生物表面活性剂导致油水界面张力降低共同作用时，残余油在多孔介质中更易被启动。总而言之，MRST 软件作为一个油藏数值模拟工具，已经为 MEOR 技术提供了必要的灵活性和鲁棒性，使其适合用于进一步的数值模拟研究。

国内应用的大多数 MEOR 数模软件均基于对国外软件的改进与升级，软件的附属功能、运算能力及可操作性等水平较低，应用范围极为有限。近年来，中国石油勘探开发研究院经过近十年持续攻关，编制了微生物驱油数值模拟软件，能够模拟油藏岩石、流体等性质随微生物及其代谢产物浓度变化，微生物场组分浓度会随水相渗流速度及饱和度不断变化而变化，实现了微生物驱油效果的预测，给出了最大比生长速率、微生物吸附常数、趋化性系数及代谢产物得率对微生物驱油的影响，进一步揭示了微生物提高采收率的作用机理。

第二节 微生物驱数学模型及软件研发

微生物驱油数学模型是对微生物驱油过程和微生物驱提高采收率机理的定量化描述。为定量化描述这一过程，建立的微生物驱油数学模型不仅需要包含渗流场的流动模型方程，而且还需要包含生物场的运移模型方程。生物场运移模型方程中的生化反应项会引起渗流场中物性参数（如孔隙度、渗透率和黏度等）和各相分布发生变化，而渗流场中的这些变化同时也会引起生物场的各组分浓度发生变化。

一、模型基本假设

鉴于微生物驱油过程的复杂性，为了便于求解和应用，在推导微生物驱油数学模型时做了如下假设：

（1）流体为油、气、水三相；
（2）油、水是微可压缩流体，流体混合无体积变化；
（3）热力学平衡瞬间建立，推广的达西定律适用于多相系统；
（4）油藏是等温的；
（5）微生物、营养物及代谢产物均只溶于水相中；
（6）考虑微生物在有无营养条件下的死亡速率差异；
（7）考虑吸附在岩石颗粒表面的微生物和游离在水相中的微生物的生长速率及营养物消耗速率差异；
（8）油藏中微生物反应过程中微生物存在可逆吸附，营养物、代谢产物均为不可逆吸附。

二、渗流场控制方程

由于井和周围含水层产生的环境压力梯度，流体会在储层中流动。这些流体的流动会受到流体性质、岩石渗透性和重力的影响。同样，由于孔隙结构复杂且空间太小，油藏流体的宏观速度是学者重点关注的问题。因此，亨利·达西建立了一个模型来计算多孔介质中流体的宏观速度。

1. 达西定律

达西定律表达式如下：

$$u = -\frac{K}{\mu}(\nabla p - g\rho\nabla D) \tag{5-1}$$

为了完全获取生产油藏中的流量，必须使用多相模型。由于油和水具有不同的密度和黏度值，而且不混合，因此必须使用不同的数值单独建模。将达西定律推广至多相系统，表达式如下：

$$u_o = -\frac{KK_{ro}}{\mu_o}(\nabla p_o - g\rho_o\nabla D) \tag{5-2}$$

$$u_{\mathrm{w}} = -\frac{KK_{\mathrm{rw}}}{\mu_{\mathrm{w}}}(\nabla p_{\mathrm{w}} - g\rho_{\mathrm{w}}\nabla D) \tag{5-3}$$

$$u_{\mathrm{g}} = -\frac{KK_{\mathrm{rg}}}{\mu_{\mathrm{g}}}(\nabla p_{\mathrm{g}} - g\rho_{\mathrm{g}}\nabla D) \tag{5-4}$$

式中，u_o、u_w 和 u_g 分别为油相、水相和气相的渗流速度，m/d；K 为绝对渗透率，D；K_ro、K_rw 和 K_rg 分别为油相、水相和气相的相对渗透率；μ_o、μ_w 和 μ_g 分别为油相、水相和气相的黏度，mPa·s；p_o、p_w 和 p_g 分别为油相、水相和气相的压力，Pa；g 为重力加速度，m/s²；ρ_o、ρ_w 和 ρ_g 分别为油相、水相和气相的密度，kg/m³；D 为海拔高度，是基准面垂直方向的深度，m。

2. 渗流场控制方程

在构建油藏储层模型中，必须考虑压缩性。因为现实生活中的流体是可压缩的，所以它们的密度在储层内与在地面条件下测量的值不同。这通常使用地层体积系数 B_i 进行修正，其中 i 是相关相（油、水或气）。地层体积系数是将储层内的体积与地面条件下的流体体积相比。地层体积系数通常受压力和温度影响的变化，对于油相，油的地层体积系数表示油的挥发性。考虑地层体积系数的油、气、水控制方程如下：

$$\nabla \cdot \left[\frac{KK_{\mathrm{ro}}}{\mu_{\mathrm{o}} B_{\mathrm{o}}}(\nabla p_{\mathrm{o}} - g\rho_{\mathrm{o}}\nabla D)\right] + q_{\mathrm{o}} = \frac{\partial}{\partial t}\left(\frac{\phi S_{\mathrm{o}}}{B_{\mathrm{o}}}\right) \tag{5-5}$$

$$\nabla \cdot \left[\frac{KK_{\mathrm{rw}}}{\mu_{\mathrm{w}} B_{\mathrm{w}}}(\nabla p_{\mathrm{w}} - g\rho_{\mathrm{w}}\nabla D)\right] + q_{\mathrm{w}} = \frac{\partial}{\partial t}\left(\frac{\phi S_{\mathrm{w}}}{B_{\mathrm{w}}}\right) \tag{5-6}$$

$$\nabla \cdot \left[\frac{KK_{\mathrm{rg}}}{\mu_{\mathrm{g}} B_{\mathrm{g}}}(\nabla p_{\mathrm{g}} - g\rho_{\mathrm{g}}\nabla D)\right] + \nabla \cdot \left[R_{\mathrm{so}}\frac{KK_{\mathrm{ro}}}{\mu_{\mathrm{o}} B_{\mathrm{o}}}(\nabla p_{\mathrm{o}} - g\rho_{\mathrm{o}}\nabla D)\right] + \\ \nabla \cdot \left[R_{\mathrm{sw}}\frac{KK_{\mathrm{rw}}}{\mu_{\mathrm{w}} B_{\mathrm{w}}}(\nabla p_{\mathrm{w}} - g\rho_{\mathrm{w}}\nabla D)\right] + q_{\mathrm{g}} = \frac{\partial}{\partial t}\left[\phi\left(\frac{S_{\mathrm{g}}}{B_{\mathrm{g}}} + \frac{R_{\mathrm{so}} S_{\mathrm{o}}}{B_{\mathrm{o}}} + \frac{R_{\mathrm{sw}} S_{\mathrm{w}}}{B_{\mathrm{w}}}\right)\right] \tag{5-7}$$

式中，B_o 为地层油的体积系数，定义为原油在地下体积与其在地面脱气后的体积之比；B_g 为天然气的体积系数，定义为地层条件下的体积与地面标准状态下的体积之比；B_w 为地层水的体积系数，定义为在地层温度、压力下地层水的体积与其在地面条件下的体积之比；S_o、S_w 和 S_g 分别为油相、水相与气相的饱和度；q_o、q_w 和 q_g 分别为油相、水相和气相的源/汇项，m³/d；R_so 为天然气在地层油中的溶解气油比；R_sw 为天然气在地层水中的溶解气水比。

三、生物场反应动力学方程

生物场的反应动力学方程体现了微生物在多孔介质中的生化反应，生化参数的选取会影响生物场中各组分的浓度分布,进而影响微生物驱的效果。生物场的反应动力学方程主要包括微生物生长方程、营养物消耗方程和产物生成方程。

1. 微生物生长动力学方程

微生物由于其极大比表面积(相对于微生物菌体体积)的特点快速消耗环境中的营养物质,从而具备较高的代谢速率。由于微生物菌体的尺寸(难以观察单个菌体)及概率性问题,通常用微生物菌落的生长状况来体现单个菌体(这一特定类别,不同类别的微生物生长情况也不完全相同)的生长状况。

微生物的生长曲线通常是一条以培养时间为横坐标,以具有活性的微生物菌体数的对数值为纵坐标的曲线。大部分微生物的生长状态可以分为迟缓期、对数期、稳定期和衰亡期四个阶段。

1)一组微生物组分下菌体生长方程

(1)一种营养限制生长。

在微生物采油数学模型中,常用的微生物生长模型为 Monod 模型:

$$g = g_{max} \frac{C_N}{K_s + C_N} \quad (5-8)$$

式中,g 为单种微生物的比生长速率,d^{-1};g_{max} 为单种微生物的最大比生长速率,d^{-1};K_s 为单种微生物的半饱和常数,g/L;C_N 为限制微生物生长的营养物浓度,mg/mL。

伴随油藏开发,油藏内部环境会出现显著变化。常用的 Monod 模型并未考虑环境因素对微生物生长的影响。在 Monod 模型的基础上,许多学者对该模型进行改进,如考虑量纲为一的系数 a 的 Moser 模型:

$$g = g_{max} \frac{C_N^a}{K_s + C_N^a} \quad (5-9)$$

除此之外,Khan 认为微生物在地表条件下的生长习性与在多孔介质中的生长习性不一致。因此,Khan 增加了一个量纲为一的环境抑制系数 K_I 来改进 Monod 模型:

$$g = g_{max} \frac{C_N}{(K_s + C_N)\left(1 + \dfrac{C_N}{K_I}\right)} \quad (5-10)$$

Khan 模型中增加的环境抑制系数 K_I 是一个随环境变化的变量,由温度和 pH 值等因素耦合确定。当环境系数较小时会对微生物生长产生较大影响,而当环境系数较大时会对微生物生长产生较小影响。与 Monod 模型相比,Khan 模型增加了 $1+C_N/K_I$ 这一项,这一项对生长速率的影响会随着 K_I 的增大而逐渐变小。本节后续微生物生长模型主要以 Khan 模型为基础。

(2)两种营养限制生长。

以两组营养限制微生物生长的 Monod 模型为:

$$g = g_{\max} \frac{C_{N1}}{(K_{s1}+C_{N1})} \frac{C_{N2}}{(K_{s2}+C_{N2})} \quad (5-11)$$

式中，K_{s1} 和 K_{s2} 分别为一组微生物组分下两种营养物各自的半饱和常数，g/L；C_{N1} 和 C_{N2} 分别为限制微生物生长的两种营养物的浓度，mg/mL。

考虑环境抑制系数的两种营养限制生长的菌体生长方程为：

$$g = \frac{g_{\max}}{(1+C_{N1}/K_1)} \frac{C_{N1}}{(K_{s1}+C_{N1})} \frac{C_{N2}}{(K_{s2}+C_{N2})} \quad (5-12)$$

前述的菌体生长模型以一种代谢产物为主，如何在一组微生物组分下代谢产生复合产物成为重点关注问题，本书借鉴"两步激活"理论，假设某种微生物能在不同的营养条件下产生不同的代谢产物，则一组微生物组分两种产物体系下的菌体生长方程如下：

第一阶段：微生物会消耗两种营养。

$$g = \frac{\mu_m}{(1+C_{N1}/K_1)} \frac{C_{N1}}{(K_{s1}+C_{N1})} \frac{C_{N2}}{(K_{s2}+C_{N2})} \quad (5-13)$$

第二阶段：微生物只消耗一种营养。

$$g = \frac{\mu_m}{(1+C_{N2}/K_1)} \frac{C_{N2}}{(K_{s2}+C_{N2})} \quad (5-14)$$

式中，μ_m 为最大比生长速率，d^{-1}。

2）两组微生物组分下菌体生长方程

由于油藏中缺乏微生物生长所需的全部营养物质，内源微生物通常处于休眠状态，当功能菌和营养物质一起注入油藏后，内源微生物和功能菌同时竞争营养。在竞争营养的过程中，一种菌株的相关中间产物或副产物会促进（或抑制）另一种菌株的生长。Akindipe 等基于 Monod 模型研究了两组微生物组分共同消耗营养产生代谢产物并提高原油采收率，然而该项研究只是增加了微生物组分，不能体现出微生物菌体间的相互作用（促进/抑制）。修建龙等提出了一个两组微生物混合生长的动力学方程来简单体现出这些过程[12]。

$$g_{C1} = \frac{\alpha_{12} g_{m1} C_N}{\beta_{12} K_{s1} + C_N} \quad (5-15)$$

$$g_{C2} = \frac{\alpha_{21} g_{m2} C_N}{\beta_{21} K_{s2} + C_N} \quad (5-16)$$

式中，g_{C1} 和 g_{C2} 分别为两种微生物的生长速率，d^{-1}；g_{m1} 和 g_{m2} 分别为两种微生物的最大比生长速率，d^{-1}；K_{s1} 和 K_{s2} 为两种微生物的半饱和常数，g/L；α_{12} 和 α_{21}，β_{12} 和 β_{21} 为微生物间相互影响的交互因子。

式（5-15）和式（5-16）不仅可以表示两组微生物对同一营养的竞争，也可以表示两组微生物的共生关系。当两菌生长处于共生关系时，$\alpha_{12}>1$，$\alpha_{21}>1$，$\beta_{12}<1$，$\beta_{21}<1$；当两菌生长处于抑制关系时，$\alpha_{12}<1$，$\alpha_{21}<1$，$\beta_{12}>1$，$\beta_{21}>1$；当两菌生长互不

干涉时，即 Khan 模型，$\alpha_{12}=\alpha_{21}=\beta_{12}=\beta_{21}=1$。

上述两组微生物混合生长动力学方程是基于实验室条件下建立的，在实际油藏环境下应用该模型存在一定的缺陷。因此，在该模型基础上加入 Khan 模型中的抑制系数，则微生物竞争机制下菌体生长方程表达如下：

$$g_{C1} = \frac{\alpha_{12} g_{m1} C_N}{\left(\beta_{12} K_{s1} + C_N\right)\left(1 + \dfrac{C_N}{K_I}\right)} \tag{5-17}$$

$$g_{C2} = \frac{\alpha_{21} g_{m2} C_N}{\left(\beta_{21} K_{s2} + C_N\right)\left(1 + \dfrac{C_N}{K_I}\right)} \tag{5-18}$$

综上所述，针对实际油藏中激活不同类型的优势菌，可选取不同生化参数来满足不同体系下的菌体生长方程：一组微生物组分（一种产物或复合产物）、两组微生物组分（同种产物或复合产物），建立微生物生长动力学通用式：

$$g_{ci} = \frac{\alpha_{ij} g_{mi}}{\left(1 + C_N / K_I\right)} \frac{C_{N1}}{\left(\beta_{ij} K_{s1} + C_{N1}\right)} \frac{C_{N2}}{\left(\sigma_{ij} \chi K_{s2} + C_{N2}\right)} \tag{5-19}$$

式中，σ_{ij} 为克罗内克函数（i 和 j 相同时，为 1；i 和 j 不同时，为 0）；χ 为微生物生长判定系数，当采用一组微生物组分复合产物协同作用体系且处于营养消耗第二阶段时，χ 取值为 0，或者采用两组微生物组分模型时 χ 取值为 0，其他情况均取值为 1。

2. 营养物消耗动力学方程

在微生物代谢过程中，营养消耗主要包括三方面：(1) 满足微生物菌体生长繁殖的消耗；(2) 维持微生物生存的消耗；(3) 生成代谢产物的消耗。

营养物消耗动力学可以表示为：

$$-\frac{dN}{dt} = m_s C + \frac{1}{Y}\frac{dC}{dt} + \frac{1}{Y_p}\frac{dP}{dt} \tag{5-20}$$

式中，P 为产物浓度，mg/L。

营养物比消耗速率可以表示为：

$$\gamma_N = \frac{g}{Y} + \frac{\pi}{Y_p} + m \tag{5-21}$$

式中，π 为产物生成速率，d^{-1}。

1）一组微生物组分下营养物消耗动力学方程

营养物在油藏运移过程中会被微生物消耗，这一部分微生物包括吸附在岩石颗粒表面的微生物和游离在水相中的微生物。在建立营养物消耗动力学方程过程中，不单独考虑维持微生物生存的营养消耗，则营养物的消耗快慢常用比消耗速率表示：

$$\gamma_{\mathrm{N}} = \frac{g}{Y} + m \tag{5-22}$$

式中，γ_{N} 为营养物消耗速率，d^{-1}；Y 为菌体得率，即消耗单位营养物所产生的细菌量，mg/mg；m 为菌体维持因子，即微生物维持生长所消耗的营养物，mg/（mg·d）。

笔者认为微生物对生存环境有较强的依赖性，由于吸附在岩石颗粒表面的微生物和游离在水相中的微生物所处的环境不一致，故本节假设这两部分微生物的生长速率及营养物消耗速率不一致。因此，一组微生物组分下营养物运移模型中的生化反应项可描述为：

$$R_{\mathrm{N}} = \left[\left(\frac{g_1}{Y_1} + m_1 \right) \frac{\phi S_{\mathrm{w}} C}{B_{\mathrm{w}}} + \left(\frac{g_2}{Y_2} + m_2 \right) \rho \varphi \right] \tag{5-23}$$

式中，g_1 为游离在水相中微生物的生长速率，d^{-1}；Y_1 为游离在水相中微生物的菌体得率，mg/mg；m_1 为游离在水相中微生物的菌体维持因子，mg/（mg·d）；g_2 为吸附在岩石颗粒表面微生物的生长速率，d^{-1}；Y_2 为吸附在岩石颗粒表面微生物的菌体得率，mg/mg；m_2 为吸附在岩石颗粒表面微生物的菌体维持因子，mg/（mg·d）；R_{N} 为一种微生物组分时营养物消耗的生化反应项；ϕ 为孔隙度；ρ 为微生物的密度；φ 为微生物沉积量。

2）两组微生物组分下营养物消耗动力学方程

当微生物驱油模型选取为两种微生物组分时，营养物在油藏运移过程中会被两组微生物（包括吸附在岩石颗粒表面的微生物和游离在水相中的微生物）同时消耗，则营养物的消耗快慢用两种微生物各自生长参数下比消耗速率的叠加表示：

$$\gamma_{\mathrm{N}} = \sum_{i=1}^{2} \frac{g_{ci}}{Y_{ci}} + \sum_{i=1}^{2} m_{ci} \tag{5-24}$$

式中，Y_{ci} 为两组微生物条件下微生物 i（i=1，2）的菌体得率，mg/mg；m_{ci} 为两组微生物条件下微生物 i 的菌体维持因子，mg/（mg·d）。

考虑这个假设：吸附在岩石颗粒表面的微生物和游离在水相中的微生物的生长速率及营养物消耗速率不一致。则两组微生物组分下营养物运移模型中的生化反应项可描述为：

$$R_{\mathrm{N}} = \sum_{i=1}^{2} \left(\frac{g_{1ci}}{Y_{1ci}} + m_{1ci} \right) \frac{\phi S_{\mathrm{w}} C_i}{B_{\mathrm{w}}} + \sum_{i=1}^{2} \left(\frac{g_{2ci}}{Y_{2ci}} + m_2 \right) \rho \varphi_i \tag{5-25}$$

式中，g_{1ci} 为两组微生物条件下游离在水相中微生物 i 的生长速率，d^{-1}；Y_{1ci} 为两组微生物条件下游离在水相中微生物 i 的菌体得率，mg/mg；m_{1ci} 为两组微生物条件下游离在水相中微生物 i 的菌体维持因子，mg/（mg·d）；g_{2ci} 为两组微生物条件下吸附在岩石颗粒表面微生物 i 的生长速率，d^{-1}；Y_{2ci} 为两组微生物条件下吸附在岩石颗粒表面微生物 i 的菌体得率，mg/mg；m_{2ci} 为两组微生物条件下吸附在岩石颗粒表面微生物 i 的菌体维持因子，mg/（mg·d），φ_i 为微生物 i 的沉积量。

3. 产物生成动力学方程

根据产物生成速率与微生物生成速率的关系，可划分成三种形式：

第一种，微生物生长相关型。其特点主要是微生物生长、营养消耗和产物生成共同出现高峰期，表现在产物形成直接与营养消耗呈正相关。其中，产物可分为微生物生长类型和代谢产物类型。微生物生长类型是指微生物代谢后的最终产物是微生物本身，微生物增长与营养消耗呈正相关；代谢产物类型是指微生物代谢后的最终产物是其某种常见代谢产物，且产物的生成量与微生物的增长呈正相关。则生长相关型下的产物生成方程为：

$$\frac{\mathrm{d}P}{\mathrm{d}t} = \lambda \frac{\mathrm{d}C}{\mathrm{d}t} \quad (5-26)$$

第二种，与微生物生长部分相关型。其特点主要是在微生物培养发酵的第一阶段，微生物快速代谢繁殖，而产物生成较少或者趋近于零；在第二阶段，产物快速生成，同时微生物生长也可能出现第二个峰值，且营养消耗在这两个阶段都很高。则与微生物生长部分相关型下的产物生成方程为：

$$\frac{\mathrm{d}P}{\mathrm{d}t} = \lambda \frac{\mathrm{d}C}{\mathrm{d}t} + \eta C \quad (5-27)$$

第三种，与微生物生长不相关型。其特点主要是在微生物生长接近或达到最高稳定期，微生物会生成产物，且产物的生成与营养的消耗并无准确的定量关系。则与微生物生长不相关型下的产物生成方程为：

$$\frac{\mathrm{d}P}{\mathrm{d}t} = \eta C \quad (5-28)$$

1）一组微生物组分下产物生成方程

研究表明，采用产物生成速率与菌体生成速率的通式（综合上述三种产物生成方程）来描述产物生成的适用性较强。这个通式一方面能够体现微生物浓度和代谢产物的相关性；另一方面也能体现出微生物群落中常用功能菌的菌体浓度与群落总菌体浓度的关系。

$$\gamma_\mathrm{P} = \lambda \frac{\mathrm{d}C}{\mathrm{d}t} + \eta C \quad (5-29)$$

式中，γ_P 为产物的生成速率，mg/（mL·d）；λ 为代谢产物得率，表示产物随微生物变化率的浓度变化量，mg/mg；η 为代谢产物维持因子，表示微生物维持新陈代谢时产物的生成速率，mg/（mg·d）。

则一组微生物组分下产物的生化反应项可描述为：

$$R_\mathrm{P} = \lambda \frac{\mathrm{d}C}{\mathrm{d}t} + \eta \left(\frac{\phi S_\mathrm{w} C}{B_\mathrm{w}} + \rho \varphi \right) \quad (5-30)$$

该模型中产物生成速率只与微生物浓度相关，而与营养物的浓度无关，即当油层内营养物浓度为零时，从式（5-29）中可知，油层内微生物场浓度并不为零，故该模型的产物生成速率不为零。事实上，当营养物浓度为零时，微生物是无法代谢生成产物的。Salem 等通过对硝化细菌在不同饥饿状态的实验研究表明，营养物（氧气）浓度会对微生物的死亡速率产生影响。在好氧、缺氧和厌氧条件，发现活性污泥中硝化细菌的死亡速率分别为 $0.06d^{-1}$、$0.1d^{-1}$ 和 $0.2d^{-1}$。因此，本节忽略了更多不同条件下微生物的死亡速率不同，只考虑了微生物在有无营养条件下微生物的死亡速率不同。本节将引用克罗内克函数和"两组比死亡速率"模型来解决完善这个问题：（1）在代谢产物维持因子前克罗内克函数从数值上可以保证营养消耗殆尽后由微生物浓度项生成的产物速率为零；（2）当油藏内存在营养物时，微生物的比死亡速率为 k_{d1}，当油藏内营养物消耗殆尽时，微生物的比死亡速率为 k_{d2}，k_{d2} 要比 k_{d1} 大很多，此时由于微生物缺乏营养物而快速死亡，最终导致代谢产物的生成速率快速趋近于零。则修正后的一组微生物组分下产物生化反应项可描述为：

$$R_\mathrm{P} = \lambda \frac{\mathrm{d}C}{\mathrm{d}t} + \delta_{ij}\eta\left(\frac{\phi S_\mathrm{w} C}{B_\mathrm{w}} + \rho\varphi\right) \tag{5-31}$$

式中，当营养物存在时，i 和 j 取值相同，δ_{ij} 取值为 1；当营养物消耗殆尽后，i 和 j 取值不同，δ_{ij} 取值为 0。

2）两组微生物组分下产物生成方程

当微生物驱模型选择为两种微生物模型时，若两种微生物生成的产物相同，则产物生成的生化反应项为两种微生物各自代谢特征参数下产物生成的叠加，则微生物驱数学模型含有 4 个组分（微生物 1、微生物 2、营养物和产物）；若两种微生物生成的产物不同，则产物生成的生化反应项的形式相同，且此时产物组分变成两个，则微生物驱数学模型含有 5 个组分（微生物 1、微生物 2、营养物、产物 1 和产物 2）。

（1）两组微生物产生相同产物。

微生物 1 和微生物 2 同时消耗营养生成同一种类型的产物（本节主要是指生物表面活性剂或生物聚合物）。根据产物种类的不同，微生物驱油机理应选取相对应的物性参数方程。

两组微生物组分产生相同产物下的生化反应项可描述为：

$$R_\mathrm{P} = \sum_{i=1}^{2}\lambda_i\frac{\mathrm{d}C_i}{\mathrm{d}t} + \sum_{i=1}^{2}\delta_{ij}\eta_i\left(\frac{\phi S_\mathrm{w} C_i}{B_\mathrm{w}} + \rho\varphi_i\right) \tag{5-32}$$

式中，λ_i 为两组微生物条件下微生物 i 的代谢产物得率，mg/mg；λ_i 为两组微生物条件下微生物 i 的代谢产物维持因子，mg/(mg·d)。

（2）两组微生物产生不同产物。

微生物 1 和微生物 2 同时消耗营养生成生物表面活性剂和生物聚合物。由于模型包含两种产物，微生物驱油机理应包含全部的物性参数方程。

两组微生物组分产生不同产物下的生化反应项可描述为：

$$R_{\mathrm{P}i} = \lambda_i\frac{\mathrm{d}C_i}{\mathrm{d}t} + \delta_{ij}\eta_i\left(\frac{\phi S_\mathrm{w} C_i}{B_\mathrm{w}} + \rho\varphi_i\right), \quad i = 1, 2 \tag{5-33}$$

四、生物场运移方程

1. 微生物运移方程

菌体尺寸会对微生物运移造成影响，同一种菌体尺寸差异不大（在不同生长阶段，微生物尺寸差异可能较大，且其性质可能也有较大差异，故主要研究同一种菌体在同一生长阶段的菌体性质），不同种菌体尺寸可能差异较大，且其在运移过程中特性也有所区别。本节基于同一种菌体在不同孔隙尺度条件下运移特征来反向研究菌体尺寸在微生物运移中的影响。

分析生物场各组分的运移特征，考虑微生物生长和死亡、营养物消耗、产物生成、趋化性、扩散、对流、吸附/脱附等特性，并将两组比死亡速率模型和菌体尺寸引起的筛分作用添加至微生物运移方程中，建立了如下含微生物、营养物、产物三个组分的运移方程[13-14]：

$$\frac{\partial}{\partial t}\left(\frac{\phi S_w C_i}{B_w}\right) + \rho_b \frac{\partial \varphi_{1i}}{\partial t} = \nabla \cdot D_i \cdot \nabla \left(\frac{\phi S_w C_i}{B_w}\right) - \nabla \cdot \left(\frac{u_t C_i}{B_w}\right) - k_{mi} \nabla \cdot \left(\frac{C_i}{B_w} \nabla \ln C_N\right) - k_{ci} \frac{\phi S_w C_i}{B_w} + k_{yi} \rho_b \varphi_{2i} \left(\frac{\varphi_{2i}}{\phi}\right)^k + \frac{\phi S_w (g_{1ci} - k_{d1j}) C_i}{B_w} + \frac{Q C_i}{V} \quad (5\text{-}34)$$

式中，C_i 为微生物 i 的菌体浓度，mg/mL；ϕ 为微生物 i 可通过部分的孔隙度；S_w 为含水饱和度；B_w 为地层水体积系数；ρ_b 为微生物的密度，kg/m³；φ_{1i} 为筛分作用引起的沉积；D_i 为微生物 i 在水相中的扩散系数，m²/d；u_t 为菌体在水相中的有效运移速度，m/d；k_{mi} 为微生物 i 的化学趋向性系数，m²/d；C_N 为营养物浓度，mg/mL；k_{ci} 为微生物 i 的吸附速率，d⁻¹；k_{yi} 为微生物 i 的解吸附速率，d⁻¹；φ_{2i} 为微生物 i 由于吸附作用引起的沉积量；k 为解吸附参数；g_{1ci} 为游离项微生物 i 的生长速率，d⁻¹；k_{d1j} 为游离项微生物 i 的比死亡速率系数，d⁻¹，油藏内存在营养物时游离项微生物的比死亡速率系数 k_{d1j} 取值为 k_{d11}，油藏内不存在营养物时，游离项微生物的比死亡速率系数 k_{d1j} 取值为 k_{d12}；Q 为日注入量或日采出量，m³/d；V 为井控制体积，m³。

由于菌体生长、死亡、吸附、解吸附及筛分作用，菌体将在多孔介质表面出现沉积现象，这个沉积量 φ 通过式（5-35）至式（5-37）计算：

$$\frac{\partial \varphi_{1i}}{\partial t} = (g_{2ci} - k_{d2j}) \varphi_{1i} + k_{fi} \frac{\phi S_w C_i}{B_w \rho_b} e^{-\frac{\varphi_{1i}}{\lambda}} \quad (5\text{-}35)$$

$$\frac{\partial \varphi_{2i}}{\partial t} = (g_{2ci} - k_{d2j}) \varphi_{2i} + k_{ci} \frac{\phi S_w C_i}{B_w \rho_b} - k_{yi} \varphi_{2i} \left(\frac{\varphi_{2i}}{\phi}\right)^k \quad (5\text{-}36)$$

$$\varphi_i = \varphi_{1i} + \varphi_{2i} \quad (5\text{-}37)$$

式中，k_{fi} 为菌体筛分速率，d⁻¹；λ 为决定筛分过程指数衰减系数；g_{2ci} 为滞留项微生物 i 的生长速率，d⁻¹；k_{d2j} 为滞留项微生物 i 的死亡速率，d⁻¹，油藏内存在营养物时游离项微生物的比死亡速率系数 k_{d2j} 取值为 k_{d21}，油藏内不存在营养物时，游离项微生物的比死亡速率系数 k_{d2j} 取值为 k_{d22}。

2. 营养物运移方程

根据物质平衡原理，营养物的运移方程为：

$$\frac{\partial}{\partial t}\left(\frac{\phi_N S_w C_N}{B_w} + \phi_N C_{Ns}\right) = \nabla \cdot D_N \cdot \nabla\left(\frac{\phi_N S_w C_N}{B_w}\right) - \nabla \cdot \left(\frac{u_t C_N}{B_w}\right) + \frac{QC_N}{V} + R_N \quad (5-38)$$

式中，C_N 为营养物的浓度，mg/mL；ϕ_N 为营养物可通过的孔隙度；D_N 为营养物的扩散系数，m²/d；C_{Ns} 为营养物的吸附浓度，mg/mL；R_N 为营养物的生化反应项。

其中，营养物溶于水相中，可全部通过岩心，其孔隙度为：

$$(\phi_N = \phi) \quad (5-39)$$

营养物在水相中运移会被油藏多孔介质吸附，其吸附模型通常采用 Langmuir 等温吸附模型，则营养物的吸附浓度可以表述为：

$$C_{Ns} = \frac{C_N}{a_N + b_N C_N} \quad (5-40)$$

式中，C_{Ns} 为营养物的吸附浓度，mg/mL；a_N 为营养物的吸附系数 1（由实验确定）；b_N 为营养物的吸附系数 2（由实验确定），mL/mg。

3. 产物运移方程

代谢产物（同种或不同种）由微生物 i 生成，认为其能够全部溶于水并可被岩石吸附，根据物质平衡方程，产物 i 的运移方程为：

$$\frac{\partial}{\partial t}\left(\frac{\phi_P S_w C_{Pi}}{B_w} + \phi_P C_{Pis}\right) = \nabla \cdot D_{Pi} \cdot \nabla\left(\frac{\phi_P S_w C_{Pi}}{B_w}\right) - \nabla \cdot \left(\frac{u_t C_{Pi}}{B_w}\right) + \frac{QC_{Pi}}{V} + R_{Pi} \quad (5-41)$$

式中，C_{Pi} 为产物 i 的浓度，mg/mL；ϕ_{Pi} 为产物 i 可通过的孔隙度；D_{Pi} 为产物 i 的扩散系数，m²/d；C_{Pis} 为产物 i 的吸附浓度，mg/mL；R_{Pi} 为产物 i 的生化反应项。

其中，产物溶于水相中，但不可全部通过岩心，其可通过的孔隙度为：

$$\phi_{Pi} = \phi(1 - \phi_{jp}) \quad (5-42)$$

式中，ϕ_{jp} 为产物不可通过岩石孔隙体积系数。

微生物的代谢产物在水相中运移也会被油藏多孔介质吸附，其吸附模型采用 Langmuir 等温吸附模型，则产物的吸附浓度可以表述为：

$$C_{Pis} = \frac{C_{Pi}}{a_{Pi} + b_{Pi} C_{Pi}} \quad (5-43)$$

式中，C_{Pis} 为代谢产物 i 的吸附浓度；C_{Pi} 为代谢产物 i 的浓度，mg/mL；a_{Pi} 为代谢产物 i 的吸附系数 1（由实验确定）；b_{Pi} 为代谢产物 i 的吸附系数 2（由实验确定），mL/mg。

五、物性参数方程

1. 孔隙度变化

微生物 1 和微生物 2 均会由于吸附作用和筛分作用滞留在油藏多孔介质中，从而使油藏孔隙度降低。这里值得注意的是，菌体死亡后会溶解，从而导致油藏孔隙度会出现一定程度的恢复，并非不可逆的过程。

$$\phi = \phi_0 - \sum_{i=1}^{2} \varphi_{1i} - \sum_{i=1}^{2} \varphi_{2i} \quad (5-44)$$

式中，ϕ_0 为油藏多孔介质的初始孔隙度。

2. 绝对渗透率变化

在产生物聚合物菌提高采收率数学模型中，绝对渗透率的变化包含两部分：一部分是微生物菌体吸附阻塞造成岩层绝对渗透率的降低；另一部分是产物吸附滞留造成岩石孔隙介质的局部渗透率下降。

Knapp 等的研究表明，微生物在油层驱替过程中，菌体会堵塞油藏多孔介质，这个堵塞作用可能不能显著引起孔隙度的变化，但岩层渗透率会大大降低。实验表明，渗透率降低与孔隙度下降的三次方成正比，并引入一个流动效率系数 f 进行修正，其主要由孔喉直径分布双峰函数决定[15]。将由孔隙度降低后的渗透率与岩层初始渗透率的比值定义为渗透率变化系数 R_f。

$$R_f = f\left(\frac{\phi}{\phi_0}\right)^3 = f\left(\frac{\phi_0 - \varphi}{\phi_0}\right)^3 \quad (5-45)$$

微生物在运移过程中会生成生物聚合物，而生物聚合物在岩石表面的吸附必然引起流动阻力增加。在聚合物驱中，常利用阻力系数 R_k 来描述这一现象。

$$R_k = 1 + \frac{(R_{kmax} - 1) b_{rk} C_{p1}}{1 + b_{rk} C_{p1}} \quad (5-46)$$

式中，R_{kamx} 是最大阻力系数，它与生物聚合物的本征黏度及油藏孔隙度和渗透率相关；b_{rk} 是由实验资料确定的经验参数；C_{p1} 是生物聚合物的浓度，mg/mL。

由微生物和生物聚合物引起的绝对渗透率变化可通过式（5-47）来描述。

$$K = \frac{R_f K_0}{R_k} \quad (5-47)$$

式中，K 为孔隙度降低后的渗透率，mD；K_0 为初始渗透率，mD。

微生物菌体死亡后会出现溶解现象，由菌体吸附造成的孔隙度和渗透率的变化会恢复，而并非固定不变。

3. 水相黏度变化

生物聚合物能够增加水相的黏度，从而改善油水流度比，抑制注入水的突进，并扩大宏观波及体积。该水相黏度变化模型采用以下三个模型描述：

（1）线性模型[16]：

$$(\mu_w = \mu_{w0} + K_{pot}C_p) \tag{5-48}$$

（2）抛物线模型[17]：

$$\mu_w = \mu_{w0}\left[\left(5C_p\right)^2 + 5C_p + 1\right] \tag{5-49}$$

（3）指数模型[18]：

$$\mu_w = \mu_{w0} + 1.4019 C_p^{0.1653} \tag{5-50}$$

式中，μ_w 为生物聚合物作用后的水相黏度，mPa·s；μ_{w0} 为初始水相黏度，mPa·s；K_{pot} 为线性系数；C_p 为生物聚合物浓度，mg/mL。

本节将模拟三种模型对生物聚合物提高采收率的影响。

4. 油相黏度变化

微生物通过自身代谢降解及代谢产生生物表面活性剂，生物表面活性剂通过对原油的乳化作用对原油黏度影响较大，这些黏度变化规律可通过微生物与原油的发酵实验确定[19]。变化关系可表示为：

$$\mu_o = \mu_{oi} f_1(C_p) \tag{5-51}$$

式中，μ_o 为微生物及产物与原油作用后的黏度，mPa·s；μ_{oi} 为微生物及产物与原油作用前的黏度，mPa·s；$f_1(C_p)$ 为生物聚合物浓度有关的函数。

5. 界面张力变化

微生物在油藏中消耗营养物产生生物表面活性剂，生物表面活性剂与原油作用后可降低油水界面张力 σ，从而启动残余油，进而提高驱油效率。一般水驱油藏系统下，油水的界面张力为 20～30mN/m。为了显著提高洗油效率，效果显著的表面活性剂能够降低界面张力 2～3 个数量级。通过实验可发现，产物浓度与油水界面张力的变化规律可表示为：

$$\sigma = \sigma_0 f_2(C_{p2}) \tag{5-52}$$

式中，σ 为产物作用后的油水界面张力，mN/m；σ_0 为产物作用前的油水界面张力，mN/m；C_{p2} 为生物表面活性剂的浓度，mg/mL；$f_2(C_{p2})$ 为生物表面活性剂浓度有关的函数。

6. 相对渗透率变化

目前，有些软件可以针对现有油藏创建一个精确的地质模型。然而，在高度详细的地质模型上可能无法运行出有价值的模拟结果[20]。由于模型尺度的差异太大，因此在计算过程中要求较苛刻。出于这个原因，简化地质模型是为了获得更有价值的结果。在物理储层中，可能存在地质裂缝或断层，这一点会导致渗透率大小的突然变化，甚至是一层上的不可渗透。因此，在计算过程中将油藏分成几个区域是有必要的。这些区域的绝对渗透率将是平均值。但是，有效渗透率不是静态值（固定值），它会根据油藏中存在的流体饱和度的变化而变化。相对渗透率模型的宗旨是模拟在微观尺度上发生的界面张力变化效应。常用的相对渗透率模型有以下三种[21-22]。

1）与残余油饱和度相关的相对渗透率模型

该模型表示如下：

$$K_{ro} = K_{roi} \left(\frac{S_o - S_{or}}{1 - S_{wi} - S_{or}} \right)^{el} \tag{5-53}$$

$$K_{rw} = K_{rwi} \left(\frac{S_w - S_{wr}}{1 - S_{wi} - S_{or}} \right)^{el} \tag{5-54}$$

式中，K_{ro} 和 K_{rw} 分别为油相和水相的相对渗透率；K_{roi} 和 K_{rwi} 分别为油相和水相中相渗端点的相对渗透率，可以通过实验方法回归得到；S_o 为含油饱和度；S_{or} 为残余油饱和度；S_w 为含水饱和度；S_{wr} 为残余水饱和度；S_{wi} 为束缚水饱和度；el 为取决于储层岩石孔隙结构和润湿性的指数。

2）与界面张力相关的相对渗透率模型

表面活性剂通过降低界面张力来影响相对渗透率曲线的变化，在相对渗透率曲线上表现为端点值和指数值的改变。当界面张力趋向于 0 时，相对渗透率曲线基本上近似为一条直线，此时相对渗透率基本上等于相饱和度。Coats 等以界面张力为基础构建了一个包含两条相对渗透率曲线的模型，通过插值方法形成了一条新的相对渗透率曲线[23]。Coats 模型通过界面张力的下降来改变气、油两相相对渗透率曲线，同样这个模型也可用于油、水两相系统中。许多商业软件利用该理论来表示相对渗透率曲线的变化。该模型表示如下：

$$f(\sigma) = \left(\frac{\sigma}{\sigma_{base}} \right)^{\frac{1}{n}} \tag{5-55}$$

$$S'_{or} = f(\sigma) S_{or} \tag{5-56}$$

$$S'_{ow} = f(\sigma) S_{ow} \tag{5-57}$$

$$K_{rw} = f(\sigma) K_{rw(base)} + [1 - f(\sigma)] K_{rw(mise)} \tag{5-58}$$

$$K_{ro} = f(\sigma) K_{ro(base)} + [1 - f(\sigma)] K_{ro(mise)} \tag{5-59}$$

式中，σ 为当前界面张力，mN/m；σ_{base} 为高界面张力，mN/m；$f(\sigma)$ 为一个插值函数，其取值范围为 0（低界面张力）～1（高界面张力）；S_{or} 为初始残余油饱和度；S'_{or} 为在界面张力 σ 下的残余油饱和度；S_{ow} 为初始束缚水饱和度；S'_{ow} 为在界面张力 σ 下的束缚水饱和度；n 是插值函数的指数值，为实验参数值；$K_{rw(base)}$ 和 $K_{ro(base)}$ 分别为高界面张力下的水相和油相相对渗透率；$K_{rw(mise)}$ 和 $K_{ro(mise)}$ 分别为低界面张力下的水相和油相相对渗透率。

3）与毛细管数相关的相对渗透率模型

然而，许多研究人员认为相对渗透率应该随着毛细管数的变化而变化，即它们取决于流体黏度和流速及界面张力。在此基础上，Whitson 和 Fevang 提出了一个广义相对渗透率模型，其中与不混溶的相对渗透率曲线 [$K_{r(low)}$] 和可混溶的曲线 [$K_{r(high)}$] 相关联曲线主要通过毛细管数插值指数 $f_1(N_c)$ 相联系[24]。则与毛细管数相关的相对渗透率模型表示如下：

$$N_c = \frac{|\mu_w \mu_o|}{\sigma_{wo}} \tag{5-60}$$

$$f_1(N_c) = \left(\frac{N_{base}}{N_c}\right)^{\frac{1}{m}} \tag{5-61}$$

$$S''_{or} = f_1(N_c) S_{or} \tag{5-62}$$

$$S''_{ow} = f_1(N_c) S_{ow} \tag{5-63}$$

$$K_{rw} = f_1(N_c) K_{rw(low)} + [1-f_1(N_c)] K_{rw(hight)} \tag{5-64}$$

$$K_{ro} = f_1(N_c) K_{ro(low)} + [1-f_1(N_c)] K_{ro(hight)} \tag{5-65}$$

式中，N_c 为当前毛细管数；μ_w 和 μ_o 分别为水相和油相黏度；σ_{wo} 为油水界面张力；N_{base} 为低毛细管数；$f_1(N_c)$ 为一个插值函数，其取值范围为 0（高毛细管数）~1（低毛细管数）；S''_{or} 为在毛细管数 N_c 下的残余油饱和度；S''_{ow} 为在毛细管数 N_c 下的束缚水饱和度；m 是插值函数的指数值，为实验参数值；$K_{rw(low)}$ 和 $K_{ro(low)}$ 分别为低毛细管数下的水相和油相相对渗透率 $K_{rw(hight)}$ 和 $K_{ro(hight)}$ 分别为高毛细管数下的水相和油相相对渗透率。

在 Whitson 模型中，定义了两组不同毛细管数下的相对渗透率曲线，通过毛细管数插值方法形成一条新的相对渗透率曲线来体现表面活性剂对相对渗透率的影响。但对于生物表面活性剂，界面张力未达到超低仍然有较好的原油乳化效果，武春彬等提出了微生物因子 k_b 的观点来体现微生物菌体与生物表面活性剂共同对原油的乳化效果，并将这种作用从数学上等效为毛细管数的增加[8]。武春彬给出了试算法和经验法来确定微生物因子的大小。微生物因子越大，菌体和生物表面活性剂的协同乳化效果越强（等效后的毛细管数越大），从而提高采收率幅度越大，但没有定量分析微生物因子对微生物驱提高采收率的影响。因此，本节引入微生物因子至与毛细管数相关的相对渗透率模型中，则修正后的相对渗透率方程描述如下：

$$f_2(N_c) = \left(\frac{N_{base}}{k_b N_c}\right)^{\frac{1}{n}} \tag{5-66}$$

$$S'''_{or}=f_2(N_c)S_{or} \tag{5-67}$$

$$K_{rw}=f_2(N_c)K_{rw(low)}+[1-f_2(N_c)]K_{rw(hight)} \tag{5-68}$$

$$K_{ro}=f_2(N_c)K_{ro(low)}+[1-f_2(N_c)]K_{ro(hight)} \tag{5-69}$$

式中，k_b 为微生物因子；$f_2(N_c)$ 为一个含微生物因子的插值函数，其取值范围为 0（高毛细管数）～1（低毛细管数）。

六、初始条件和边界约束

1. 初始条件

相对渗透率：

$$K_{ro(base)}=K_{ro(base)}(S_w),\ K_{rw(base)}=K_{rw(base)}(S_w) \tag{5-70}$$

$$K_{ro(mise)}=K_{ro(mise)}(S_w),\ K_{rw(mise)}=K_{rw(mise)}(S_w) \tag{5-71}$$

毛细管压力：

$$p_{cow}=p_{cow}(S_w) \tag{5-72}$$

黏度：

$$\mu_o=\mu_o(p_o,p_b),\ \mu_w=\mu_w(p_w) \tag{5-73}$$

菌浓：$C|_{t=0}=C_0$，若 $C_0=0$，则为外源微生物模型；若 $C_0>0$，则为内源微生物模型。

式中，$K_{rw(base)}$ 和 $K_{ro(base)}$ 分别为高界面张力下的水相和油相相对渗透率；$K_{rw(mise)}$ 和 $K_{ro(mise)}$ 分别为低界面张力下的水相和油相相对渗透率；$C|_{t=0}$ 为初始油藏中微生物组分的浓度，mg/mL。

2. 边界约束

对于定解问题，不仅需要知道问题的初始条件，同时还必须知道该问题的边界约束。以微生物驱复合产物体系数学模型为例，其边界约束主要包括内边界约束和外边界约束。内边界条件主要与井组分布和工作制度（如井组的生产方式和注入方式等）相关，而外边界约束则与油藏外部环境相关。

1）内边界约束

本节建立的数学模型的内边界条件分为定压和定产两种内边界条件。

定压条件：井组依靠设置的流动压力 p_{wf} 进行生产，此时的产量 q 可由给定的井底流动压力 p_{wf} 及井组所在网格点 (i,j,k) 处的压力 $p_{i,j,k}$ 计算。

若考虑油层弹性及表皮系数的影响，则产量 q 为：

$$q=2\pi\left(\frac{Kh}{\mu}\right)_{i,j,k}\frac{p_{i,j,k}-p_{wf}}{\ln\left(\frac{r_e}{r_w}-\frac{3}{4}+S\right)} \tag{5-74}$$

式中，K 为渗透率；h 为油层厚度；μ 为流体黏度；r_e 为油藏半径；r_w 为井筒半径；

S 为表皮系数。

定产条件：井组以一定的产量 q 生产，在微生物驱油耦合数学模型中表现为源/汇项，若 $q<0$，则表明该井为生产井；若 $q>0$，则表明该井为注水井。

2）外边界约束

本节建立的数学模型的外边界条件主要有渗流场和生物场两类外边界约束。

（1）渗流场外边界约束。

油藏是封闭的，故而边界的内外区域并无质量交换，在数学方面表示的形式为：

$$\frac{\partial p}{\partial n}\bigg|_{\Gamma_{外}}=0 \qquad (5-75)$$

（2）生物场外边界约束。

① 第一类边界条件（Dirichlet 边界约束）：在 Dirichlet 边界约束下，生物场外边界约束主要通过各组分浓度控制。在本节建立的微生物驱复合产物体系数学模型中，当研究内源微生物驱时，Dirichlet 边界约束主要是指边界处营养物的浓度约束（内源微生物靠注入营养激活，并产生代谢产物）；当研究外源微生物驱时，Dirichlet 边界约束主要是指边界处营养物的浓度约束和微生物的浓度约束（油藏中注入微生物和营养物的混合溶液）；当研究内源微生物和外源微生物复配共同驱油时，Dirichlet 边界约束主要是指边界处营养物的浓度约束和外源微生物的浓度约束（注入营养物会激活油藏中的内源微生物）。

$$C(x, y, z, t)\big|_{\Gamma_1}=C_1(x, y, z, t) \qquad (5-76)$$

② 第二类边界条件（Neumann 边界约束）：在 Neumann 边界约束下，生物场外边界约束主要通过指定函数（各组分浓度）的偏导数控制。在本节建立的微生物驱复合产物体系数学模型中，具体形式可以参见式（5-77）。

$$\left[-D_{ij}\frac{\partial C}{\partial x_j}\right]_{\Gamma_2}=g_1(x, y, z, t), \quad i, j=x, y, z(x, y, z\in\Gamma_2) \qquad (5-77)$$

③ 第三类边界条件（Cauchy 边界约束）：在 Cauchy 边界约束下，生物场外边界约束主要通过 Dirichlet 边界约束和 Neumann 边界约束的线性组合共同控制。在本节建立的微生物驱复合产物体系数学模型中，具体形式可以参见式（5-78）。

$$\left[-UC+D_{ij}\frac{\partial C}{\partial x_j}\right]_{\Gamma_3}=g_2(x, y, z, t), \quad i, j=x, y, z(x, y, z\in\Gamma_3) \qquad (5-78)$$

式中，$C_1(x, y, z, t)$ 在边界 Γ_1 上是已知的浓度函数，mg/mL；$g_1(x, y, z, t)$ 在边界 Γ_2 上是已知的微生物场弥散通量函数，g/（cm^2·s）；$g_2(x, y, z, t)$ 在边界 Γ_3 上是已知的浓度与微生物场弥散通量混合函数，g/（cm^2·s）。

七、渗流场和生物场的耦合关系

对于微生物驱油提高采收率，渗流场中各组分（油、气和水）与生物场各组分（微生物、营养物和产物）相互影响，进而使原油更易被驱替出来。其中，渗流场的水流推动决定了生物场各组分的浓度，同时微生物及其产物的浓度分布会影响油藏多孔介质及流体的物性参数，从而形成了渗流场和生物场间无法分割的相互作用，这种相互作用称为耦合。

两个场间的耦合关系可以利用耦合系数和可解系数进行阐述。其中，渗流场（或生物场）的耦合系数是指渗流场微分方程组（或生物场微分方程组）无法直接求出而需要依赖生物场微分方程组（或渗流场微分方程组）才能求出的参数；渗流场（或生物场）的可解参数是指当渗流场（或生物场）的耦合参数的值确定时，渗流场微分方程组（或生物场微分方程组）中可直接求取的参数。

1. 渗流场偏微分方程组

耦合系数：绝对渗透率、孔隙度、相对渗透率、黏度、毛细管压力。
可解系数：饱和度、压力。

2. 生物场偏微分方程组

耦合系数：含水饱和度、渗流速度。
可解系数：微生物生长速率、各组分浓度、营养物消耗速率、微生物死亡速率、产物生成速率。

八、软件研制与说明

国内大部分关于微生物驱油数值模拟的研究以建立微生物驱油模型为主，而关于微生物驱油数值模拟软件的研究并不多。建立完善后的微生物驱复合体系数学模型，并利用有限差分法对该数学模型进行离散处理。本章将根据建立的数学模型研制对应的微生物驱油数值模拟软件，并利用该数值模拟软件对微生物驱油过程进行模拟计算。

在研制微生物驱油数值模拟软件的过程中，为了节省时间和精力、提高工作效率并达到预期目标，采用 Fortran 语言编写了微生物驱油数值模拟软件（简称 MFS）V1.0 版本。

1. 软件设计思路

根据数学模型、初始条件和边界约束，微生物驱复合产物体系数值模拟软件设计包含以下几个方面：建立微生物驱复合产物体系数学模型、数学模型差分离散及线性化处理、求解线性代数方程组、复合产物体系模块化设计、数值模拟参数的输入与处理，以及数据输出格式和数据后处理。求解离散后形成的代数方程组是数值模拟程序的主要部分，决定了程序的运算速率。

数值模拟参数的输入与处理模块的主要任务是将输入文本与微生物数值模拟软件相匹配，并读取地质模型及尺寸、岩石性质、流体性质、生物场生化参数特性及井组工作制度等参数。

复合产物体系模块化设计的主要任务是将不同组数微生物、不同组数营养物，以及不同组数代谢产物相互组合（如一组微生物消耗一组营养物产生一组产物，或一组微生物消耗两组营养物产生两组不同产物等）并模块化，使油藏工作者在针对具体油藏中应用微生物驱油技术时能选择更合理的模块。

数据输出与数据后处理模块的主要任务：数据输出主要包括油藏饱和度、微生物浓度，以及油气水的注入/采出情况、水油比和气油比等数据的输出；而数据后处理则是将部分输出结果可视化，并让油藏工程师根据可视化的输出结果判断输入数据是否存在问题或计算是否出现问题。

2. 软件主要功能模块

（1）模拟地层压力分布及变化规律。
（2）模拟油藏中各相饱和度分布和饱和度变化规律。
（3）模拟生物场各组分浓度分布和变化规律。
（4）模拟生物表面活性剂、生物聚合物或其复合产物对微生物驱油的影响。
（5）模拟内源微生物或外源微生物驱油对原油采收率的影响。
（6）模拟微生物驱复合产物体系提高原油采收率变化规律。

第三节 微生物驱现场试验方案优化设计

采油功能菌在油藏环境下被激活、繁殖、扩散等一系列行为决定着 MEOR 矿场试验的效果。因此，对不同功能菌种及目标油藏条件采取针对性强的施工方案设计，是提高 MEOR 技术应用效果和经济性的必要手段。现场试验方案除开展地质特征及开发现状研究外，还需要开展油藏、区块筛选评价，注入参数及地面注入工艺优化，跟踪监测等现场试验方案。现场方案优化设计主要是在驱油体系配方及基础物性参数研究的基础上，利用数值模拟技术对注入参数进行优化，对现场试验方案进行评价与预测。

一、油藏适应性评价

微生物驱油油藏筛选标准是各国依据各自的研究工作特别是矿场试验的结果提出的，随研究的深入和矿场试验的应用程度不同，各筛选标准的参考值也不同。其中，美国能源部国家石油能源研究所提出的筛选标准抓住了主要因素，常为其他国家或企业所参考或引用。俄罗斯根据其筛选标准在一些大油田进行了比较广泛的矿场试验，取得了很好的效果。罗马尼亚的微生物驱油研究比较深入，它的筛选标准比较细致，也有很好的参考价值。

根据油藏微生物生存营养特征、油藏环境条件对微生物生存代谢的影响和微生物驱油潜力的分析评估，参考国内外经验，选择具有较大驱油潜力的油藏，通过对相关文献进行收集并整理，综合油藏地质、内源微生物驱油特点及反应动力学特征，筛选出 8 个主要指标（地层温度、原油黏度、渗透率、孔隙度、地层水矿化度、原油含蜡量、含水率、采出水总菌浓）作为微生物驱油藏筛选评价指标参数（表 5–1）。

表 5-1 微生物驱油藏筛选指标参数

指标	取值范围	最佳范围
地层温度 /℃	20~80	30~60
原油黏度 /（mPa·s）	10~500	30~150
渗透率 /mD	≥10	≥50
孔隙度 /%	12~25	17~25
地层水矿化度 /（g/L）	≤300	≤10
原油含蜡量 /%	≥4	≥7
含水率 /%	40~95	60~85
采出水总菌浓 /（个 /mL）	≥10^2	≥10^3

二、油藏地质概况

地质概况主要为油藏静态参数，包括地层特征、构造特征、沉积特征、储层特征、温压及流体性质、储量分布特征等，能够为油藏适应性评价提供可靠的参数。

三、油藏开发现状分析

水驱开发现状分析内容包括注入能力、产液能力、注采井网连通情况及剩余油分布。单井或区块注采比、注入量、吸水强度、吸水指数、吸水能力、产液量和产液强度测试对注采井网完善、油水井配产配注、微生物和激活剂现场注入量和注入速度设计提供参考和理论依据。目标油藏注采井网连通状况为下一步示踪剂检测和堵水调剖配套工艺设计提供依据。剩余油分布规律研究分析剩余油分布的主控因素、不同油砂体分布特征，确定微生物驱剩余油富集区及挖潜有力区带。

四、剩余油分布特征研究

油藏开发后期，地下剩余油分布零散，而剩余油的分布状况是一切开发调整的核心依据之一，它决定了今后开发方式的选择与开发调整的方向。因此，准确地进行剩余油分布规律的描述和预测，成为油田改善开发效果的首要任务。

数值模拟技术是基于不同储层、井网、注水方式等条件下，应用流体力学模拟油藏中流体的渗流特征，是定量研究剩余油分布的主要手段，我国绝大多数油田应用数值模拟方法进行剩余油分布的定量研究，如 Eclipse、CMG 等软件水驱模型本身比较完善，但在应用数值模拟方法时必须充分考虑油藏的非均质性，这样才能真正实现精细地质建模与油藏模拟模型之间一体化，提高数值模拟技术的精度。

五、调整措施及配套工艺

配套工艺主要有堵水和调剖等工艺。一方面由于微生物驱选择的是水驱后的油藏，因此存在大孔道易导致水窜；另一方面由于微生物驱油体系的黏度与水相近，相比于原油更容易发生窜流。为了确保微生物驱油试验效果，需要保证微生物在油藏中的停留时间，因此在注微生物前应根据示踪剂检测结果选择合适的调剖工艺技术对目标油藏进行调剖试验，改变水流方向，降低水线推进速度。除单独选择化学调剖剂以外，还可以选择具有封堵功能的稠化缓释营养剂，兼具调驱和激活双重作用。

六、现场施工方案设计

微生物驱注入流程如图5-1所示，现场注入体系及工艺参数优化设计是现场实施方案编制的重要组成部分，为微生物驱油现场实施方案设计提供理论依据。其中，体系优化主要是通过实验室对微生物驱油剂基本性能评价和微生物驱油物理模拟实验评价结果来完成的。注入工艺优化主要包括微生物和/或激活剂注入量、注入浓度、注入方式优化和配气量的大小选择，通过分析油藏开发动态，结合微生物驱油物理模拟实验结果及数值模拟技术手段来优化出矿场试验使用的各项注入工艺参数。体系与工艺的优化一方面要求能够最大限度提高原油采收率，另一方面也要考虑成本与经济因素。微生物驱油剂的注入一般是在注水站完成的，如果注入井数量少，可以安排在井口注入。要在注入站或井口安排微生物菌液、营养剂、清水罐等液体储罐及注入泵等。此外，如果考虑从注入井补充空气，为好氧微生物提供电子受体，保证微生物代谢活性，则要考虑在井口使用压风车、高压注气车或压缩机。

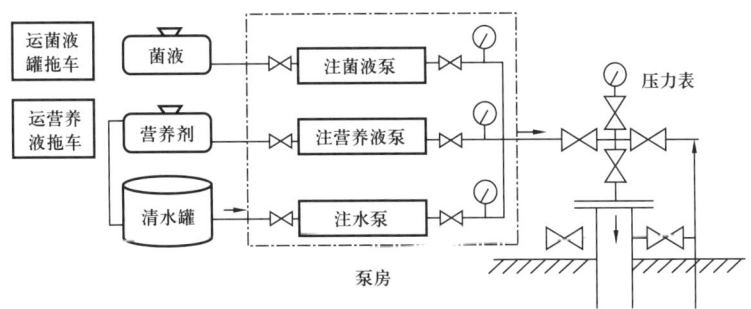

图5-1 微生物驱注入流程示意图

1. 注入量及注入浓度优化

与化学驱相比，微生物驱所使用的药剂用量少，新疆油田七中区设计注入量达到了0.4PV，其他试验区注入量相对较小，大部分区块实际注入量小于0.1PV，但是微生物主段塞注入浓度相对较高，一般在1%~2%之间。对于长期注水开发的油田，尤其是在油田开发中后期，尽管注入浓度较高，但由于注入量太小，注入的部分菌种及营养液在地层中受到对流、扩散、吸附等因素影响多集中分布于近井地带，且近井地带剩余油丰度较低，采收率提高幅度不大，这可能也是矿场试验未取得明显增油效果的原因之一。

在现场中注入的液体均为发酵液，发酵液中含有细菌、代谢产物和残余的营养物。注入菌液浓度多以发酵液稀释倍数作为衡量参数，即质量浓度，极少数使用菌的个数（CFU）作为衡量参数。由于前者所使用的浓度多为1%~3%，其中细菌浓度差异不大，而产物浓度差异较大,因此,两者的区别在于前者侧重于代谢产物,而后者侧重于细菌浓度。若再通过补充一定量的营养物使细菌在油藏内生长繁殖,则应以细菌浓度作为方案设计指标。

2. 注入方式优化

国内进行的微生物驱替多采用周期性的注入方式,与连续性注入方式相比,周期性注入应用较广泛,结合微生物驱油的特点,对两种注入方式的对比分析如下:周期性注入一般要进行多个轮次,每轮次的注入量较少,轮次之间的时间间隔及注入量的设计是该类注入方式的难点。在周期性注入时期,地层中的微生物能在停注期间繁殖、富集,微生物可以堵塞部分孔道,从而有效地控制注入水向高渗透部位突进,扩大波及面积,对低渗透带进行有效开采,菌液的波及范围增大,菌液前缘均匀推进,从而提高微生物的驱油效率。连续注入是一种采用不同浓度段塞组合的注入方式,即以高浓度—低浓度—高浓度的组合方式注入,前置段塞和后置段塞均具有保护作用,能够减少主体段塞的损耗和前后水驱段塞对微生物主体段塞的稀释作用,而后续补充的营养物能够防止菌浓随营养物匮乏而逐渐减少,延长微生物驱油的有效期。常规的连续注入容易在注采井之间形成主流线和相对高渗透带突进。若采用连续性注入,需采用调驱联作或选择具有一定封堵作用的菌种。

3. 注入空气优化设计

注入的部分微生物在生长过程中需要一定量的氧气,若通过注入空气来补充氧气,需使微生物与氧气充分接触并保障施工安全,同时还需建立一套严格的设计和检测方法,新疆六中区、七中区及陆梁油田开展的内源微生物驱,通过补充空气,为好氧微生物提供电子受体,进而提高微生物代谢产生表面活性剂的能力,展现了良好的驱油效果。

七、监测与评价方案设计

为有效对微生物驱油的矿场试验效果进行评估和对后期方案进行优化调整,需及时对微生物驱油矿场试验前后的相关油、水井生产动态资料,油、气、水性质及微生物生化参数等指标进行系统跟踪和监测。

1. 动态监测与评价

1)生产动态指标监测与评价

油井增产和区块整体增产情况是评价现场应用效果的最主要指标,通过对微生物试验区及单井的生产动态进行监测,能够得到试验区自然递减率、阶段采出程度、含水上升率、增油量、提高采收率值,掌握油藏开发动态见效情况。

2)生化指标监测与评价

随着微生物技术的发展,微生物见效特征逐渐受到重视,成为油藏环境下微生物生长代谢性能反映和进行工艺优化调整的依据。对实施微生物驱油工艺的油藏单元,通过产出液中总菌浓及主要采油功能菌(烃氧化菌、发酵菌、产甲烷菌)浓度、营养剂(氮、磷等)浓度、主要代谢产物(乙酸根、碳酸根、生物表面活性剂、脂肪酸)浓度等相关指标的监测,可以预测微生物驱油的见效特征。

3）流体性质监测与评价

主要监测原油黏度、原油组分变化，油水乳化情况和乳化特征，产气量和气体组分变化。

4）其他参数的监测与评价

注入井试验前后的吸液剖面监测和吸水指数监测，对生产井试验前后进行产液剖面监测；在单井分析中，可对产液量、含水率及油水井生产工作制度参数进行监测，包括油井的示功图、工作电流、检泵周期及注入井的注入压力、注入量等，这些参数可作为辅助评价参数。

2. 经济效益评价

经济效益是判断或确定实施微生物驱油效果的关键依据，微生物驱油经济效益评价通常采用投入产出比表述。微生物驱油项目投入成本包括地面注入系统费用、驱油功能菌费用、激活剂费用、管理费、运行费和其他费用。项目产出效益根据考虑区块整体产量递减因素后区块的实际产油量和水驱预测产量之差作为增油量，再乘以项目结束时的原油市场价计算出项目总收益。对微生物驱油项目收益进行综合分析，并计算出微生物驱油投入产出比，根据投入产出比大小评价微生物驱油经济效益。

八、健康、安全与环境（HSE）要求

（1）从微生物驱项目方案设计到现场实施的各个阶段和环节，都要严格执行相关的 HSE 标准、规范和规定。

（2）项目各阶段、各环节都要进行有效的风险识别分析，采取科学、有效、合理的工程技术和管理措施，确保把 HSE 事故风险降低到"合理、实际和尽可能低的水平"。

（3）项目各相关单位都要建立并运行 HSE 管理体系，使 HSE 管理规范、有效。

（4）项目各相关单位都要根据可能发生的 IISE 事故类型、特点和风险大小，制定事故应急处置和响应预案，定期组织演练和完善，并做好与周边、上级单位及政府部门预案的衔接；明确应急机构、人员，加强应急救援知识和技能培训；足量储备应急物资、设备和器材，保证其性能，确保事故处置、响应和救援能够及时、准确、有力和有效，从而把事故损失降到最低。

参 考 文 献

[1] Islam M. Mathematical modeling of microbial enhanced oil recovery [C]. SPE Annual Technical Conference and Exhibition, 1990.
[2] Chang M M, Chung F H, Bryant R, et al. Modeling and laboratory investigation of microbial transport phenomena in porous media [C]. SPE Annual Technical Conference and Exhibition, 1991.
[3] Zhang X, Knapp R M, Mcinerney M J. A mathematical model for microbially enhanced oil recovery process [J]. Developments in Petroleum Science, 1992, 39: 171-186.
[4] 雷光伦, 陈月明. 微生物提高采收率理论模型 [J]. 石油勘探与开发, 2000, 27（3）: 47-49.
[5] 雷光伦, 陈月明, 高联益. 微生物驱油数学模型 [J]. 石油大学学报, 2001, 25（2）: 46-49.

[6] 侯健,孙焕泉,李振泉,等. 微生物驱油数学模型及其流线方法模拟[J]. 石油学报,2003(3):56-60.

[7] 李珂,李允. 微生物驱提高采收率数值模拟研究[J]. 西南石油大学学报(自然科学版),2006,28(5):65-68.

[8] 朱维耀,杨正明,迟砾,等. 微生物水驱传输组分模型[J]. 重庆大学学报,2000,23(S1):44-46.

[9] 武春彬,单文文,俞理. 本源微生物驱油数值模拟及应用[J]. 辽宁工程技术大学学报,2008,27(5):709-712.

[10] 修建龙,俞理,郭英. 本源微生物驱油渗流场—微生物场耦合数学模型研究[J]. 石油学报. 2010,31(6):989-992.

[11] 王天源,修建龙,黄立信,等. 多孔介质微生物提高原油采收率模型[J]. 石油学报,2016,37(1):97-105.

[12] 张雪洪,唐涌濂,黄瑞珊. 青春双歧杆菌和乳链球菌混合培养的动力学模型[J]. 上海交通大学学报,1997,31(4):82-85.

[13] 毕永强,俞理,修建龙,等. 采油微生物在多孔介质中的迁移滞留机制[J]. 石油学报,2017,38(1):91-98.

[14] 修建龙. 内源微生物驱油数值模拟研究[D]. 廊坊:中国科学院研究生院(渗流流体力学研究所),2011.

[15] Zhang X, Knapp R M, McInerney M J. A mathematical model for microbially enhanced oil recovery process[M]. Amsterdam: Elsevier, 1993.

[16] Bang H, Caudle B H. Modeling of a micellar/polymer process[J]. Society of Petroleum Engineers Journal, 1984, 24(6): 617-627.

[17] Bartelds G, Bruining J, Molenaar J, et al. The modeling of velocity enhancement in polymer flooding[J]. Transport in Porous Media, 1997, 26(1): 75-88.

[18] Alasheh S, Abujdayil B, Abunasser N, et al. Rheological characteristics of microbial suspensions of *Pseudomonas aeruginosa* and *Bacillus cereus*[J]. International Journal of Biological Macromolecules, 2002, 30(2): 67-74.

[19] 张训华. 微生物采油数值模拟研究[D]. 廊坊:中国科学院研究生院(渗流流体力学研究所),2003.

[20] Lie K A, Krogstad S, Ligaarden I S, et al. Open-source MATLAB implementation of consistent discretisations on complex grids[J]. Computational Geosciences, 2012, 16(2): 297-322.

[21] Mosavat N, Torabi F, Zarivnyy O. Developing new corey-based water/oil relative permeability correlations for heavy oil systems[C]. Calgary: Society of Petroleum Engineers, 2013.

[22] Torabi F, Mosavat N, Zarivnyy O. Predicting heavy oil/water relative permeability using modified Corey-based correlations[J]. Fuel, 2016, 163: 196-204.

[23] Coats K H. An equation of state compositional model[J]. Society of Petroleum Engineers Journal, 1980, 20(5): 363-376.

[24] Whitson C H, Fevang Ø. Generalized pseudopressure well treatment in reservoir simulation[D]. Trondheim: Norwegian University of Science and Technology, 1997.

第六章 微生物驱矿场应用

面对低油价和日益严峻的环境保护形势,绿色环保型的微生物驱油提高采收率技术越来越受到重视。近年来,在高校、研究院所和油田广大技术人员的共同努力下,通过项目合作研究和技术攻关,微生物驱油技术在基础研究和关键技术方面取得了突破。针对中高渗透水驱、稠油、砾岩、聚合物驱油后等不同类型的油藏地质和开发特征,研究形成了各具特色的微生物驱工艺技术。中国石油的大港、大庆、华北、新疆、长庆等主力油田和中国石化的胜利油田已有40多个区块实施了微生物驱现场试验,取得了显著的增产效果。本章首先介绍微生物驱油提高采收率技术在中国主要油田的应用概况,然后介绍近15年来中国石油下属油田开展的典型微生物驱油矿场试验情况,最后分析微生物驱油技术在未来矿场应用的潜力。

第一节 微生物驱矿场应用概况

一、国外微生物驱现场应用概况

20纪80年代,美国和苏联的微生物采油技术已进入矿场试验阶段,而且美国1991年把微生物采油列为传统的热驱、化学驱、气驱之后的第四种提高采收率的方法,并在许多油田中应用[1]。1954年,美国阿肯色州开展了世界首例微生物提高采收率现场试验。1989年,美国国家石油和能源研究所(NIPER)组织专家在两个油田做微生物采油先导性试验,结果使采收率分别提高13%、19%,产出液水油比下降30%以上[2-3]。1992年,Coates等为了确定微生物是否具备优先封堵高渗透区域以提高水驱效率,在俄克拉何马州进行了微生物提高采收率现场试验,试验结果表明大规模地注入碳水化合物会改变油藏流动模式,降低传导率[4-5]。同样是在俄克拉何马州,Bryant等从一个集中注入站向油井中注入微生物和糖蜜,1990—1993年石油产量提高了19.6%[6]。2007年,Zahner等在加利福尼亚州开展内源微生物驱油。他们向油藏中注入适量的营养混合物,以激活油藏中的本源微生物,试验效果良好,提高原油采收率6%左右[7]。此外,一项在得克萨斯州开展的内源微生物驱油现场试验表明,微生物驱油技术可以在低于50mD的油藏中应用[7-8]。在俄罗斯,通过激活油藏内部的微生物菌落来提高采收率。俄罗斯于1985—1994年,在鞑靼、西伯利亚、阿塞拜疆油田开展激活本源微生物试验,共增产原油13.49×10⁴t,产量增加了10%~46%。1988—1996年,俄罗斯在11个油田44个注水井组应用本源微生物驱油技术,共增产21×10⁴t[9-10]。在阿根廷,成功利用可降解碳氢化合物的兼性厌氧微生物提高原油采收率,试验前后原油中的短链烃明显增加,流动效果明显增强。在加拿大,对经济性较差及闲置油井进行了微生物处理,并取得了不错的收益,有效地延长了油井的开采寿命[11]。在印度尼西亚，Ariadji 等利用糖蜜和商业肥料激活油藏内源微生物，增加原油产量约 1750bbl。检测发现，注入营养物质后油藏内总好氧菌丰度提高了 1 万倍，厌氧菌丰度提高了 10 倍，烃类降解菌丰度提高了 1000 倍。有益微生物数量的增加，使油水界面张力降低了约 47%，黏度降低了约 24%。除此之外，在阿塞拜疆、马来西亚、罗马尼亚、秘鲁等国家，微生物采油现场试验也取得了较为不错的收益[3, 11-12]。

二、国内微生物驱油应用概况

近 20 年来，中国的大港油田、新疆油田、大庆油田、长庆油田、华北油田和胜利油田应用微生物采油现场试验取得了显著成效（表 6-1）。微生物驱油现场试验涵盖砾岩、砂岩、普通稠油、低渗透、聚合物驱后一类和二类等 6 种油藏类型，试验区数量超过 20 个，试验井组总规模超过 200 口油井，采用了激活剂+空气、微生物+凝胶、微生物+激活剂、微生物活化水驱 4 种工艺，总增油量达到 73.83×10^4 t，提高采收率范围 2.45%~16.4%，平均提高采收率 5.48%。

表 6-1 微生物驱现场试验

油田	大港	华北	新疆	大庆	长庆	胜利	备注
试验区	孔二北断块、孔一断块、羊二庄、港西	巴 19、巴 38、巴 48、巴 51	六中区、七中区、陆梁	朝 50、南二东、北一断东	王 16-5 井组、华庆白 153、绥靖新 14、延 9	罗 801、沽 3、辛 68	21 个
油藏类型	砂岩	普通稠油	砾岩，砂岩普通稠油	低渗透油藏，聚合物驱后一类和二类	中、低渗透	稠油	
井组规模	31 注 68 采	95 注 184 采	10 注 38 采	15 注 41 采	14 注 51 采	8 注 25 采	173 注 407 采
工艺类型	激活剂+空气	微生物—凝胶	微生物+激活剂+空气	微生物+激活剂	微生物+活化水驱	微生物+激活剂+空气	
累计增油量/10^4t	10.07	26.14	5.20	6.30	2.05	30.00	合计 79.76
提高采收率/%	2.70~3.70	6.70	5.40	3.93~4.95	4.70~7.00	2.45~16.4	
平均提高采收率/%	3.20	6.70	5.40	4.43	5.85	7.33	平均 5.48

大港油田分别于 1995 年、1997 年在港西四区、港东二区断块两个区块开展微生物驱油现场试验，累计增油 17000t。大港油田的本源微生物驱油技术于 2000 年开始室内研究，通过引进俄罗斯激活内源微生物驱油技术，结合大港油田的油藏地质和开发特征，开发了内源微生物激活体系。2001 年 3 月首先在孔店油田二断块北部进行现场试验，之后在孔店油田一断块、港西油田房 19 断块、港西油田三区一断块、港东油田一区一断块、羊三

木油田羊一断块进行了现场试验，注入井 39 口，受益油井 87 口，到 2011 年 3 月，累计增油 10.07×10^4t，取得了显著的增产效果，验证了内源微生物驱油技术的有效性和可行性[13-14]。

大庆油田的微生物驱油开始于 1998 年，1998—2005 年在中高渗透水驱、低渗透、稠油油藏共开展 10 项（47 个井组）微生物驱试验，累计增油 27538.3t。其中，长垣过渡带开展微生物驱 6 项（21 个井组），增油 12940t，平均单井组增油 995t（统计 13 个井组）。外围低渗透油田开展微生物驱 4 项（26 个井组），增油 14589.3t，平均单井组增油 663t（统计 22 个井组），有效期 0.5～3 年不等，投入产出比在 1∶3 左右[15]。2007 年开始在朝 50 低渗透油藏进行的微生物驱试验累计增油 3.1×10^4t，阶段采出程度增加 1.53 个百分点[16]。面对聚合物驱等化学剂驱油之后油藏仍然存在大量剩余油资源的现状，针对聚合物驱后一类、二类油藏开展了油藏微生物资源普查和分布特征的研究，形成了聚合物驱油后油藏内源微生物激活体系及现场工艺方案。2011 年开始在聚合物驱后的典型油藏萨南南二区东部区块开展了第一个聚合物驱后油藏微生物驱先导试验，取得了明显的增产效果[17]。为进一步评价聚合物驱后激活内源微生物驱油技术效果，2018 年 9 月开始，分别在南二东、北一区断东两个区块开展现场试验。

华北油田的微生物驱油现场试验最早开始于 2001 年，先后在哈 22 断块、间 12 断块、河间东营等油藏开展了微生物驱油的矿场试验，取得了较好的增油效果，充分说明了微生物采油技术在华北油田具有很大的应用潜力。为了进一步验证微生物驱油技术的应用效果，2007 年开始在二连油区的宝力格油田开展了微生物驱的矿场扩大试验。针对二连油田普遍存在的储层非均质性强，平面、层间矛盾突出问题，原油黏度高、物性差的特征，在二连地区宝力格油区的巴 19、巴 48、巴 51 和巴 38 四个断块实施了微生物—凝胶调驱矿场试验，累计增油 26.14×10^4t[18-19]。

新疆克拉玛依油田六中区克下组油藏属于低温砾岩普通稠油油藏，温度、渗透率、压力和流体性质等油藏条件适合微生物驱，为了探索克拉玛依砾岩油藏本源微生物驱提高采收率技术的可行性，2006 年 11 月在克拉玛依七中区克上组油藏开展了 2 注 7 采的本源微生物驱先导性矿场试验，截至 2013 年 10 月底，递减增油 7542t，阶段提高采收率 5.1%，本源微生物驱矿场试验取得增产效果。为了进一步验证现场应用效果，2012 年又在七中区克上组砾岩油藏开展了扩大性矿场试验，截至 2020 年 12 月，试验区 11 口油井总原油产量维持在 20t 左右水平，按照递减曲线计算，试验区已累计增油 4.48×10^4t，阶段提高采收率 6.2%，也取得了显著的增产效果。六中区和七中区的矿场试验表明，本源微生物驱是低温砾岩普通稠油油藏提高采收率的有效技术手段。

长庆油田大部分油藏属于低渗透油藏，针对注水困难、水驱效果差的问题，研究形成了微生物活化水驱油技术，利用微生物降解处理采油污水，充分利用微生物处理后水中生物表面活性剂和生物酸等活性物质，改善油藏孔隙润湿性，提高水井吸水能力，提高油井产量。早期在冯 66-72 井组、盘 33-21 井组和王 16-5 井组等低渗透油藏开展了微生物驱现场试验。之后在华庆白 153 区长 6 油藏、绥靖新 14 区延 9 油藏、塞 169 等 6 个区块开展了微生物活化水改善水驱效果的现场试验，取得了良好效果，该技术正在长庆油田 10 个区块进行扩大试验。

中国石化胜利油田1999年7月开始在罗801区块实施微生物驱油先导试验，14口油井中9口井见到降水增油效果，油井见效率为64.3%，见效井平均日增油4.5t，最高日增油10.5t，平均含水率下降6.4%，区块自然递减率降低15.3%，阶段提高采收率2.53%。研究表明，罗801块继续实施微生物驱油，至含水率98%时，预计将提高采收率7.7%。罗801区块先后开展了外源微生物驱油试验及空气辅助微生物驱油试验，累计增油$13.5×10^4$t，取得了较好的增油效果。2011年开始在邵家油田沾3区块中高渗透常规稠油油藏注入激活剂现场试验，沾3区块自注入激活剂6个月后5口油井见到明显效果，对应油井产量由26.3t/d上升至51.8t/d，含水率由96.1%下降至92.8%；2013年采用周期性注入生产井的生产动态得到进一步改善，见效井增加到11口，试验区产油量进一步升至80.4t/d，综合含水率进一步下降至89.1%，截至2019年12月，试验区累计增油量达到$7.2×10^4$t，阶段提高采收率4.09%。辛68区块为高温高盐深层稠油区块，不适合于化学驱，油层温度为89~93℃，产出水矿化度为55920mg/L，平均渗透率为813mD，地层原油黏度为321mPa·s。微生物驱实施后明显见效，峰值日产油量增加12.5t，综合含水率最大降幅14.9%，截至2019年12月，累计增油$1.2×10^4$t，阶段提高采收率2.98%。矿场试验结果表明，微生物驱能够提高采收率5%以上，且能够有效地控制含水率[20-22]。

第二节 新疆砾岩油藏空气辅助微生物驱矿场试验

按照微生物驱油油藏适应性评价标准和新疆油田油藏本源微生物分布特征研究结果，对新疆油田许多适宜采用微生物提高采收率技术的油藏区块进行了评价，适合微生物驱的油藏覆盖地质储量约$10838×10^4$t。新疆油田适合微生物驱的油藏大致分为两类，处于克拉玛依周围的砾岩油藏各区块，以及处于准东的火烧山和陆梁油田的陆9油藏K_1h_2层的裂缝性砂岩油藏，油藏温度在20~60℃之间，属于一类油藏；克拉玛依八区的裂缝性砂岩油藏，石南21、准东北31的低渗透砂岩，陆9油藏的J_2x_4层油藏温度为65℃，为二类油藏。为了探索克拉玛依砾岩油藏本源微生物驱提高采收率技术的可行性，针对克拉玛依六中区和七中区克上组砾岩油藏开展了本源微生物驱的室内研究，从2009年开始首先在克拉玛依六中区砾岩油藏开展了激活内源微生物驱先导性矿场试验，在六中区砾岩油藏矿场试验见到良好增产效果的基础上，又在七中区克上组砾岩油藏开展了扩大性矿场试验，也取得了显著的增产效果。

一、新疆六中区微生物驱现场试验

1. 油藏概况

1）油藏地质特征

六中区克下组油藏六中东位于六中区克下组油藏的东北角（图6-1），含油面积2.88km²，地质储量$662.89×10^4$t。六中区克下组油藏取心资料统计结果表明，全区平均孔隙度为20.5%，平均有效渗透率为466mD。据2005年六中区克下组油藏密闭取心井的岩心物性分析资料统计结果，六中区克下组主要油层段S_7^{2+3+4}层孔隙度纵向上分布均匀稳定，大多分布在16%～22%之间，均值18.8%；油层渗透率整体较高，在118.38～330.41mD之间，平均渗透率为251mD。储层孔隙类型主要为剩余粒间孔、粒内溶孔、粒间溶孔、基质中溶孔、界面缝等。六中区试验区储层具中强水敏，水敏指数为0.6～0.73。储层具有中性—亲油的润湿性特征。在13个分析样品中，有7个样品显示为中性，另外6个样品的相对润湿指数为-0.64～-0.17，表现为亲油性。

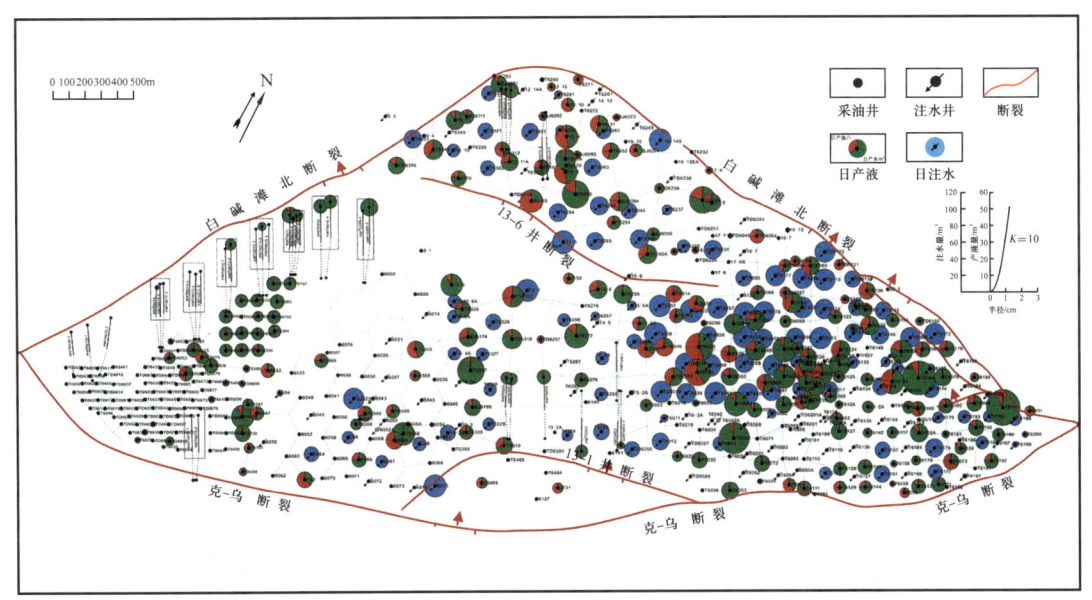

图6-1 六中区微生物试验区方位图

2）油藏压力、温度及流体性质

六中区克下组油藏属于无气顶的高饱和油藏。该油藏无边底水，原始地层压力为7.2MPa，压力系数为1.5，饱和压力为7.2MPa，油藏温度为20.6℃。天然驱动能量为溶解气驱，压力系数为0.94。初始状态下，地层原油黏度为80mPa·s，20℃时地面脱气油黏度为145.109mPa·s，原始油气比为34.4m³/t，原油体积系数为1.075。地面脱气油密度为0.902g/cm³，20℃时脱气油黏度为602.459mPa·s，随着采出程度的增加，原油密度、原油黏度和初馏点均有增大的趋势。地层水水型为$NaHCO_3$型，矿化度为8742mg/L。

2. 开发概况

试验区六中区克下组油藏于1957年发现，1968年在西部开辟了小面积注水开发试验区，1973—1974年投入全面开发，至今已注水开发30余年，主要经历了试采试注、高产稳产和递减三个阶段。为改善开发效果，2006年在六中区部署调整井208口，二次开发调整后油水井数由26口增加到172口（14口老井），注采井距由300～350m减小到125m，采用五点法面积井网，调整后的井网水驱控制程度为84%。2006年11月投产，共有注入井 77 口，采油井 95 口；年产油 7.2×10^4t，综合含水率为 64.1%，采出程度为 21.6%。截至 2009 年 8 月，试验区日产液 80.1t，日产油 33.6t，平均单井日产油 3.7t，综合含水率为 62.6%，采出程度为 31.8%，日注水 60m³，平均日注水 15m³。此次微生物试验区 9 口油井投产初期日产油 0.2～19.1t，平均日产油 4.3t；2009 年 8 月，日产油 0.6～7.2t，平均日产油 3.8t，其中 44.4% 的井日产油大于 5t，试验区具备一定产能。

3. 矿场试验方案设计

1) 试验井组

根据六中区克下组油藏具体情况及微生物驱油技术选井原则，在六中区克下组油藏东部实施激活本源微生物驱油的矿场试验，试验井组 4 注 9 采，4 口注水井分别是 T6185、T6186、T6193 和 T6194，试验区有油井 9 口，中心受效井 1 口。注采井连通情况较好，为微生物驱试验的成功提供了有利条件。试验井组中各注入井和采油井井位分布如图 6-2 所示。

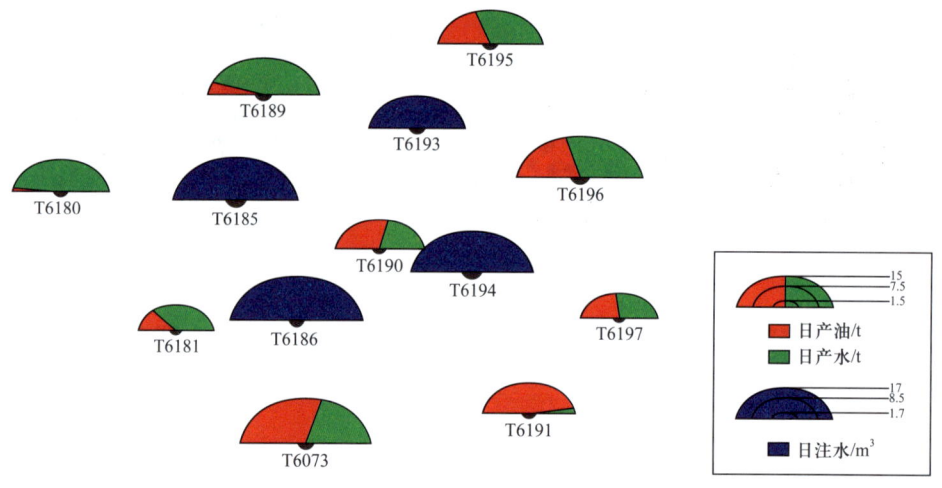

图 6-2 微生物处理段塞井位分布图

2) 激活体系及工艺

设计激活体系组成为：糖蜜 + 氯化铵 + 硝酸钠 + 多聚磷酸钠 + 微量元素，浓度为 2.52%，现场注入水配制，各井激活剂处理半径设计为 25m，总注入激活剂段塞为 1.56×10^4m³。注入空气作为好氧菌发酵的氧气来源，根据室内本源菌需氧量研究结果，设计按气液比为 4∶1 的比例注入空气（标准状态下），注入空气 6.24×10^4m³（标准状态）。为保证油藏中本源菌的有效浓度，设计适当补充添加地面发酵生产的本源菌，设计补充本源菌的注入浓度为 1%～3%，根据现场微生物监测结果和驱油效果，适当调整。各井采取段塞式注入，设计 10 个轮次，注入周期为 22 天。矿场试验实际注入微生物激活剂累计 17880m³（注入量为 0.04PV），注入空气 117260m³，液气比为 1∶6.5。各井组激活剂注入参数设计见表 6-2。

表 6-2 六中区本源微生物激活处理井组注入设计表

井号	射孔厚度/m	处理半径/m	总液量/m³	总气量/m³	日配注液量/m³	每轮注入液量/m³	每轮注入时间/d	每轮注气量/m³	每轮关井时间/d	注入轮次/轮
T6185	8.0	25	3000	12000	20	300	15	1200	7	10
T6193	12.0	25	4500	18000	30	450	15	1800	7	10
T6186	9.5	25	3600	14400	24	360	15	1440	7	10
T6194	11.5	25	4500	18000	30	450	15	1800	7	10
合计	41.0	—	15600	62400	104	1560	—	6240	—	—

4. 现场实施效果

1）试验区生产动态

从图 6-3 中可以初步看出，试验区注水强度有所提高，产液、含水、产油生产指标平稳，产量递减趋势得到初步抑制。试验区增油降水效果显著。六中区微生物先导试验区前期注入的 4 井组有 7 口井见效，油井见效率达 78%。截至 2013 年 10 月底，递减增油 7542t，阶段提高采收率 5.1%，如图 6-4 所示。

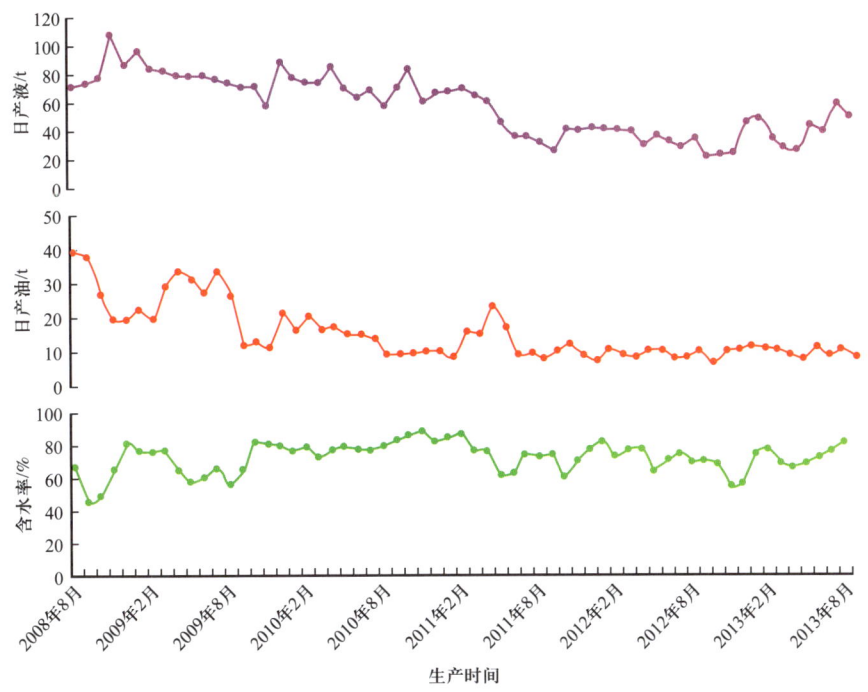

图 6-3 六中区微生物驱试验区生产曲线

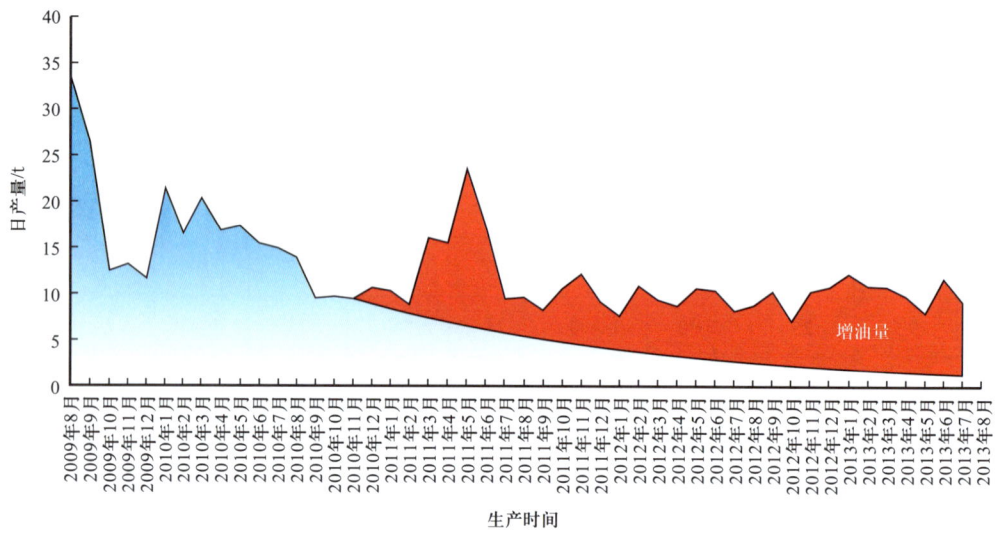

图 6-4　六中区微生物驱试验区增油示意图

2）试验区生化参数变化

（1）微生物数量。

在六中区开展激活矿场试验后，对主要油井产出液的微生物总菌浓、有益的采油功能菌发酵菌（FMB）和烃氧化菌（HOB），以及有害的硫酸盐还原菌（SRB）进行了监测，监测结果见表 6-3 和图 6-5。监测结果表明，试验区的本源微生物已经得到有效激活，对应试验井中有益的发酵菌和烃氧化菌得到有效激活，总菌浓提高 2~3 个数量级，有益菌烃氧化菌和发酵菌提高了 2~4 个数量级，而有害的硫酸盐还原菌数量较试验前增加幅度不大，受到部分抑制。

表 6-3　六中区本源微生物激活矿场试验激活本源菌情况　　　　　单位：个 /mL

井号	SRB		HOB		FMB		活菌总数	
	试验前	试验后	试验前	试验后	试验前	试验后	试验前	试验后
T6073	7.00×10^2	6.00×10^4	6.00×10^4	1.10×10^7	1.10×10^4	1.30×10^2	9.00×10^7	7.70×10^7
T6180	7.00×10^2	2.50×10^5	2.50×10^2	7.00×10^6	2.50×10^5	2.50×10^4	7.35×10^6	1.71×10^8
T6181	1.10×10^4	3.00×10^2	6.00×10^2	1.10×10^7	6.00×10^4	1.10×10^7	2.40×10^6	3.71×10^8
T6189	1.10×10^3	2.00×10^2	2.50×10^3	1.10×10^7	6.00×10^4	1.10×10^7	4.50×10^5	4.22×10^8
T6190	1.10×10^2	2.50×10^6	6.00×10^4	2.50×10^6	1.30×10^4	7.00×10^6	1.01×10^7	2.85×10^8
T6195	1.10×10^4	6.00×10^3	6.00×10^4	2.50×10^5	1.10×10^4	2.50×10^2	3.00×10^5	1.85×10^8
T6196	2.50×10^1	2.50×10^6	2.50×10^3	1.30×10^4	7.00×10^4	2.00×10^5	3.90×10^6	8.25×10^7

（2）油藏微生物群落。

试验区中心井 T6190 井产出液中内源微生物激活前后群落变化情况如图 6-6 所示。

从图 6-6 中可以看出，激活前后 T6190 油井产出液中微生物群落结构发生很大变化，试验前硝酸盐还原类、硫氧化类细菌占绝对优势，试验后发酵类细菌成为绝对优势菌，产酸、产气发酵菌被激活，烃氧化菌和硝酸盐还原菌在试验后有明显增加。

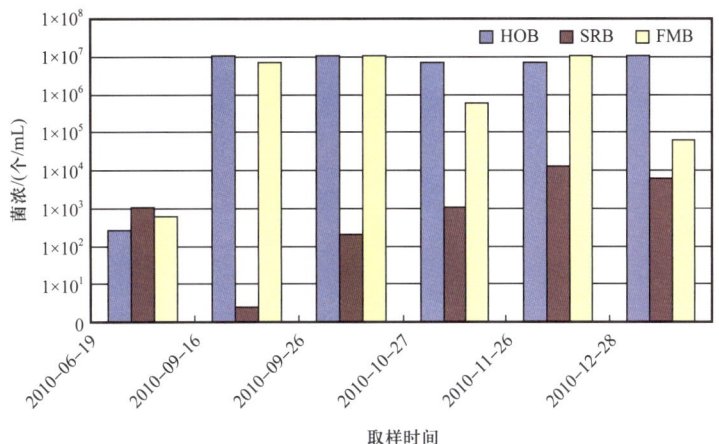

图 6-5　试验井 T6189 内源微生物激活前后监测

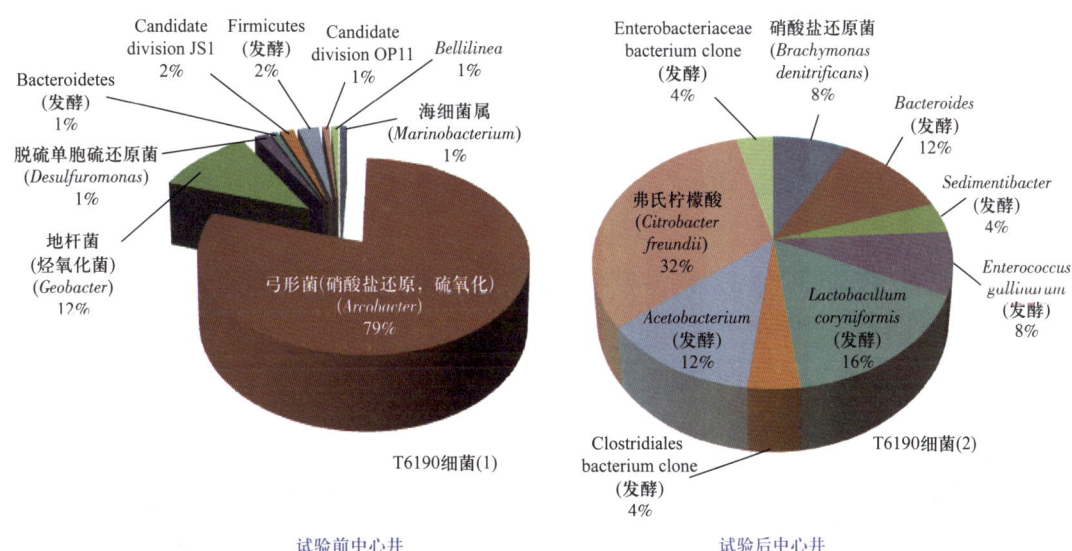

图 6-6　内源微生物激活前后群落变化

（3）代谢产物乙酸根离子。

对激活试验前后主要油井产出液中的微生物主要代谢产物乙酸根离子浓度进行监测，监测结果见表 6-4。结果表明，激活矿场试验后，试验井中的大部分井较激活试验前有大幅度增加，平均增加 25 倍以上。乙酸根是本源菌发酵过程中重要的中间产物之一，乙酸根离子浓度在一定阶段表征本源菌的生长代谢情况。试验井产出水中乙酸根离子浓度的增加从另一个角度也表明了试验区油藏中本源菌已得到有效激活。

表 6-4 六中区本源微生物激活矿场试验井乙酸根离子浓度变化情况

井号	乙酸根离子浓度/（mg/L）	
	试验前	试验后
T6189	0.967	418.329
T6181	6.277	525.674
T6180	3.429	238.512
T6073	9.227	5.684
T6195	44.681	1.984
T6196	6.738	202.691
T6190	4.864	379.997

3）试验区原油物性

对试验区典型油井产出原油的乳化情况进行监测。图 6-7 为试验区中心井 T6190 井产出液乳化情况。对实施微生物激活前的 2010 年 4 月 9 日和实施后的 2010 年 9 月 27 日、2010 年 11 月 27 日，以及 2011 年 3 月 8 日和 2011 年 5 月 29 日的产出液进行了对比分析，实施前 2010 年 4 月 9 日产出液振荡后 1h，原油平均粒径为 118.94μm，而实施后 2010 年 9 月 27 日和 2010 年 11 月 27 日产出液振荡后 1h，原油平均粒径分别是 1.9μm 和 2.98μm，表明注入激活剂激活微生物后原油发生明显乳化分散，乳状液稳定性也更好。说明油藏中的乳化功能菌可以被大量有效激活，使原油发生明显乳化，进而显著改善原油的流动性，初步验证了微生物乳化分散原油是驱油的一项主要机理。

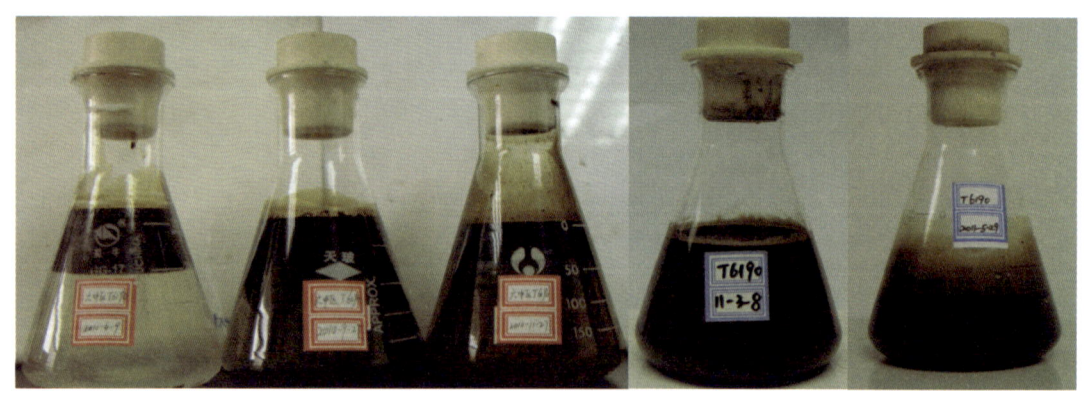

| 2010年4月9日 | 2010年9月27日 | 2010年11月27日 | 2011年3月8日 | 2011年5月29日 |

图 6-7 试验井产出液乳化现象

5. 现场试验认识

新疆六中区内源微生物驱油矿场试验是第一个完全依靠自主研发技术完成的内源微生物驱油试验，从油藏微生物群落研究、激活体系、方案设计、施工工艺、监测评价等方面形成了较为系统的激活内源微生物驱油技术体系，现场驱油见效明显，对于内源微生物采油推广应用具有示范作用。但由于油藏非均质性引起的营养剂过早突破，营养剂未能充分利用，说明内源微生物驱油还有待于通过调整注入速度、优化激活体系、配套调剖技术等措施提高整体试验效果。

二、新疆七中区微生物驱现场试验

1. 试验区油藏概况

1）油藏地质概况

克拉玛依油田七中区克上组油藏位于克拉玛依市白碱滩区，在克拉玛依市区以东约25km处。区内地势平坦，平均地面海拔267m，地面相对高差小于10m。油藏含油面积6.6km^2，地质储量1089.82×10^{4}t，油藏类型为断层遮挡的岩性—构造油藏，储层埋深970～1680m。

七中区克上组油藏有效厚度为10～30m，平均为14.5m，油层中部较厚，由西北部向东南部逐渐变薄。储层储集空间以粒间孔为主，胶结类型以孔隙式为主，胶结中等—疏松，全区孔喉配位数平均为3～4，平均孔喉半径为0.5μm，储层孔隙度主要分布在10.5%～26.45%之间，平均孔隙度为16.7%。储层渗透率主要分布在1.98～436.7mD之间，平均渗透率为84.6mD，属中孔隙度、中渗透储层。各单层层内非均质性比较强，单层平均渗透率变异系数为1.73～3.51，突进系数为1.76～3.55，级差为36.32～638.41。主要地质参数见表6-5。

表6-5 七中区克上组油藏基本参数

参数	数值	参数	数值
含油面积 /km^2	6.6	地质储量 /10^{4}t	1089.82
油藏中部埋深 /m	1088	有效厚度 /m	17.54
平均渗透率 /mD	84.6	平均孔隙度 /%	16.7
原始地层压力 /MPa	14.71	饱和压力 /MPa	14.71
平均孔喉半径 /μm	0.5	压力系数	1.35
油层温度 /℃	39	地下原油体积系数	1.185
原始含油饱和度	0.72	含蜡量 /%	3.02～4.64
地层水类型	NaHCO$_3$	地面原油黏度 /（mPa·s）	67
地层水矿化度 /（mg/L）	15726	地面原油密度 /（g/cm^3）	0.862

2）油藏温度、压力系统及流体性质

七中区克上组油藏属于无边、底水的高饱和油藏，原始地层压力为14.71MPa，油藏温度为39℃，地层水水型为NaHCO₃型，地层水矿化度为15726mg/L，钙镁离子含量为70.4mg/L，注入水矿化度为564mg/L。经过长期注水开发，流体性质发生了较大变化，原油密度和黏度增大（表6-6）。

表6-6　七中区克上组油藏压力系统及流体性质统计表

参数	数值
油层中部深度 /m	1088
原始地层压力 /MPa	14.71
饱和压力 /MPa	14.71
地层温度 /℃	39
地层原油黏度 /（mPa·s）	5.55
地面原油黏度 /（mPa·s）	67
地层水水型	NaHCO₃
地层水矿化度 /（mg/L）	15726

2. 试验区开发概况

1）油藏开发简况

七中区克上组油藏于1958年发现，1965年投入注水开发，1975年开始进入高产稳产阶段，其间分别于1981年和1988年进行了两次扩边调整，从1989年开始进入递减阶段，油藏在1991年和1998年分别进行了一次扩边调整和一次加密调整，2010年开始进行综合调整。油藏历经三个开发阶段，即产能建设阶段（1958—1974年）、高速稳产开采阶段（1975—1988年）和递减阶段（1989年至今）。截至2013年2月，全区油水井总数90口，其中采油井57口，注水井33口，日产液586t，日产油131t，含水率为77.6%，日注水750m³，累计产油459.5×10⁴t，采出程度为40.8%，累计产液1118.4×10⁴t，累计注水1389.6×10⁴m³，地层压力为9.88MPa，压力保持程度66.6%。该油藏从1988年开始进入产量递减阶段，产油量初期月综合递减率为1.1%，年综合递减率为12.9%，随着油藏开发时间的延长，含水率升高，调整手段越来越有限，措施效果逐渐变差。

2）微生物驱试验区现状

依据选区选井原则，确定在七中区克上组油藏中部（图6-8）选取4个井组进行微生物驱措施试验，试验区含油面积为0.368km²，主力层原始地质储量为71.9×10⁴t，2013年2月剩余地质储量42.3×10⁴t，采出程度为41.2%。剩余储量富集，微生物驱潜力较大。

试验区试验井组共有4口注水井、9口正常生产井，油水井分布方位如图6-8所示，试验区综合数据见表6-7，日产液130.2t，日产油14.3t，井均日产液14.5t，井均日产油1.6t，综合含水率为87.9%。试验区单井平均产液量高于全区平均值，单井平均产油量低于全区平均值，单井含水率平均值比全区含水率平均值高10.3%。

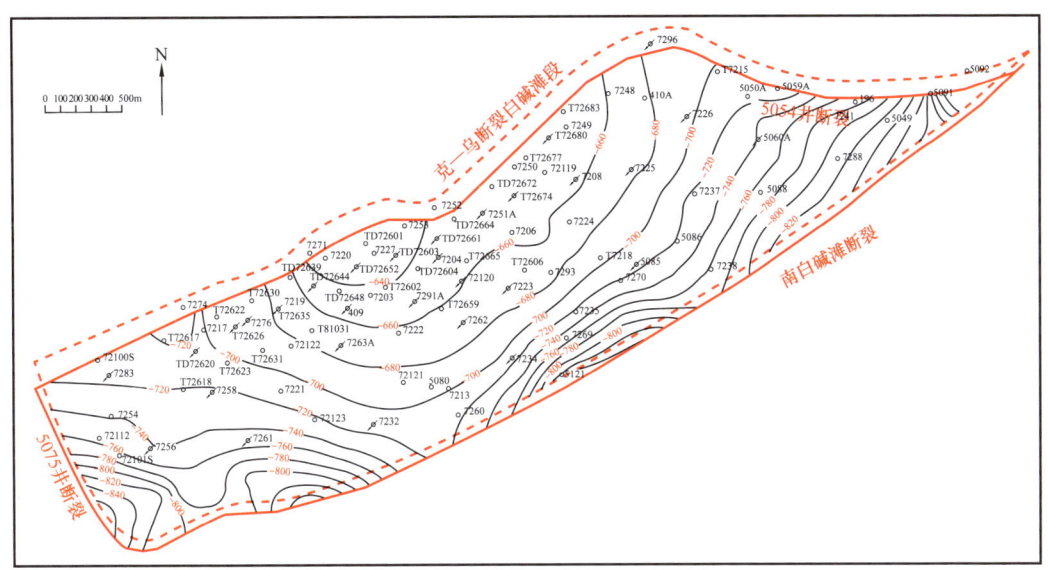

图 6-8　七中区克下组微生物驱试验区油水井分布方位图

表 6-7　微生物驱部署区域综合数据

参数	油井数/口	水井数/口	日产液/t	日产油/t	单井日产液/t	单井日产油/t	含水率/%
全区	57	33	586.0	131.0	10.3	2.3	77.6
部署区	9	4	130.2	14.3	14.5	1.6	87.9
所占比例/%	15.8	12.1	22.2	10.9	140.78	69.57	113.27

3. 内源微生物驱矿场试验方案设计

1）内源微生物驱油体系

在油藏产出液离子组成和微生物群落结构分析基础上，首先从无机氮磷营养盐的筛选、硫酸盐还原菌抑制因子筛选和外加有机营养筛选的角度对激活剂的种类和含量进行了初步筛选和定量，确定了内源微生物基础激活剂体系；在此基础上，通过单因素实验考察了无机氮磷营养盐、硝酸盐和外加有机营养对有氧激活原油乳化分散效果，对无氧激活产气、产酸和抑制 SRB 生长繁殖效果的影响；通过正交优化实验针对原油乳化分散、产气和抑制 SRB 生长三方面，优化出适合原油乳化分散、产气和抑制 SRB 生长的激活体系。综合上述研究结果，选择糖蜜干粉和玉米浆干粉以一定比例组合成复合粉（精制糖蜜粉），作为七中区油藏内源微生物激活用有机营养物质，最佳激活体系为 7：精制糖蜜粉 0.5%，磷酸氢二铵 0.2%～0.4%，硝酸钠 0～0.8%。通过物理模拟实验考察注入空气条件对驱油效率的影响，实验结果表明，在注入空气条件下提高驱油效率 14.51%，而相同激活驱油体系在不注入空气条件下提高驱油效率 8.12%，证明注入空气显著提高了驱油效率。

2）矿场试验方案设计及实施

运用 CMG 油藏数值模拟软件，建立了试验区的构造、有效厚度、孔隙度和渗透率模型，在对试验井区 4 注 9 采进行历史拟合的基础上，分别对孔隙体积数为 0.1PV、0.2PV、0.3PV 和 0.4PV 的激活剂注入量进行了方案筛选，以确定出最佳用量。筛选结果表明，激活剂用量为 0.2PV 时，吨剂增油和综合指标最大（表 6-8）。七中区现场试验于 2014 年 1 月 7 日开始全面注激活剂，选取 4 口注水井（TD72603 井、TD72652 井、T72653 井、7291A 井），对应 11 口油井，试验一直持续到 2020 年 3 月，共计注入激活剂 32.00×10^{4}m^3（折算孔隙体积 0.2PV），注气量为 260×10^{4}m^3，气液比为 8:1，注入速度为 180m^3/d。

表 6-8 七中区克上组微生物驱激活剂用量优选

注入体积/PV	注入量/10^{4}m^3	激活剂量/t	最大日增油/t	最大降水/%	累计增油/10^{4}t	采收率提高幅度/%	吨剂增油/(t/t)	吨剂增油×采收率提高幅度/(t/t×%)
0.1	8	1120	22.4	8.4	2.6	3.6	23.2	83.5
0.2	16	2240	30.3	10.1	4.0	5.6	17.9	100.2
0.3	24	3360	36.6	10.9	4.8	6.7	14.3	95.8
0.4	32	4480	38.1	11.5	5.3	7.4	11.8	87.0

4. 现场试验效果评价

1）试验区生产动态效果评价

试验开始 3 个月后 11 口井全部见效，试验区月度生产曲线如图 6-9 所示，从生产动态曲线来看，试验后试验区的日产液量和日产油量都有明显增加，试验后试验区日产液量达到 230t，日产油量最高 44.3t。截至 2020 年 12 月，试验区 11 口油井总原油产量维持在 20t/d 左右水平。试验区递减增油曲线如图 6-10 所示，按照递减曲线计算，试验区已累计增油 4.48×10^{4}t，阶段提高采收率 6.2%。其中，2020 年增油 4111t，完成当年计划的 137%，截至 2020 年 12 月，平均单井日产油 2t。

试验区含水率变化曲线如图 6-11 所示，从含水率曲线来看，试验区综合含水率也从试验前的 89.2% 降低至 78.3%，含水率降低了 10.9 个百分点，低含水期持续了近两年时间。之后含水率有所回升，到 2020 年 12 月含水率达到 85.8%。水驱特征曲线如图 6-12 所示，结果表明，微生物驱后试验区水驱特征曲线变缓，水驱开采形势变好，预计增加可采储量 11.6×10^{4}t。

2）试验区产出液生化参数变化

对试验区油井产出液的主要生化指标进行监测。图 6-13 是产出液中活菌总数变化曲线，结果显示试验后全区产出水活菌总数上升明显，总体上升 2~3 个数量级，最高达到 10^8 个 /mL 以上。图 6-14 是产出液中采油功能菌烃氧化菌（HOB）数量变化曲线，结果显示试验后采油功能菌 HOB 数量上升 2~3 个数量级，最高达到 10^7 个 /mL 以上。上述数据表明，试验后地下微生物被有效激活。图 6-15 是产出液中有害菌硫酸盐还原菌（SRB）数量变化曲线，结果显示 SRB 数量明显降低，SRB 控制在合理的范围。图 6-16 是产出液中主要碳源营养剂的糖含量变化曲线，结果显示试验后产出水中营养剂的糖含量在 10mg/L 以下，说明注入营养剂的糖绝大部分被利用，没有无效产出。

第六章 微生物驱矿场应用

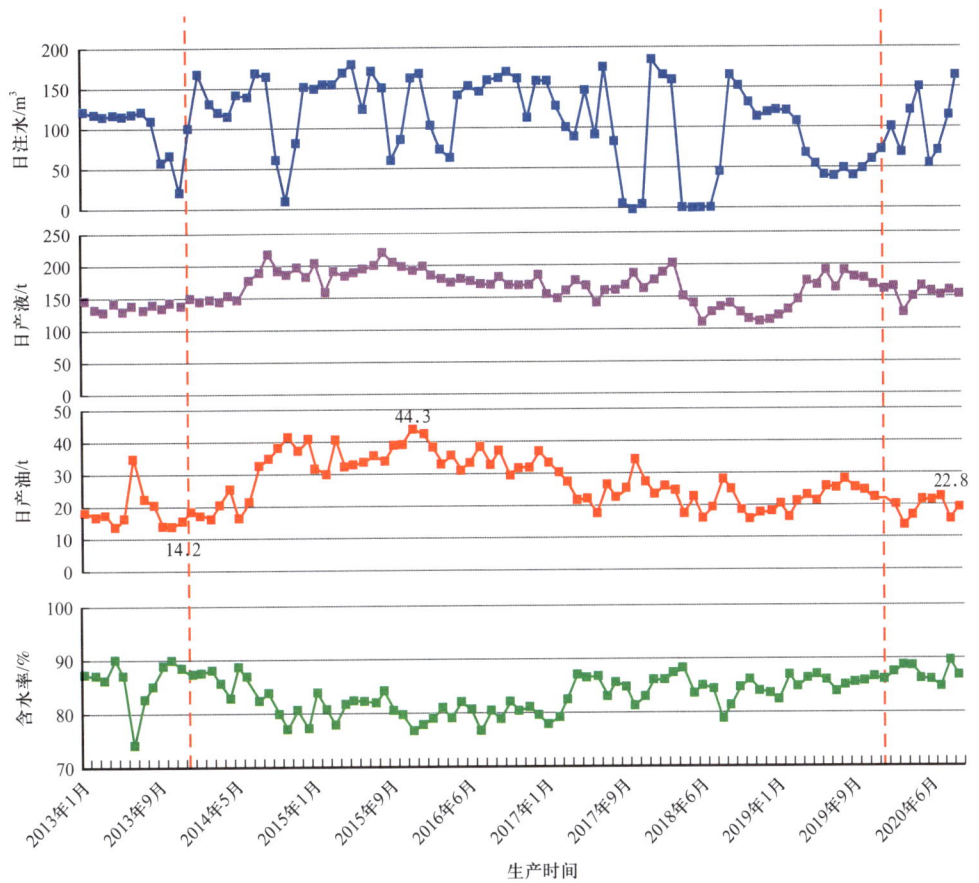

图 6-9 试验区月度生产曲线

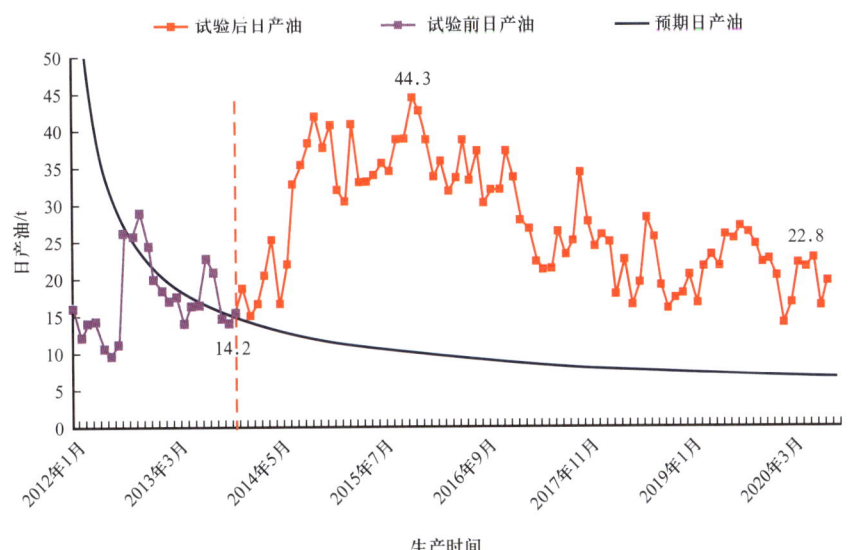

图 6-10 试验区递减增油曲线

- 193 -

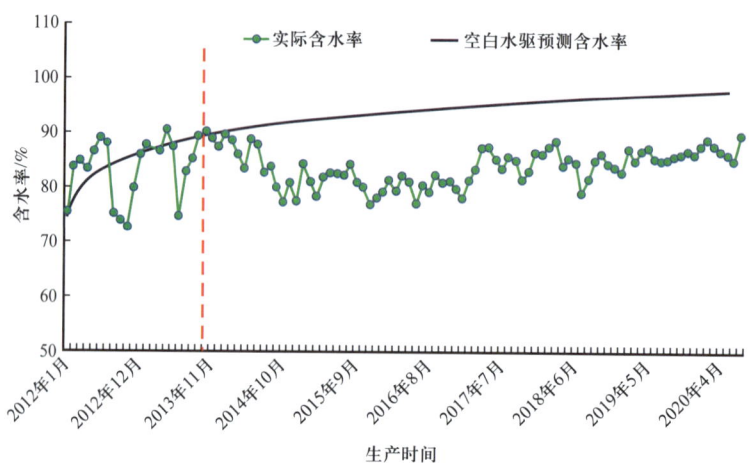

图 6-11　试验区递减含水率变化曲线

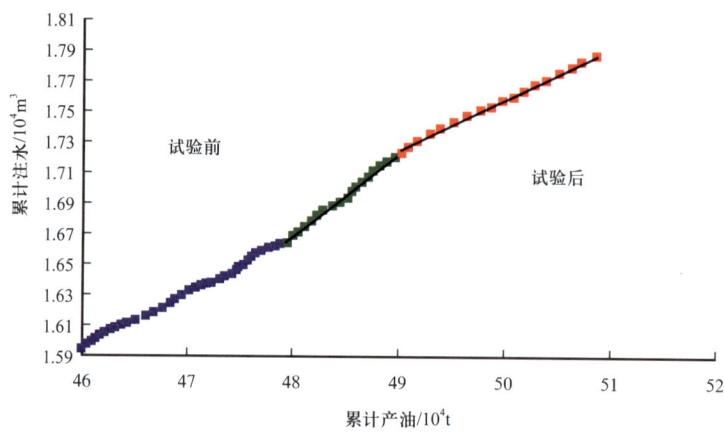

图 6-12　试验区水驱特征曲线

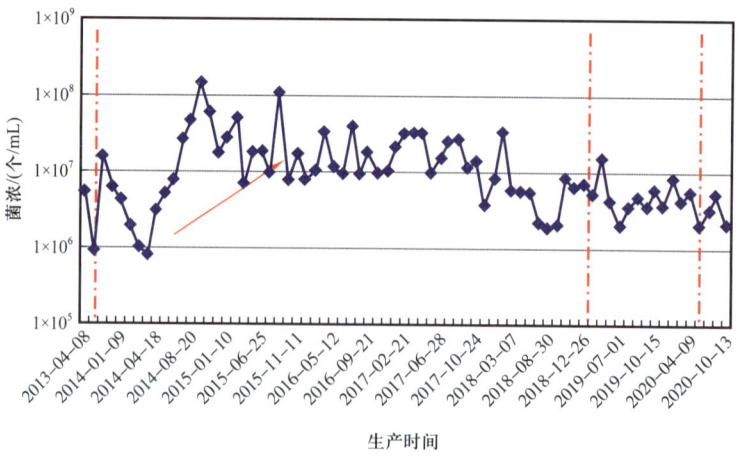

图 6-13　试验区平均总菌

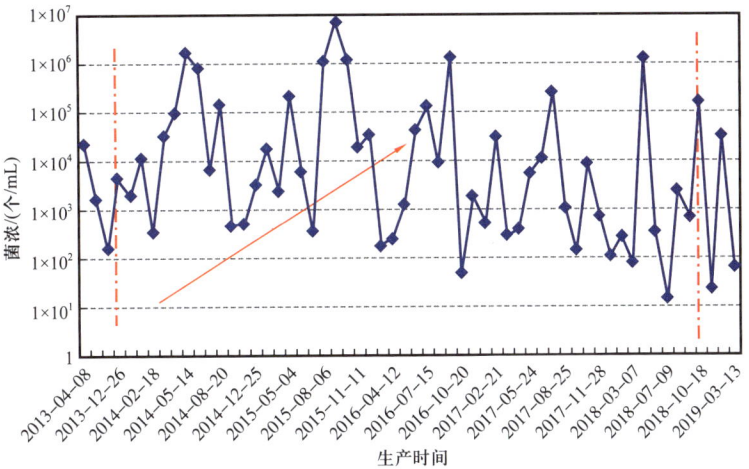

图6-14 试验区平均HOB数量

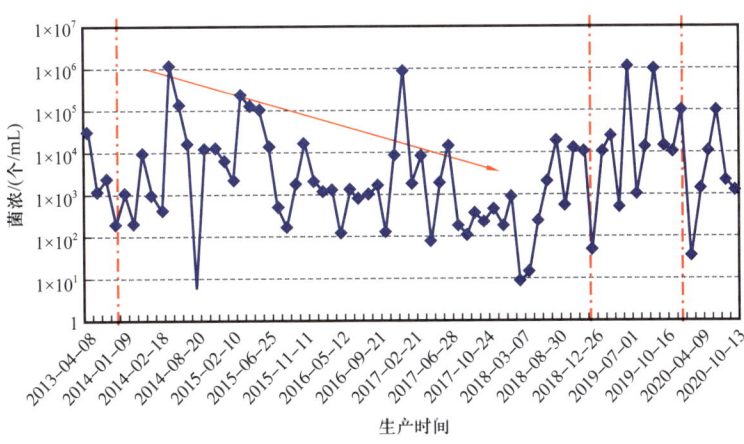

图6-15 试验区平均SRB数量

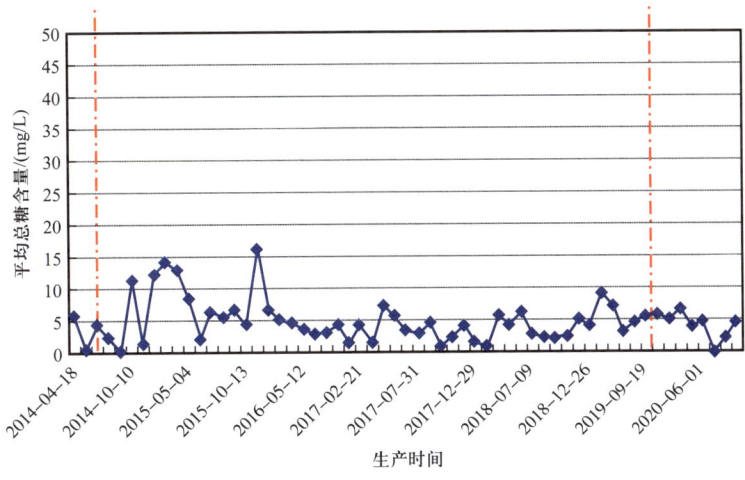

图6-16 试验区平均总糖含量

第三节　大庆油田聚合物驱后油藏微生物驱矿场试验

大庆油田聚合物驱自 20 世纪末开始，工业化推广应用取得了显著的经济效果，截至 2021 年底，一类、二类油层进入聚合物驱转后续水驱区块 70 个，动用地质储量 7.86×10^8 t，累计产油 2.3×10^8 t，比水驱提高采收率 14 个百分点以上，平均采出程度为 56.7%，年产油量已突破千万吨。很多聚合物驱油藏已经进入聚合物驱后期，驱油效果逐年下降，仍有大量原油滞留于地下，估计剩余储量超过 50%。聚合物驱后油层优势渗流通道进一步加剧，剩余油分布更加零散，聚合物驱开发全过程伴随着渗透率变性，储层变得更容易变形。因此，如何进一步大幅度提高聚合物驱后油藏的采收率是世界难题，急需新型接替性提高采收率技术。微生物采油技术因其无污染、成本低和工艺简单的优势，成为最具发展前景的接替技术。前期微生物群落分析显示聚合物驱后油藏具有丰富的微生物资源，适合开展内源微生物驱油。2011 年在萨南南二区东部开展了第一个聚合物驱后油藏激活内源微生物驱油（1 注 4 采），取得了较好的开发效果。为进一步评价聚合物驱后激活内源微生物驱油技术效果，2018 年 9 月开始，分别在南二东和北一区断东两个区块开展现场试验。

一、南二东微生物驱现场试验

1. 南二东试验区概况

1）油藏地质概况

试验区选择在大庆长垣萨尔图油田南二区东部，北起南二区丁 10 排，南至南二区丁 20 排，西起南 2-丁 10-斜 P240 井，东至南 2-丁 20-P242 井，共有注采井 13 口，其中注入井 4 口，采出井 9 口，试验井组井位如图 6-17 所示。试验区基础数据见表 6-9，试验区开发面积为 $0.25 km^2$，采用平均 175m 注采井距的五点法面积井网，开采萨Ⅱ $1-2_2+3$、萨Ⅱ 7-12 油层，采出井封边。试验区地质储量为 28.79×10^4 t，孔隙体积为 $61.14 \times 10^4 m^3$，平均砂岩厚度为 15.32m，平均有效厚度为 8.72m，平均有效渗透率为 282mD；中心井区控制面积为 $0.064 km^2$，地质储量为 9.29×10^4 t，孔隙体积为 $20.54 \times 10^4 m^3$，平均砂岩厚度为 14.76m，平均有效厚度为 8.72m，平均有效渗透率为 247mD。

表 6-9　试验区基础数据

项目	全区	中心区
面积 /km²	0.25	0.064
总井数（注水井 + 采油井）/口	13（4+9）	5（4+1）
平均砂岩厚度 /m	15.32	14.76
平均有效厚度 /m	8.72	8.72
平均有效渗透率 /mD	282	247
地质储量 /10⁴t	28.79	9.29
孔隙体积 /10⁴m³	61.14	20.54

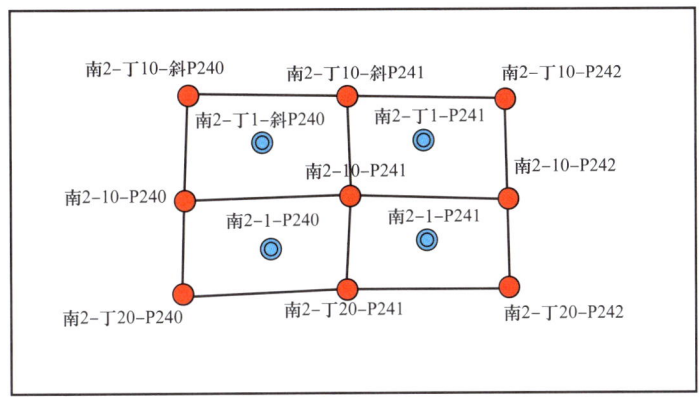

图 6-17　南二区试验井组井位图

2）油藏流体性质

原油性质：地面原油密度为 0.8572g/cm³，地面原油黏度为 18.41mPa·s，原油含蜡量为 19.05%，含胶量为 22.6%，凝点为 31.5℃；地层原油黏度为 8.1mPa·s，体积系数为 1.107，原油密度为 0.8376g/cm³，原始气油比为 43.6m³/t。

天然气组分：天然气相对密度为 0.7901，甲烷含量为 71.92%，乙烷含量为 8.86%，丙烷含量为 7.83%，丁烷含量为 3.27%，二氧化碳含量为 5.36%。

地层水性质：地层水属 $NaHCO_3$ 型，矿化度为 5367mg/L，氯离子含量为 876mg/L。

2. 试验区开发概况

1）南二东萨Ⅱ组油层开发状况

大庆萨尔图油田南二区东部萨Ⅱ组油层于 1964 年采用四点法面积注水方式投入开发，层系组合为萨＋葡Ⅱ组中、高渗透油层，注采井距 520～540m，共钻井 51 口（其中采油井 35 口，注水井 16 口）。1998 年进行了二次加密调整，采用基础井和一次加密调整井油水井构成的三角形中点布井，形成线状注水。2007 年 11 月，南二东二类油层萨Ⅱ 1-2$_2$+3 及萨Ⅱ 7-12 油层投入聚合物驱开发，采油井 171 口，注入井 164 口，注采井距 175m。2015 年 6 月，南二东二类油层聚合物驱开发结束，转入后续水驱。截至 2015 年 6 月，南二东二类油层聚合物驱注入聚合物浓度 1000mg/L，注入孔隙体积 0.92PV，聚合物驱阶段采出程度为 15.54%，总采出程度为 60.55%。到 2016 年 10 月，南二东二类油层聚合物驱区块累计产油 254.28×10⁴t。后续水驱阶段日产液 9471t，日产油 161t，含水率为 98.3%，采出程度为 61.31%，平均注入压力为 9.82MPa，日注水 8831m³。

2）试验区各阶段注采状况

试验区共有试验井 13 口，平均单井射开砂岩厚度为 15.32m，有效厚度为 8.72m。试验区注入井于 2008 年 1 月注入空白水驱，2008 年 7 月，试验区平均单井日产液 74t，平均单井日产油 5.3t，综合含水率为 92.9%。投产初期综合含水率大于 95% 的井占 33.3%。

试验区于 2009 年 5 月注聚合物，注聚合物初期平均单井日产液 81.9t，平均单井日产油 3.9t，综合含水率为 95.3%。随着注聚合物时间的延长，日产液量较稳定，日产油量逐渐上升。2010年10月，含水率由95.3%下降至82.8%，下降12.5个百分点，日产油量由34.7t上升至142.4t，增油4.1倍，低含水稳定期达到18个月，9口井聚合物驱阶段累计产油$5.2357×10^4$t，聚合物驱阶段井口油采出程度为19.9%，核实油阶段采出程度为17.5%。

试验区于2015年6月转入后续水驱，后续水驱阶段平均单井日产液71.9t，平均单井日产油3.8t，综合含水率为94.7%。随着后续水驱阶段注入时间延长，日产液量呈递减趋势，综合含水率缓慢回升，采聚合物浓度下降。截至2016年10月，试验区日产液601.5t，日产油12.2t，含水率为97.97%，阶段采出程度为25.52%。中心井南2-10-P241井日产液57.5t，日产油0.8t，含水率为98.5%，阶段采出程度为19.56%。

3. 试验区方案设计

1）试验方案设计要点

借鉴南二东一类油层聚合物驱后1注4采井组内源微生物驱油试验成果，设计要点主要包括三个方面：

（1）每个营养液注入周期段塞量不少于0.02PV，功能菌繁殖周期不少于40天。按照二类油层条件计算，40天注入孔隙体积为0.02PV左右。另外，南二东一类油层聚合物驱后内源微生物驱油试验表明，在第一周期注入0.02PV时，油井开始见到增油降水效果。因此，设计最少周期注入量为0.02PV。

（2）借鉴前期现场试验过程中取得的认识和经验，采用营养液与聚合物交替注入段塞的设计，构建一组串联的生物反应器，大大提高了内源微生物的作用效率。营养液与保护剂聚合物交替数不宜过少，在每个周期的注入过程中，营养液和聚合物保护剂适宜采取3个连续交替段塞组合的方式实施。

（3）微生物生长周期最长为40天左右，从流体运移速度计算，选择井网井距时，综合考虑微生物生长周期的要求，南二东二类油层聚合物驱开发区块井距为175m。

2）试验方案设计参数

试验方案设计要点见表6-10。本次试验注入方案设计为两个周期，每个周期分为三个营养液主段塞和四个聚合物保护段塞交替注入，其中营养液注入量为0.047PV，聚合物保护段塞注入量为0.016PV。

表6-10 试验方案注入方式设计表 单位：PV

周期	注入量 M+P	聚合物保护段塞 P1	营养液主段塞 M1	聚合物保护段塞 P2	营养液主段塞 M2	聚合物保护段塞 P3	营养液主段塞 M3	聚合物保护段塞 P4
第一周期	M：0.022 P：0.008	0.0025	0.008	0.0015	0.007	0.0015	0.007	0.0025
第二周期	M：0.025 P：0.008	0.0025	0.009	0.0015	0.008	0.0015	0.008	0.0025
合计	M：0.047 P：0.016	0.0050	0.017	0.0030	0.015	0.0030	0.015	0.0050

试验区注入速度为 0.19PV/a,在此基础上编制微生物驱单井注入方案。试验过程中利用原有 4 口注入井注入流程,增加一套激活剂配制系统和污水供给系统,采用单泵对单井的注入工艺,简化营养液配制及注入工艺流程。现场每周期营养液注入量不低于 0.02PV,采用聚合物保护段塞与营养液段塞交替注入方式,每个周期之间的注水时间由采出液中有益菌数据变化决定,所有注入井均采用分层注入方式。第一周期营养液注入浓度为 2.78%,注入量为 0.0371PV,注入天数为 53 天,总注入溶液量为 17465m³。第二周期营养液注入浓度为 1.85%,注入量为 0.033PV,注入天数为 63 天,总注入溶液量为 20176m³。

4. 现场实施效果

1)油藏生产动态

图 6-18 是南二区微生驱扩大试验含水率和采出程度曲线,现场试验从 2018 年 8 月开始,截至 2021 年 11 月,试验区含水率为 97.79%,采出程度已达 67.03%,全区高峰期月产油量由 271.71t 上升到 597t,阶段累计产油 11820t,提高采收率 4.11 个百分点。

2)油藏吸水剖面及产液能力

图 6-19 是南二东试验区中心井激活剂注入前后产出剖面对比图。试验区投注后注入剖面得到有效改善,注入井各沉积单元有效吸液厚度比例为 75.7%,与投注前相比,下降 10.1 个百分点,吸水层位主要集中在萨Ⅱ 2_2+3、萨Ⅱ 7 和萨Ⅱ 8 三个沉积单元。图 6-20 是南二东试验区采出井与中心井产液强度变化曲线,试验后试验区产液厚度增大、产液能力提升,现场注入激活剂后,南二东试验区中心井产液厚度由 1.4m 上升到 6.3m,产液厚度比例由 21.2% 上升到 95.5%,全区产液强度由 5.2t/(m·d)上升到 7.9t/(m·d)。试验区综合含水率下降,见效井采油量增幅显著,试验区含水率由 98.1% 下降到 96%,下降 2.1 个百分点,中心井含水率由 99.3% 下降到 94.1%,下降 5.2 个百分点;全区有 7 口油井见效,高峰期月产油量由 271.71t 上升到 597t,中心井月产油量由 55t 上升到 194t,增幅 3 倍以上。

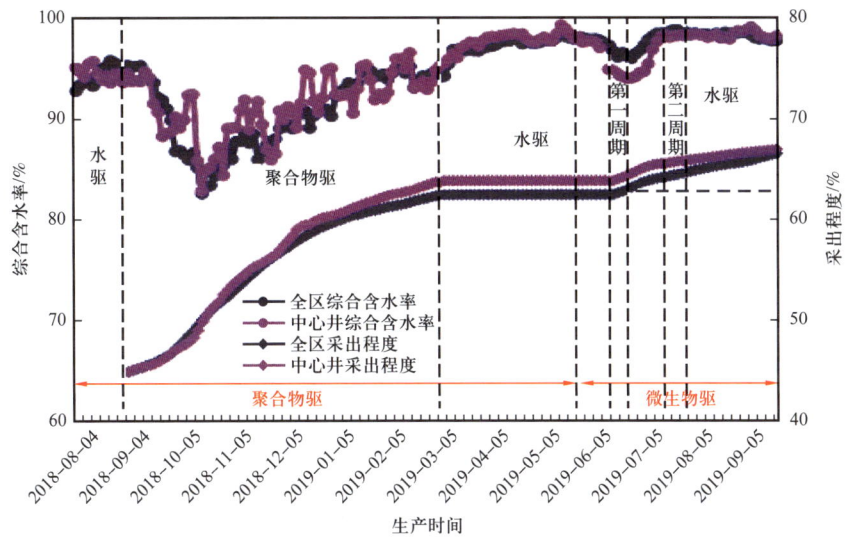

图 6-18 南二区微生驱扩大试验含水率和采出程度曲线

层段	空白水驱				激活剂注入后			
	产出剖面	产液有效厚度/m	产液量/t	含水率/%	产出剖面	产液有效厚度/m	产液量/t	含水率/%
萨Ⅱ1						0.8	18.9	92.8
萨Ⅱ2₂+3a		0.8	19.1	97.4		0.8	6.5	93.7
萨Ⅱ2₂+3b			15.2	97.9			6.4	93.7
萨Ⅱ7						1.5	18.2	93.9
萨Ⅱ8a,8b		0.6	40.8	98.3		2	19.9	94.3
萨Ⅱ8c						0.8	8	94.3
萨Ⅱ9						0.4	14.2	94.9
萨Ⅱ11a	产液厚度比例21.2%				产液厚度比例95.5%			
萨Ⅱ11b								
合计		1.4	75.1	98		6.3	92.1	93.9

图 6-19 南二东试验区中心井激活剂注入前后产出剖面对比

图 6-20 南二东试验区采出井与中心井产液强度变化曲线

3）产出液生化指标

图 6-21 是试验井目标功能菌激活前后菌浓变化，试验区采出液分析结果表明，定向激活的目标功能菌假单胞菌属、甲烷菌属等在激活过程中（5 个月、16 个月及 24 个月）的相对丰度及菌浓增幅较大，其中监测的菌浓增加 2～4 个数量级。图 6-22 是典型油井 P240 井和 P241 井产出液营养剂变化，结果表明注入的激活剂组分被消耗利用，小分子有机酸浓度增大，试验井产出液中检测到硝酸盐产出集中、消耗快，磷酸盐过量、消耗较缓慢。图 6-23 是典型油井 P240 井和 P241 井产出液中代谢产物变化，结果表明激活后的代谢产物乙酸、丙酸浓度增大，表明有效激活油藏微生物产生大量的生物气甲烷，有助于发挥驱油作用。

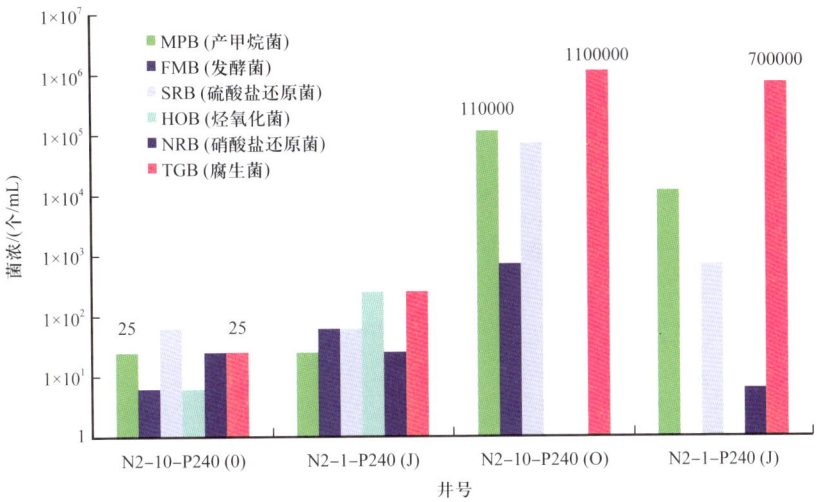

图 6-21 试验井目标功能菌激活前后菌浓变化

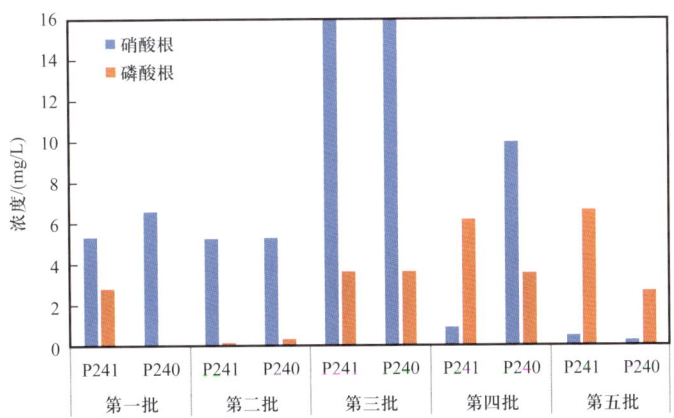

图 6-22 典型油井 P240 井和 P241 井产出液营养剂变化

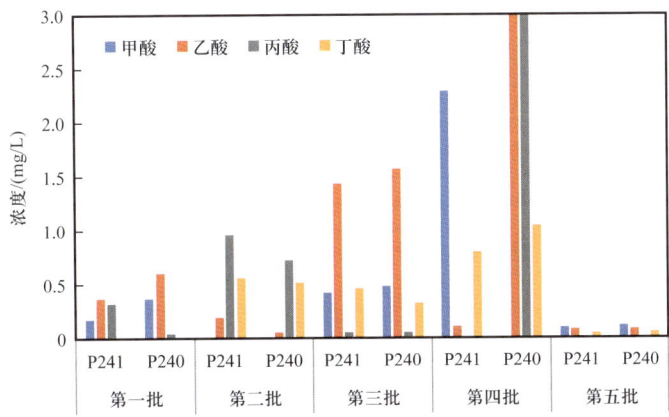

图 6-23 典型油井 P240 井和 P241 井产出液中代谢产物变化

- 201 -

二、北一区断东一类油藏微生物驱矿场试验

1. 试验区概况

1）油藏地质概况

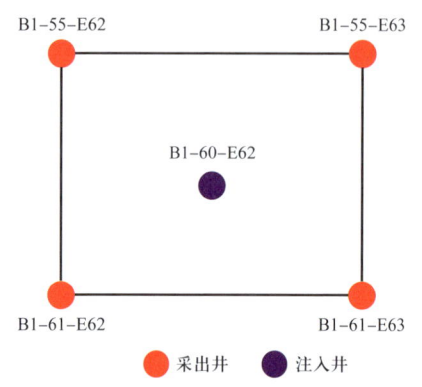

图 6-24 北一断东一类油藏试验井组井位图

试验区选取北一区断东二类油层强碱三元试验区的井组，井组分布如图 6-24 所示。试验区基础情况见表 6-11，试验区油藏面积为 0.03km², 地质储量为 4.235×10^4t，孔隙体积为 7.378×10^4m³，井距为 125m，平均砂岩厚度为 9.7m，平均有效厚度为 8.4m，平均有效渗透率为 923mD。试验区储层发育情况见表 6-12，井组葡Ⅰ1—葡Ⅱ2_1 层位为一类连通，葡Ⅰ2_2 为三类连通。从油层发育状况上看，试验区平均砂岩厚度为 9.7m，有效厚度为 8.4m，渗透率为 0.923mD。试验区平均渗透率级差为 7.8，单层发育夹层 6 个，平均采出程度为 51.7%。

表 6-11 试验区基础概况

井号	井类型	砂岩厚度 /m	有效厚度 /m	渗透率 /D
B1-60-E62	注入井	8.5	7.4	0.637
B1-55-E62	采出井	10.3	9.4	1.292
B1-55-E63	采出井	10.5	10.2	1.071
B1-61-E62	采出井	9.5	7.8	0.984
B1-61-E63	采出井	10.3	8.4	1.234
平均		9.7	8.4	0.923

表 6-12 试验区油层发育情况表

井号	单元	砂岩厚度 /m	有效厚度 /m	渗透率 /D	层内渗透率级差	夹层 /个	采出程度 /%
B1-60-E62	PⅠ1—PⅠ2a	6.7	6.2	0.681	1.9	5	44.6
B1-55-E62	PⅠ1—PⅠ2	11.4	9.4	1.029	1.5	6	65.5
B1-55-E63	PⅠ1—PⅠ2b	10.5	10.2	0.900	1.8	8	49.8
B1-61-E62	PⅠ1—PⅠ2b	9.5	7.8	0.892	1.3	4	50.9
B1-61-E63	PⅠ1—PⅠ2b	10.3	8.4	1.039	32.5	7	44.5
平均		9.7	8.4	0.923	7.8	6	51.7

2）油藏开发概况

微生物驱试验井组包括 1 口注水井 B1-60-E62 井，4 口采油井分别是 B1-55-E62 井、B1-55-E63 井、B1-61-E62 井和 B1-61-E63 井。试验后采出程度为 62.53%，综合含水率为 97.96%；试验前原油采出程度为 56.6%，综合含水率为 98.2%。

2. 激活内源微生物驱工艺方案

针对北一断东试验区油藏在聚合物驱后优势渗流通道普遍发育特点，研究设计了"化学调堵剂 + 生物激活剂"段塞组合模式，利用共聚再交联颗粒调堵体系对高渗透带有效封堵，实现将生物激活剂输送到剩余油富集区来激活内源微生物达到驱油的目的。所采用的激活剂由玉米浆干粉、硝酸钠和磷酸氢二铵构成，其中碳∶氮∶磷为 1.40∶0.25∶0.15。用注入水配制激活剂溶液，总浓度为 1.80%。整个试验分 3 个阶段，化学调堵段塞 + 激活剂段塞总共注入 0.26PV。其中，第一阶段注入化学调堵段塞 0.1PV，液量为 5521m³，调堵半径大于 1/3 的注采井距。第二阶段注入激活剂一段塞，注入营养液 0.0123PV，注入压力由 11.3MPa 上升到 12.8MPa，日注入量 120m³，试验前期和中期注入 2000mg/L 聚合物保护段塞 2418m³。第三阶段注入激活剂二段塞，注入营养液 0.0368PV，注入压力由 11MPa 上升到 12MPa，日注入量 120m³，试验前期、中期和后期共注入 2000mg/L 聚合物保护段塞 3108m³。北一断东试验区自 2017 年 11 月 19 日开始注入聚合物调剖段塞，调剖段塞采用 2500 万分子量聚合物，工作黏度为 100mPa·s，营养液注入浓度为 1.85%。2019 年 3 月，方案设计调整为调剖段塞 + 营养液和隔离段塞交替注入方式。

3. 微生物驱油实施效果

1）油藏生产动态

图 6-25 是北一区内源微生物驱含水率和月产油量曲线，试验分 3 个周期共注入 0.26PV 化学调堵段塞 + 激活剂段塞（其中化学调堵段塞 0.1PV，液量为 5521m³）。截至 2021 年 11 月，阶段累计产油 6521t，阶段累计增油 2686t，含水率最大下降 2.4 个百分点，提高采收率 6.34 个百分点。

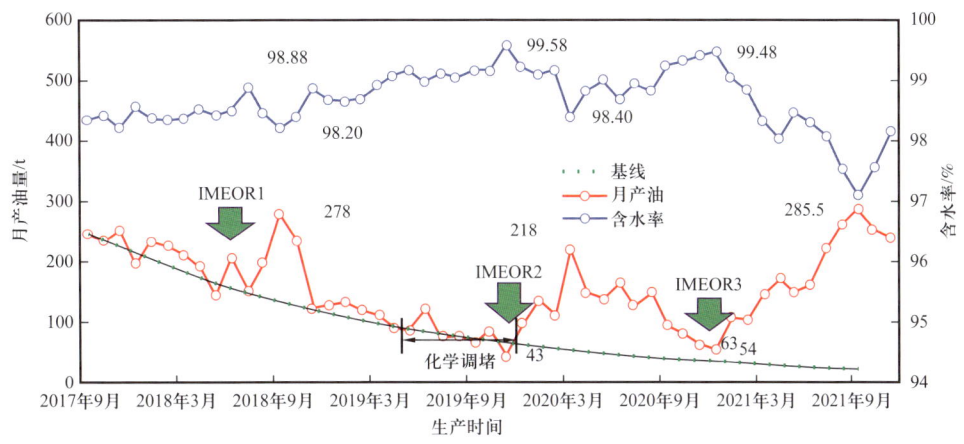

图 6-25　北一区内源微生物驱含水率和月产油量曲线

试验区 B1-60-E62 注入井经化学调剖后，注入压力上升到 10.4MPa 以上，调堵半径达到约 45m，油层纵向动用更加均匀。

2）生化指标变化

试验区注入激活剂后，烃降解菌和产甲烷菌的相对丰度大幅增加，变化明显。其中厌氧产甲烷菌、硝酸盐还原菌和发酵菌菌浓达到 $10^4 \sim 10^7$ 个 /mL，与激活前对比，数量增加 2～4 个数量级（图 6-26）。

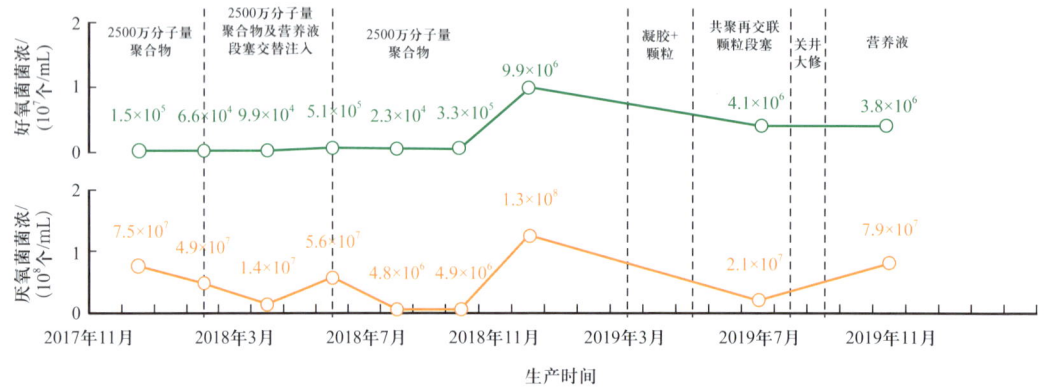

图 6-26　北一断东试验区功能菌变化曲线

图 6-27 是 B1-61-E63 井采出液 pH 值、CO_3^{2-} 和 HCO_3^- 含量变化曲线，试验后采出水总矿化度与激活剂的注入关系呈周期性变化，激活剂注入后，产生大量生物气 CO_2，采出水中 HCO_3^- 浓度大幅增加，由试验前的 3080mg/L 上升到 5050mg/L，pH 值由试验前的 8.3 下降到 7.3。激活剂注入油层后产生大量生物气，其中 CH_4 和 CO_2 含量分别在 66.21%～91.34% 和 3.75%～22.46% 之间波动，$CO_2\delta^{13}C$（PHB）值由注入前的 11.37‰ 下降到试验后期的 -2.32‰，表明生物气在伴生气中的占比增大，对驱油作用的影响也更大。

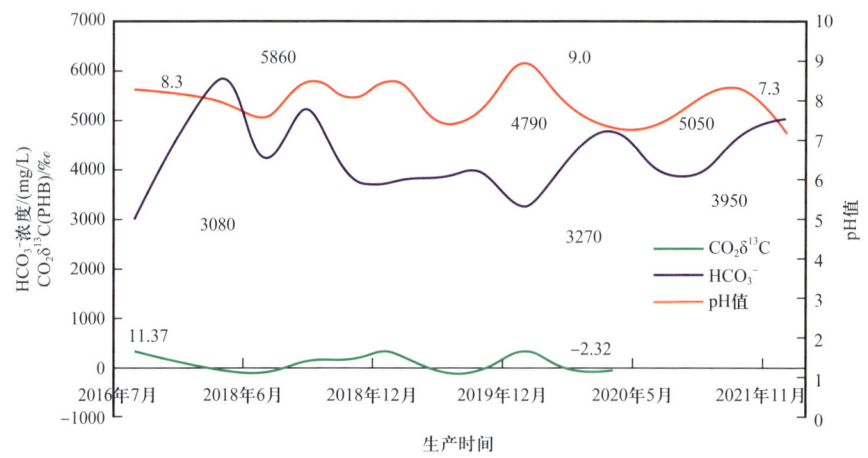

图 6-27　B1-61-E63 井采出液 pH 值、$CO_2\delta^{13}C$（PHB）和 HCO_3^- 含量变化

三、试验认识

（1）聚合物驱后油层注入微生物有两个优点：一是微生物分解聚合物可有效清除聚合物堵塞；二是微生物注入后，由微生物生长和代谢产物驱油并释放残余油，达到提高采收率的目的。

（2）南二区和北一区矿场试验探索了聚合物驱后油藏利用内源微生物驱油技术的可行性，表明聚合物驱后油藏利用微生物驱仍能提高采收率，微生物驱油的应用潜力大，为聚合物驱后油藏进一步提高采收率提供可借鉴的方法和途径。

（3）聚合物驱后利用微生物进一步提高采收率技术是当今石油开采的前沿技术，具有很高的技术难度，需要针对聚合物驱后油藏特点，进一步开展技术攻关研究，研发专门针对聚合物驱后油藏的微生物驱技术，同时要扩大现场试验的规模，挖掘微生物提高采收率的潜力。

第四节 长庆油田微生物活化水驱矿场试验

长庆油田大部分油藏采取水驱开发的方式，水驱开发油藏进入高含水开发阶段后已形成水流高渗透层段或优势通道，剩余油零散分布，如何提高最终采收率是油藏面临的核心技术瓶颈。微生物活化水驱是将微生物加入注入水中，利用微生物降解注入水中的石油类物质，降低注入水含油率，改善注入水水质，提高注入水在油藏中的注入性。此外，微生物活化水中的微生物代谢产生生物表面活性剂、有机酸等，可乳化原油、降低油水界面张力、剥离油膜，提高驱油效率；微生物产生的生物聚合物在水流通道可以抱团聚集，对大孔道进行有效封堵，降低高渗透地层的渗透率，起到一定的调驱作用，实现扩大波及体积及提高驱油效率的双重作用，从而提高最终采收率。该技术是以采出水为重要的驱替介质，从注入端到采出端，形成了闭合的微生物生态链，可有效利用采出水资源，具有成本低、原料来源广、安全环保等优势。为了深化微生物驱油机理、提升微生物驱油现场试验效果，评价微生物活化水驱在低渗透油藏的适应性，在华庆白153区长6油藏、绥靖新14区延9油藏、塞169等6个区块开展了微生物活化水改善水驱效果的现场试验。

一、华庆白153区长6油藏微生物活化水驱现场试验

1. 油藏特征与开发简况

长6油藏属于超低渗透砂岩油藏，主要岩性为细砂岩、致密粉砂岩和泥页岩。平均孔隙度为10.8%，平均渗透率为0.34mD，油藏温度为69.7℃，地层原油黏度为1.07mPa·s，地层水水型$CaCl_2$型，总矿化度为113.18g/L。白153区综合含水率为47.2%，处于中含水开发阶段，区块油井水淹矛盾突出，水淹井主要位于油藏北部及南部边缘，呈多方向性。2011年在华庆白153区长6油藏中选取3口注水井开展微生物改善水驱矿场试验，试验区14口油井，单井产能为1.4t/d，综合含水率为53.1%。

2. 活化水驱工艺方案

以试验区油泥为菌源,筛选诱变出耐盐功能菌,优化了以无机盐为主的营养剂体系;并以原注水系统为基础,建立地面扩大培养发酵系统,将 0.1% 功能菌和 0.1% 营养剂加入扩大培养发酵系统,经地面 6～8h 扩大培养发酵后,确保菌种浓度大于 10^6 个 /mL 时,按油田开发地质配注量 25～30m³/d 注入,注入方式为连续性注入。

3. 现场实施效果

1) 生产动态监测

白 153 区先导试验区共有 9 口油井增产,占比 64.3%,截至 2019 年累计增油 5496t,自然递减率由 15.4% 下降到 -0.4%,阶段提高采收率 4.2%,其中 3 口裂缝型、孔隙—裂缝型水淹井,复产后含水率下降 47%～90%。

图 6-28 是试验区生产油井日产油量和产出水表面张力测试结果。结果表明,在活化水驱试验初期,微生物活化水注入后采出水表面张力明显下降,而原油产量明显提高,而在试验后期采出水表面张力又恢复到试验前的水平,原油产量也有所降低,可以看出原油日产量与采出水表面张力的降低相关,采出水表面张力的降低是由微生物所产生的代谢产物引起的。

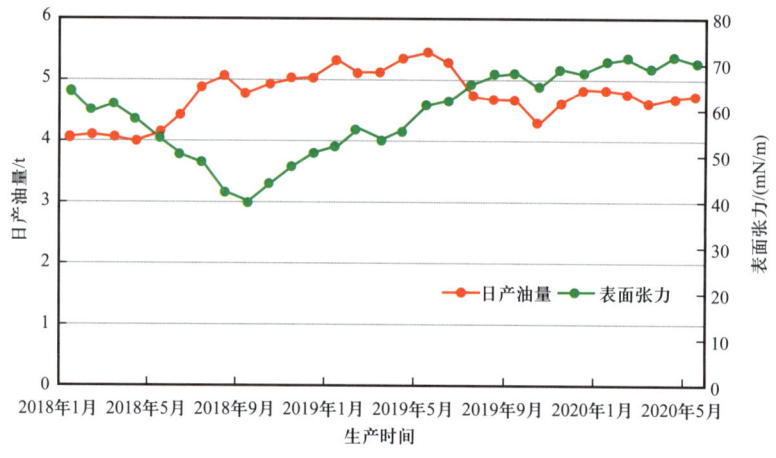

图 6-28 试验井日产油量与采出液表面张力关系曲线

2) 储层产出剖面监测

图 6-29 是试验区生产油井微生物活化水注入前后产出剖面对比图。图 6-29（a）为试验前吸水剖面,图 6-29（b）为试验后吸水剖面。结果表明,微生物活化水注入后有效动用了剩余油,扩大了波及体积,试验区吸水剖面尖峰状吸水减少,吸水厚度略有增加（3.0～3.2m）。

3) 原油物性监测

对试验区微生物活化水注入前后产出原油进行了全烃色谱组分分析。图 6-30 是试验前（2018 年 10 月 31 日测试）和试验后（2019 年 6 月 14 日和 2019 年 8 月 7 日测试）试验区油井产出原油全烃色谱组分对比曲线图。图 6-31 和图 6-32 分别是试验前（2017 年测试）和试验后（2019 年测试）试验区油井产出原油密度、黏度等指标的测试结果。试验前后原油物性测试结果表明，微生物活化水注入后原油轻质组分增加、重质组分减少，但试验井原油黏度、密度变化不明显，证明微生物起到了一定原油降解作用、活化水驱启动了水驱未动用的剩余油。图6-33是试验井与非试验井产出原油乳化情况对比，结果表明非试验井产出液油水基本没有乳化现象，油水界面清晰，原油近似黑色；而试验井产出液油水乳化明显，油水界面模糊，原油整体为褐色，部分原油分散在水中。试验见效井采出液乳化现象明显，说明低渗透油藏驱油机理是以乳化携带剩余油、残余油为主，提高驱油体系代谢产物浓度是提升试验效果的关键。

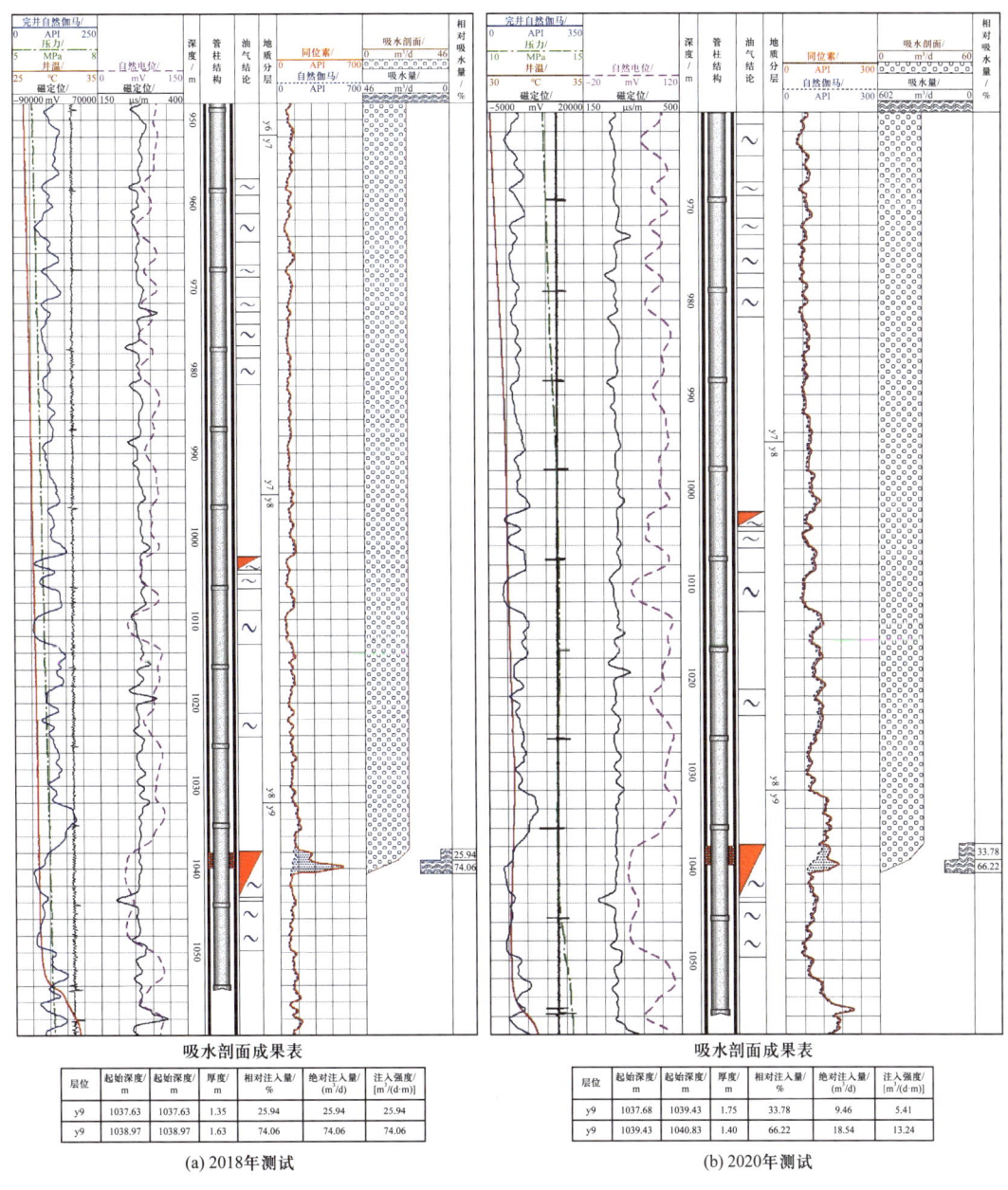

图6-29 杨43-14吸水剖面对比

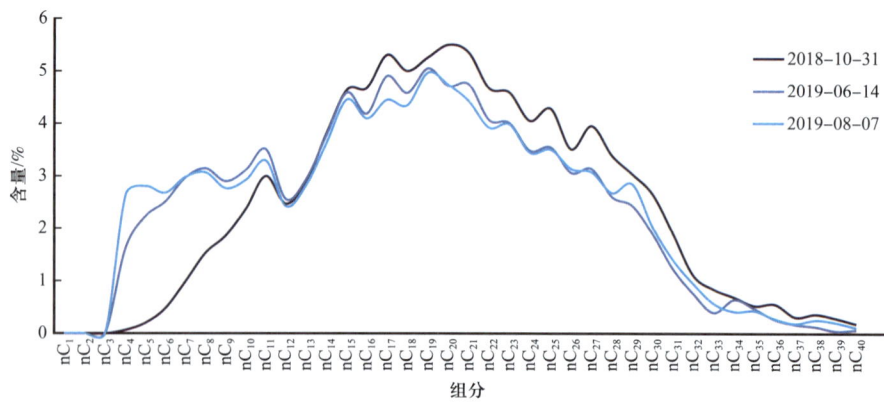

图 6-30　杨 36-12 井原油组分变化曲线

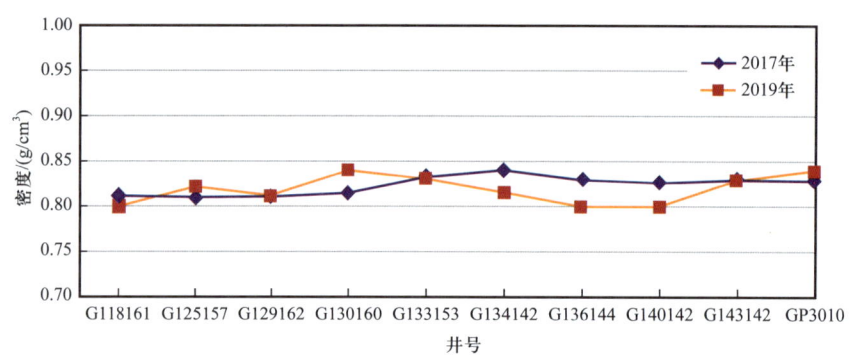

图 6-31　微生物活化水驱原油密度检测结果

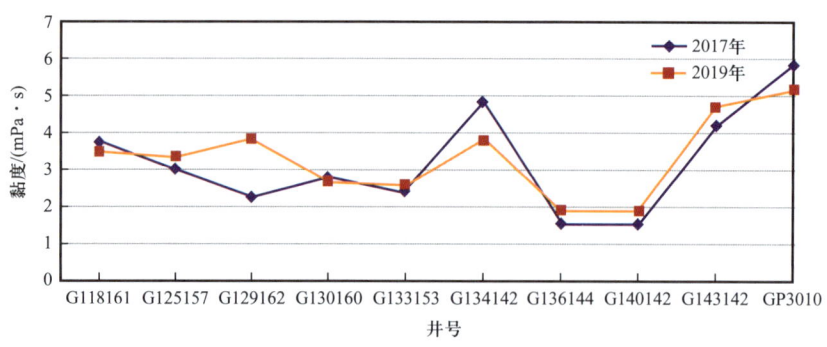

图 6-32　微生物活化水驱原油黏度检测结果

4）产出液生化参数监测结果

内源微生物得到有效激活后，试验区总菌浓升高 2~3 个数量级，微生物多样性指数下降（表 6-13），其中假单胞菌属、不动杆菌属、弓形菌等功能微生物数量上升；套管气中甲烷含量高于非试验区，证明油藏中产甲烷菌被激活，产生了大量生物气（图 6-34）；微生物活化水驱试验区未检测到硫化氢，非试验区有少量检出，证明了微生物抑制硫化氢的生成，起到防腐作用（图 6-35）；油藏微生物群落结构向利于驱油的方向发展。

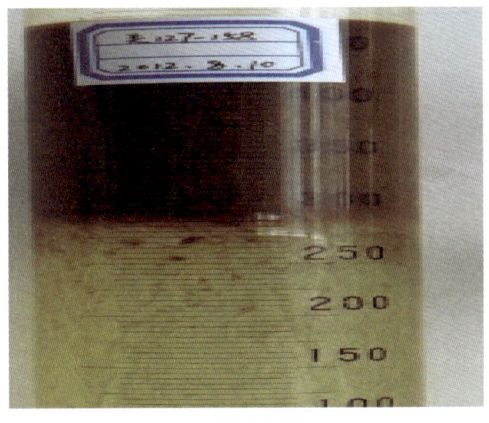 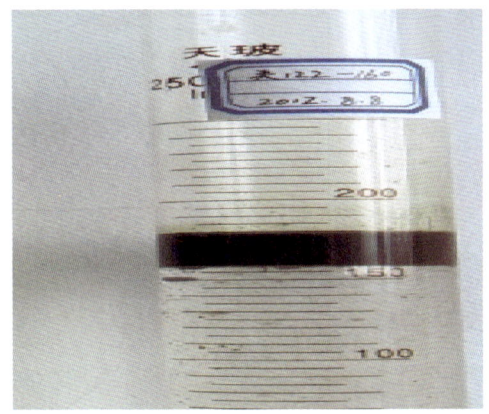

(a) 试验井采出液　　　　　　　　　　　(b) 非试验井采出液

图 6-33　试验区产出液乳化对比

表 6-13　白 153 区试验区与非试验区微生物物种数量

样号	类型	细菌门	纲	目	科	属	种
关 124-160	试验区	16	34	62	88	116	142
关 124-160	试验区	16	40	70	108	147	175
关 130-152	试验区	20	46	79	136	201	247
关 135-149	非试验区	21	56	99	161	263	336
关 136-144	非试验区	19	51	100	173	318	414

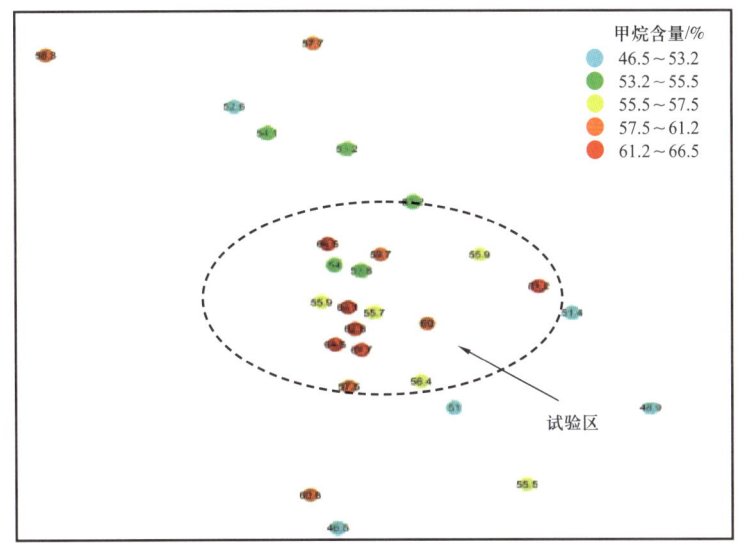

图 6-34　试验井套管气甲烷含量检测

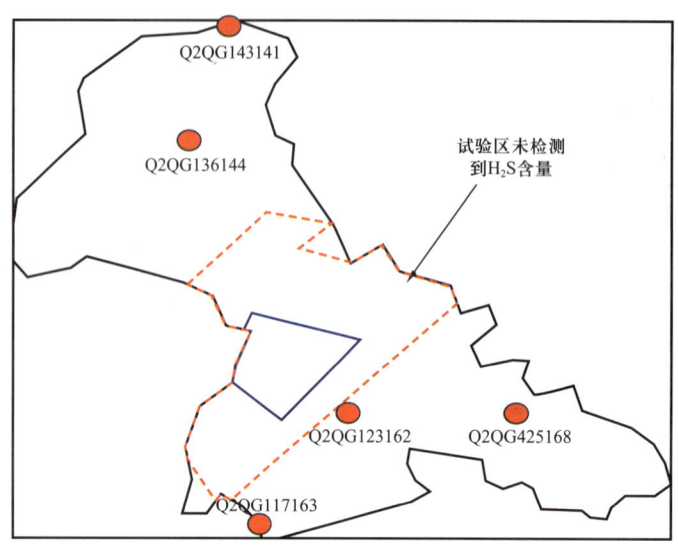

图 6-35 试验井套管气 H_2S 含量检测

二、绥靖新 14 区延 9 油藏微生物活化水驱现场试验

1. 油藏特征与开发简况

延 9 油藏属于低渗透构造—岩性油藏，储层以灰白色细、中粒长石质岩屑砂岩为主，有效厚度为 9.2m，平均渗透率为 94.28mD，平均孔隙度为 17.1%。地层原油黏度为 5.32mPa·s，矿化度为 6.7g/L，水型为 $NaHCO_3$ 型，日产油 157t，综合含水率为 82.3%，采出程度为 28.2%。该区延 9 油藏油层物性好，油水分异明显，边、底水发育（77% 的油井油层直接与底水接触），随着开发时间的延长，地层堵塞油井增多，常规措施提高采收率效果有限。2016 年，选取地层连通性好、地层剩余油富集的区域开展 11 注微生物改善水驱矿场试验，试验区对应油井 37 口，单井日产油 2.0t，综合含水率为 80.5%。

2. 新 14 区活化水驱工艺方案

参考国内外油田微生物驱油藏筛选条件，根据靖安侏罗系油藏储层特征、开发现状，依托靖一联注水系统，地面扩大培养和注入方式与白 153 区相同，结合试验区地质情况，分三个段塞注入：第一段塞注 1~3 个月，利用好氧降解原油菌降解因长期注入采出水而黏附在近井地带孔隙中的原油，疏通水流通道；第二段塞注 3 个月，利用微生物菌体及其产生的生物聚合物封堵高渗透水流通道及内推和抬升的边、底水；第三段塞连续注入，利用产生的生物表面活性剂等提高驱油效率，并进一步激活油藏深部厌氧功能菌。

3. 现场实施效果

1）生产动态监测结果

现场试验表明，该技术在改善水驱、稳油控水方面取得较好效果，提高采收率发展趋势良好。新 14 区先导试验区截至 2018 年底见效 25 口，见效率 81.3%。2019 年扩大至

43注114采，截至2021年底，累计增油$1.5×10^4$t，自然递减率降低7.2%，投入产出比为1:2.36。见效特征以含水率下降、油量增加型为主，见效井主要分布在储层物性较好、构造部位较高、剩余油较富集的区域，而未见效井主要分布在油藏边部油层厚度变薄、物性较差、底水厚度较大的区域。降递减效果整体明显较好，由注入前的8.59%下降到5.8%，其中ZJA、新B区块高含水油藏降递减效果突出，ZJA区块递减率由注前的11.7%下降到3.12%，新B区块递减率由注前的16.18%下降到11.83%，含水率与采出程度曲线开始向右偏移，提高采收率的发展趋势良好，而中含水阶段的杨C区块递减率由注前的4.61%上升到5.38%，分析认为该区注入井由于初期纵向射开程度低，加之注入速度过快，微生物滞留性变差，导致效果不明显。同期对比，自然递减率由11.3%下降到1.2%，含水上升率由3.2%下降到0.7%；该技术可有效利用采出水资源，环境友好，控水降递减效果明显，是长庆低渗透油藏改善水驱提高采收率的新技术方向之一，具有广阔的推广前景。

2）微生物活化水驱提升水质，降本增效

自从2018年开始实施活化水驱以来，试验区油井采出水水质得到较大改善，图6-36是新14区油藏活化水驱前后采出水水质检测结果。图6-36表明采出水中的含油量从活化水驱实施前的102.4mg/L下降到实施后的21.2mg/L，悬浮物含量从实施前的80mg/L下降到实施后的40mg/L，腐蚀速率下降。此外，2018年活化水驱实施后由于水质改善使得油井维修作业频次有了明显减少（图6-37），注水泵日常维修减少、杀菌剂等用量大大减少，年节约费用近120万元。

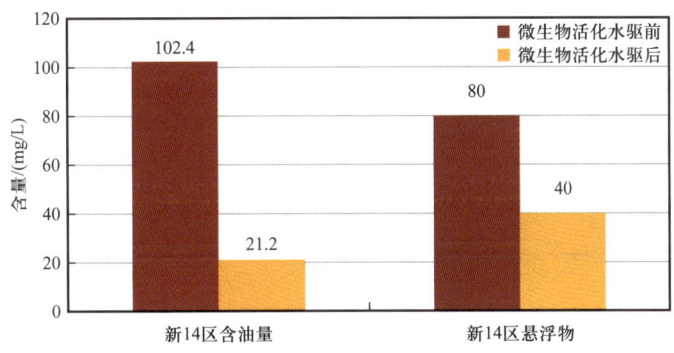

图6-36 微生物活化水驱前后采出水水质检测结果

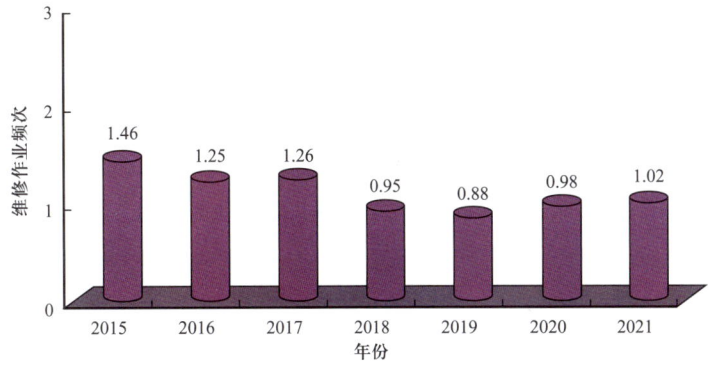

图6-37 单井维修作业频次对比图

第五节 华北宝力格油田微生物—凝胶组合驱矿场试验

华北油田二连巴19断块是宝力格作业区的主力断块,其产量占宝力格油田总产量的55%,该油藏属于断块性油藏,各储层之间渗透率差异大,纵向上及平面上均存在严重的非均质性。此外,巴19断块油水黏度比高,注入水指进现象严重,是造成油井含水上升快、水驱效率低及分注后接替层动用状况差的主要原因之一。巴19断块的油藏基本条件较适宜开展微生物驱,但单纯的微生物驱较难达到既提高波及体积又提高驱油效率的目的。需要有针对性地对大孔道进行调堵,既可改善注水井吸水状况,又可避免微生物沿水道窜流,使微生物能够在地层中均匀分布,能最大限度地发挥调剖和微生物采油的优点。采取微生物驱与凝胶调驱相结合的技术,将不断提高断块的综合开发水平,体系既具有较好的驱油特性,又具有一定的调整吸水面的能力。这种调剖+微生物驱联作的采油方式在国内外是首次进行现场应用,具有重大的现实意义。

一、试验区油藏概况

1. 油藏地质概况

1)地质特征

宝力格油田构造处于二连盆地马尼特坳陷东北部的巴音都兰凹陷。目前有5个断块投入开发,巴19断块位于南洼槽巴Ⅱ号构造带(图6-38)。自1977年9月开始在巴音都兰凹陷进行勘探工作,到2004年底,巴19断块2001年上交探明含油面积$8.3km^2$,三类石油地质储量$1241×10^4t$,可采储量$248.2×10^4t$。巴19断块油层顶面构造为被断层复杂化的完整的长轴背斜,背斜轴部位于巴18-32井—巴18-38井—19-29井—巴20-10井一线,构造长宽比为2。内部发育3条北东向正断层,将断块分割为巴18、巴18-32、巴18-2、巴19和巴20五个井区。

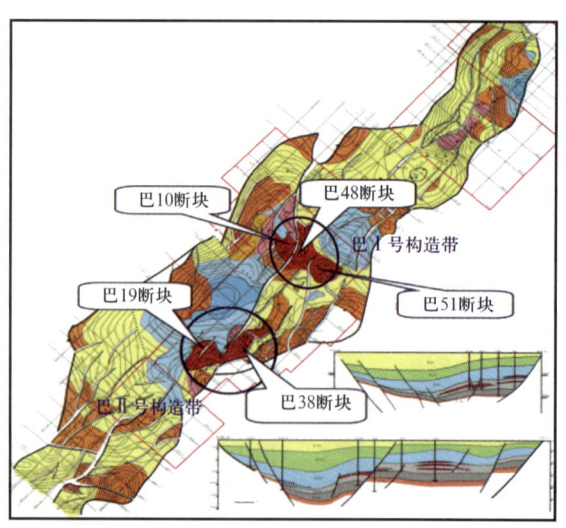

图6-38 宝力格微生物驱试验区油藏地质构造图

2）储层物性

据巴9、巴19、巴21、巴18等井薄片资料分析，巴19井区阿四段Ⅱ、Ⅲ油组储层岩性为岩屑长石细砂岩、粉砂岩、含砾砂岩、砂砾岩，陆源碎屑中，石英含量为25%~50%（平均38%），长石含量为26%~40%（平均28%），岩屑含量为25%~56%（平均36%）。巴19井区阿四段孔隙类型较丰富，主要有粒间孔、粒间溶孔，另外还有少量缩小粒间溶孔、粒内溶孔、铸模孔等。面孔率一般为1%~10%，平均3.2%，孔径一般在0.03~0.15mm之间，个别中、粗砂岩孔径可达0.2mm，孔隙连通性较好。自上而下发育有Ⅰ、Ⅱ、Ⅲ三套油组。

岩石物性资料分析表明，巴19断块Ⅱ油组储层孔隙度为12.2%~22.4%（平均18.5%），渗透率为3.16~1301mD（平均145.2mD），属中孔隙度、中渗透储层。Ⅲ油组储层所在的巴21井岩石物性资料分析显示，孔隙度为14.4%~23.4%（平均17.3%），渗透率为3.22~507mD（平均123.4mD），属中孔隙度、中渗透储层。纵向上及平面上均存在严重的非均质性，油田主力断块层间变异系数为1.38，突进系数为4.24，渗透率级差达到441。油田主力断块平面变异系数为1.19，突进系数为4.44，渗透率级差达到169.17。正是由于严重的非均质性导致了油田注水开发过程中大孔道快速形成，再加上不利的水油流度比，使得含水上升率急剧增加，产量递减加快，面临着严重的提液和控制含水的矛盾，因此必须进行调剖作业，封堵大孔道，改善纵向及平面非均质性，增大水驱波及体积，控水增油。

3）流体性质

巴19断块共有9口井的高压物性资料，其中Ⅱ油组有7口井，Ⅲ油组有2口井。根据统计结果，其地层原油性质如下：

Ⅱ油组：平均原始油藏压力为13.50MPa，原始地层温度为58.4℃，原油体积系数为1.0733，气油比为20.5m³/t，气体平均溶解系数为4.4384m³/（m³·MPa），收缩系数为0.0686，地层原油密度为0.8325g/cm³，地层原油黏度为13.66mPa·s，压缩系数为7.75×10^{-4}MPa^{-1}，原始饱和压力为4.20MPa。根据巴9井、巴18井、巴19井等井原油物性分析资料，平均地面原油密度为0.8783g/cm³，黏度为48.76mPa·s，凝点为29.1℃，含硫量为0.23%，含蜡量为16.9%，胶质沥青质含量为27.8%，原油性质中等。

Ⅲ油组：据巴21井、巴18-56井资料，平均原始油藏压力为14.09MPa，原始地层温度为65℃，原油体积系数为1.065，气油比为14.8m³/t，气体平均溶解系数为3.815m³/（m³·MPa），收缩系数为0.061，地层原油密度为0.8430g/cm³，地层原油黏度为23.7mPa·s，压缩系数为6.55×10^{-4}MPa^{-1}，原始饱和压力为3.9MPa。据巴21井资料，地面原油密度为0.8836g/cm³，黏度为86.73mPa·s，凝点为34℃，含硫量为0.28%，含蜡量为15.85%。

地层水总矿化度平均值为6199.2mg/L，其氯离子含量为118.9mg/L，水型为$NaHCO_3$型，说明油藏封闭性较好。

2. 油藏开发概况

巴19断块是宝力格的主力断块，其产量占油田总产量的55%。截至2007年10月底,巴19断块共有采油井59口,正常注水井22口,观察井3口。日产油356t,采油速度为1.05%,累计产油33.3925×10⁴t,采出程度为2.69%,日产水120m³,综合含水率为25.2%;注水井开井22口,日注水量590m³,累计注水33.04×10⁴m³,月注采比为1.06,累计注采比为0.75。

断块两个递减率明显加大,阶段自然递减率由2006年一季度的3.17%上升到2007年的14.07%,综合递减率由2.54%上升到11.49%。2006年以来,随着进一步放大生产压差提液和主力层的注入水快速指进,含水上升速度明显加快,含水上升率达到21%,断块综合含水率已达到61.3%,进入中含水阶段。动液面保持相对稳定,基本稳定在1020m左右。

油田主力断块层间变异系数为1.38,突进系数为4.24,渗透率级差达到441。统计33口井的吸水剖面,不吸水层厚度占25.2%,弱吸水层厚度占31%,相对吸水量占11.5%,不吸水层及弱吸水层厚度比例占56.2%;强吸水层厚度仅占14.8%,相对吸水量占52.0%。

统计25口井的产液剖面,不产液层厚度占15.8%,产液强度为0~0.5t/(d·m)的层厚度占38.2%,相对产液量占11.2%;产液强度大于1.5t/(d·m)的层厚度仅占5.6%,相对产液量占45.3%。

正是严重的非均质性导致了油田注水开发过程中形成注水优势通道,再加上油品性质差,油水黏度比高造成不利的水油流度比,使得含水上升率急剧增加,产量递减加快,因此有必要开展调驱措施,改善层内和层间矛盾,实现后续注入流体的液流转向,扩大水驱波及体积,达到提高油藏采收率的目的。

二、矿场试验工艺方案

1. 试验方案设计要点

巴19断块油水黏度比高、注入水指进现象严重,是造成油井含水上升快、水驱效率低及分注后接替层动用状况差的主要原因之一;而且巴19断块地面原油含蜡16.9%,含胶质沥青质27.8%,受其影响井筒及近井地带石蜡和胶质沥青质的沉积,降低了原油的流动性能,使油井发挥不出最大功能。因此,为改善巴19断块的整体开发效果,不但要通过调剖提高水驱波及系数,还要改善高油水黏度比、高含蜡、高胶沥的地层流体性质,提高水驱油效率。在水驱油藏开采中、后期开展微生物强化水驱,可以有效地提高水驱效率。将菌液和营养液混合而成的微生物处理液由注水井注入地下,处理液被注入水推进,沿注入水通道通过油层,沿途微生物还将不断往油藏深处运动、渗透、生长、繁殖并代谢出有利于驱油的溶剂、表面活性剂、有机酸、气体等代谢产物。这些代谢产物可以使原本难以驱动的原油以油水乳化液的形式被注入水推向生产井,从而提高油藏驱替效率。

2. 矿场试验方案

在实验室按照微生物代谢产物降黏理论认识,分离筛选了对宝力格区块原油具有较强乳化、降黏效果的系列菌种,进行了室内性能评价、配伍评价及室内驱油物理模拟,形成了微生物驱油体系配方；通过室内优化研究，获取了适合试验区块的凝胶配方体系；提出了以微生物驱油为主、凝胶调驱为辅，采用注入微生物+调剖剂+微生物的三段式的微生物凝胶组合驱技术方案，建立了微生物地面增殖发酵流程，如图6-39所示。

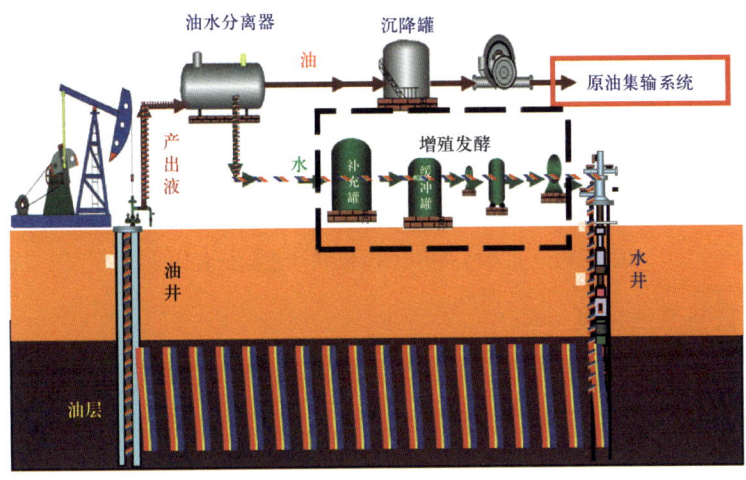

图6-39　微生物地面增殖发酵流程示意图

2007年7月开始至2018年12月，在巴19断块、巴48断块和巴51断块实施了多轮次全面微生物驱。注入菌液浓度为1%，注入营养液浓度为0.81%，并将微生物驱产出液回注至巴38断块。2010年7月，在巴48断块开展了1个井组（巴48-22井）的内源菌激活先导试验，注入激活体系1800m³；为了保证微生物在地层中的作用，选择注采关系明确、含水上升速度较快的井组适时开展调驱。按照孔隙体积计算，自2007年实施微生物采油以来，到2018年底，已累计注入工作液0.121PV，其中微生物注入0.119PV，可动凝胶注入0.041PV。

三、现场实施效果

1. 原油增产效果

试验区包括巴19、巴51、巴38、巴48断块等区块，措施后，巴19、巴38断块的76口注水井实施了微生物发酵循环驱，累计增油21.7×10^4t，有效改善了巴19、巴38断块开发效果，巴48、巴51断块累计增产原油4.05×10^4t。图6-40是巴19断块产量运行对比曲线，图6-41是巴38断块产量运行对比曲线。措施后宝力格油田总体生产形势较明显改善，统计至2018年12月底，采用驻点法计算整个油田增油量，措施累计增油25×10^4t，综合含水上升率下降17个百分点（由措施前的20.5%降到3.5%），自然递减率由措施前的7.5%降到5.3%（下降2.2个百分点），递减趋势减缓。其中，巴19断块和巴38断块综合含水率较原方案分别下降了6.91%和3.46%，根据可对比数据，预测巴19断块和巴38断块最终采收率提高7.3%，增加可采储量122.97×10^4t，有效改善了油田的开发效果。

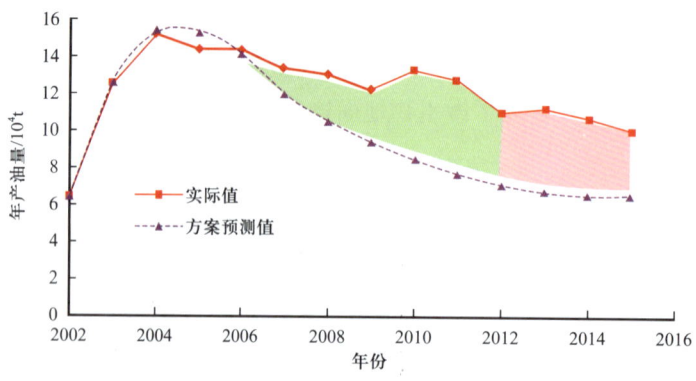

图 6-40　宝力格油田巴 19 断块产量运行对比曲线

2. 生化参数与原油黏度

通过开展微生物驱及微生物循环驱，在主力断块建立了稳定的地下微生物场，试验区 187 口井产出液菌浓监测数据表明，4 个断块产出液菌浓由措施前的 10^4 个 /mL 达到 10^5 个 /mL 以上（图 6-42）。从平面分布看，菌浓较高的油井处于主河道及油藏中心部位，菌浓达到 10^6 个 /mL，位于边滩、油藏边部的井菌浓相对较低，达到 10^5 个 /mL。结合各断块措施注入时间分析试验数据显示，产出液含菌数达到或接近 10^6 个 /mL，周期为 3～4 个月。对注入泵、三相分离器、井口等部位产出液取样分析微生物菌群结构动态变化，结果表明微生物驱阶段优势菌群为烃降解菌；微生物驱后烃降解菌丰度逐渐降低，互营菌与产甲烷菌比例逐步增加，营养剂直接激活目标菌和本源烃降解菌，降解石油烃，产生有机酸、二氧化碳，间接激活发酵互营菌和产甲烷菌，代谢有机酸产生甲烷。

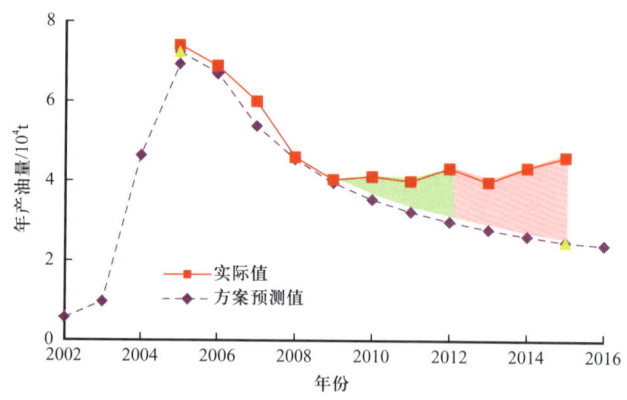

图 6-41　宝力格油田巴 38 断块产量运行对比曲线

对试验区重点井原油黏度监测数据表明，与措施前相比，断块原油平均降黏率达 36.1%，其中巴 51 断块 18 口油井的原油黏度下降 51.3%（图 6-42），表明原油流体性质得到改善，稠油难以驱动的开发难题得到一定程度缓解。原油黏度与微生物菌数分析结果表明，微生物菌数与原油黏度呈负相关关系，随着产出液含菌数增加，原油黏度逐步下降，3～4 个月达到最大降幅；当采出液含菌数稳定在 10^5 个 /mL 以上时，原油黏度下降幅度保持稳定，微生物驱结束后，降黏效果可维持 3～4 个月。

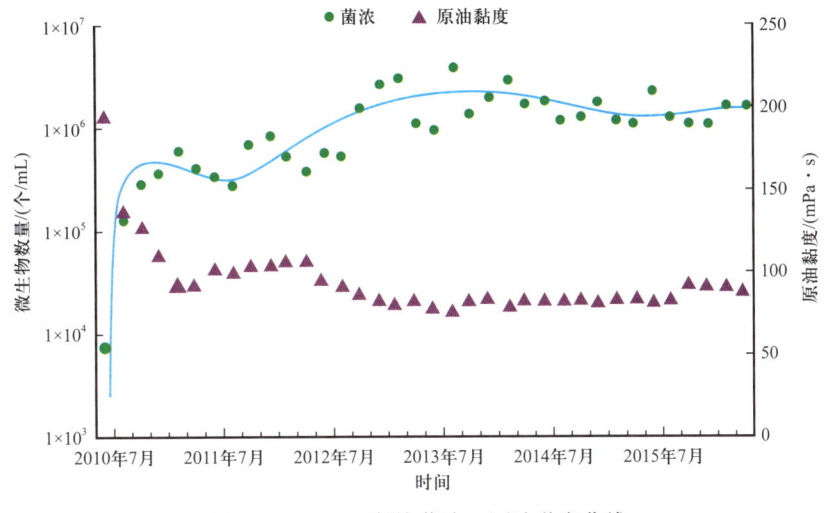

图 6-42　巴 19 断块菌浓、原油黏度曲线

四、试验认识

针对巴 19、巴 38 断块稀油油藏和巴 48、巴 51 断块普通稠油油藏开发中暴露出的矛盾，通过外源微生物驱油、内源微生物激活，建立微生物场并配套形成微生物地面增殖循环驱注入工艺，同时辅以凝胶调剖工艺封堵高渗水流通道，进一步提高微生物在油层中的作用效果，最终形成微生物凝胶组合驱技术。油田自然递减率、综合递减率明显减缓，有效改善了宝力格油田水驱开发效果，实现了油田持续 8 年 20×10^4t 稳产。

以建立地下微生物场为核心的微生物凝胶组合驱技术，在试验阶段有效改善了巴 19、巴 38 断块开发效果，运用生物反应器原理，创新形成微生物驱采出液地面发酵及循环利用技术，使材料成本下降 45%，对提质提效有借鉴意义。同时运用分子生物学技术，建立了微生物采油技术的系统分析评价及跟踪监测技术手段，对微生物采油技术持续深化研究具有指导意义。

第六节　矿场试验总结

（1）前期基础研究针对不同油藏特征已经形成空气辅助内源微生物驱、微生物+凝胶组合驱、微生物活化水驱、聚合物驱后油藏内源菌激活驱 4 种配套工艺技术，在不同类型油藏的矿场应用均取得了显著效果，总增油量达到 79.76×10^4t，现场试验结果验证了微生物驱油技术的应用价值和潜力，表明微生物驱油技术良好的油藏适用性，提升了该技术未来进一步研究和应用的信心。

（2）微生物驱试验区生化指标监测表明，微生物驱措施实施后油藏微生物数量普遍提高 2~3 个数量级，新疆油田和华北油田的试验区最高菌浓达到 10^6 个 /mL 以上，生物表面活性剂、生物气、挥发性脂肪酸等主要代谢产物显著提高，油井增产效果与微生物生化指数具有正相关性；试验区原油物性得到了明显改善，产出原油乳化效果明显，原油黏度明显降低,例如华北油田试验区原油黏度平均降低48.1%,矿场试验结果进一步验证微生物乳化、降黏驱油理论,深化了微生物驱油机理的认识。

(3)充分利用油井产出液中保留的微生物,通过地面二次增殖再回注油藏,实现了采出液中微生物的循环利用,是一种绿色环保、可循环利用的提高采收率技术;聚合物驱后一类油藏和二类油藏内源微生物激活驱油现场试验都取得了良好的效果,对于已达极限含水率的聚合物驱后油藏进一步应用微生物驱提高采收率具有重要意义。

(4)迄今为止,已开展微生物驱先导性试验中微生物驱油剂或激活剂注入量仅为0.05PV~0.2PV,远低于聚合物驱、二元或三元复合驱等化学驱现场注剂量(0.4PV~0.8PV),微生物驱油技术潜力在现场应用中未能充分发挥,试验效果与化学驱相比尚有一定差距。

(5)以聚合物驱为主的化学驱油技术在以中高渗透、中低黏度原油为主的一类、二类油藏的推广已处于中后期,剩下的三类、四类油藏均为高温、高盐油藏,低渗透、特低渗透油藏及高黏稠油油藏,普通的化学驱油技术应用受到限制,而生物多糖和生物表面活性剂在耐盐、耐温方面有明显优势,是可生物降解和可循环利用的绿色驱油材料,将微生物、生物表面活性剂与生物聚合物结合形成生物复合驱是未来生物驱油技术的发展方向。先导性现场试验已经为微生物驱油技术的推广应用做好了技术储备,未来可通过扩大矿场试验井组规模和增大驱油体系注入量,进一步提高微生物驱油技术现场应用效果。

参 考 文 献

[1] 雷光伦. 微生物采油技术的研究与应用 [J]. 石油学报, 2001, 22 (2): 56-61.

[2] Coates J D, Chisholm J L, Knapp R M, et al. Microbially enhanced oil recovery field pilot, Payne County, Oklahoma [M] // Premuzic E T, Woodhead A. Developments in Petroleum Science. Elsevier, 1993: 197-205.

[3] 陈学周. 世界微生物提高采收率矿场试验35年回顾 [M]. 北京: 石油工业出版社, 1996.

[4] Brown L R, Vadie A A, Stephens J O. Slowing production decline and extending the economic life of an oil field: New MEOR Technology [J]. SPE Reservoir Evaluation & Engineering, 2002, 5 (1): 33-41.

[5] McInerney M J, Nagle D P, Knapp R M. Microbially enhanced oil recovery: Past, present, and future [M] // Bernard O, Michel M. Petroleum Microbiology. Washington, DC: American Society for Microbiology, 2005: 215-237.

[6] Bryant R S, Stepp A K, Bertus K M, et al. Microbial enhanced waterflooding field tests [C]. SPE/DOE Improved Oil Recovery Symposium, 1994.

[7] Zahner R L, Govreau B R, Sheehy A. MEOR success in Southern California [C]. Tulsa, Oklahoma, USA: SPE Improved Oil Recovery Symposium, 2010.

[8] 彭裕生. 微生物提高石油采收率的矿场研究 [M]. 北京: 石油工业出版社, 2004.

[9] Ivanov M V. 俄罗斯利用微生物采油提高原油产量 [G] // 国外微生物提高采收率技术论文选. 赵国珍, 译. 北京: 石油工业出版社, 1996.

[10] Belyaev S S, Borzenkov I A, Nazina T N, et al. Use of microorganisms in the biotechnology for the enhancement of oil recovery [J]. Microbiology, 2004, 150 (73): 590-598.

[11] 金静芷, 王修垣, 秦同洛, 等. 微生物提高石油采收率 [M]. 北京: 石油工业出版社, 1995.

[12] Nazina T N, Grigoryan A A, Shestakova N M, et al. Microbiological investigations of high-temperature horizons of the Kongdian petroleum reservoir in connection with field trial of a biotechnology for enhanced

oil recovery [J]. Microbiology, 2007, 153（76）：287-296.

［13］冯庆贤, 张淑琴, 梁建春, 等. 大港油田本源微生物驱配套技术研究与应用［J］. 石油钻采工艺, 2009, 31（S1）：124-129.

［14］程昌茹, 张淑琴, 闫云贵, 等. 微生物驱油注入技术研究与应用［J］. 石油钻采工艺, 2006, 28（6）：46-50.

［15］侯兆伟, 李蔚, 乐建君, 等. 大庆油田微生物采油技术研究及应用［J］. 油气地质与采收率, 2021, 28（2）：8.

［16］王凤兰, 王志瑶, 王晓冬. 朝50区块微生物驱先导性试验效果及认识［J］. 大庆石油地质与开发, 2008, 27（3）：102-105.

［17］乐建君, 刘芳, 张继元, 等. 聚合物驱后油藏激活内源微生物驱油现场试验［J］. 石油学报, 2014, 35（1）：99-106.

［18］王志强, 崔延杰, 游靖, 等. 凝胶辅助微生物驱在宝力格油田的现场应用［J］. 长江大学学报（自科版）, 2014, 11（32）：107-109.

［19］任付平, 郑雅, 裴亚托, 等. 宝力格油田巴19断块微生物-凝胶组合驱技术研究［J］. 长江大学学报（自科版）, 2016, 13（1）：4.

［20］汪卫东. 微生物采油技术研究进展与发展趋势［J］. 油气地质与采收率, 2021, 28（2）：1-9.

［21］林军章, 汪卫东, 胡婧, 等. 胜利油田微生物采油技术研究与应用进展［J］. 油气地质与采收率, 2021, 28（2）：18-26.

［22］李希明. 微生物采油技术研究［J］. 油气采收率技术, 1997, 4（1）：1-10.